湛庐CHEERS

与最聪明的人共同进化

HERE COMES EVERYBODY

全球复杂网络研究第一人

艾伯特 – 拉斯洛 · 巴拉巴西

- 他是全球复杂网络研究第一人，无尺度网络的创立者。
- 他是美国物理学会荣誉会员，匈牙利科学院外籍院士，欧洲科学院院士。
- 世界著名科技杂志《科技新时代》赞誉道：“他可以控制世界。”
- 他，就是艾伯特 – 拉斯洛 · 巴拉巴西。

吸血鬼故乡走出的诺贝尔奖大热人选

ALBERT-LÁSZLÓ BARABÁSI

1967年，艾伯特－拉斯洛·巴拉巴西出生于罗马尼亚。童年时代，他的父亲在设立于米克城堡中的塞克勒博物馆担任馆长。所以，小巴拉巴西得以在吸血鬼故乡的古堡中长大。他可以自由徜徉在博物馆的图书室和各类收藏品中，能够查阅只有极少数历史学家才能够查阅到的文件。

年少的巴拉巴西曾经梦想成为一名雕刻家，但他后来发现自己在物理方面有着极高的天赋。高中一年级，他在当地物理奥林匹克竞赛中拔得头筹。进入大学后，他选择攻读物理与工程专业。在波士顿大学获得博士学位后，巴拉巴西在IBM托马斯·沃森研究中心参加了为期一年的博士后研究。随后，他进入圣母大学担任教职，2000年，年仅三十多岁的巴拉巴西成为该校最年轻、最具天赋的教授。2004年，他创立了复杂网络研究中心。2005—2006年，他成为哈佛大学客座教授。2007年秋，巴拉巴西离开圣母大学，成为美国东北大学教授，网络科学研究中心创始人、主任，同时任职于哈佛大学医学院医学系。

经过多年的研究与积累，当年的天才少年已经成为全球复杂网络领域当之无愧的第一人，他提出的无尺度网络成为众多后来者研究的理论基础。由于在这一领域做出了卓越的贡献，巴拉巴西也成为诺贝尔奖获奖呼声最高的候选者。

ALBERT-LÁSZLÓ BARABÁSI

钟爱湖蓝色 T 恤、只喝健怡可乐的科学狂人

巴拉巴西是一名研究成果极为丰富的科学家，他的文章是世界顶级科技期刊上的常客。目前，他已经在《科学》和《自然》上发表学术作品三十余篇，在《美国科学院院报》上发表作品逾百篇。他的论文被引用总次数接近 10 万次，H- 指数高达 96，是复杂网络领域被引用最多的科学家。

巴拉巴西的研究也获得了各界的高度认可。他现在是美国物理学会荣誉会员，匈牙利科学院外籍院士，欧洲科学院院士。他曾先后获得 2005 年欧洲生物化学学会联盟（FEBS）颁发的生物系统年度奖项；2006 年匈牙利计算机学会颁发的冯·诺依曼金质奖章；2008 年日本 C&C 基金会颁发的计算机与通信奖和美国国家科学院颁发的 Cozzarelli 奖章；2011 年国际工业与应用数学大会颁发的拉格朗日奖（Lagrange Prize-Crt）。

不过，在学术领域之外，生活中的巴拉巴西也只是一个普通人，喜欢过简单的生活，坚持自己的小执拗。例如，他钟爱湖蓝色的 T 恤，一买就买一打；他喜欢喝可乐，但却不接受健怡以外的其他口味；他会利用空闲时间，带可爱的儿子去丛林里寻找躲起来的老虎，去吃侍者口中“一点儿也不辣”，但他们却觉得味蕾崩溃的食物。

无尺度网络 颠覆“随机网络”理论 ALBERT-LÁSZLÓ BARABÁSI

巴拉巴西第一次对网络产生兴趣，还是在IBM托马斯·沃森研究中心做博士后的时候。也是在那个时期，他将自己今后的研究方向确定为网络研究。他第一篇关于网络的论文大约在1995年完成，可惜被几家期刊拒稿，因为对方认为：“这和我们有什么关系呢？”不过，现在人们已经深刻地认识到，复杂网络不仅和我们有关，而且关系极为密切。

1999年，巴拉巴西提出了一个惊人的网络模型——无尺度网络模型。该模型后来被命名为艾伯特-巴拉巴西模型。在他提出“无尺度网络”的概念之前，科学家习惯将所有复杂网络视为符合泊松分布的随机网络。但巴拉巴西在研究万维网时，却发现万维网并不是随机的。他的实验结果令人非常惊讶：基本上，万维网是由少数高连接性的页面串连起来的，80%以上页面的链接数不到4个。然而，只占节点总数不到万分之一的极少数节点，却有1 000个以上的链接。这一发现，彻底推翻了“复杂网络是随机的”这一得到人们多年认可的理论，巴拉巴西翻开了复杂网络研究的新篇章。

关于“无尺度”一词的由来，巴拉巴西说道：“当我们开始研究万维网时，原本预期节点会像人类的身高一样呈现钟形的泊松分布，但是后来发现有些节点不遵循这种分布。我们就像突然发现了很多身高百尺的巨人一样，大吃了一惊。因此，我们想出了‘无尺度’的说法。”

巴拉巴西为复杂网络理论和研究做出了杰出贡献，且贡献涉及社会科学、物理学、数学、计算机科学等多个领域。他让人们第一次真正了解了互联网是如何从最初的一个人类发明变得越来越像一个生命体或生态系统，这背后体现了那些支配所有网络的法则是多么的强大。难怪世界著名科技杂志《科技新时代》赞誉道：“他可以控制世界。”

相关作品

湛庐CHEERS 特别制作

CHEERS
湛庐

Linked: How Everything Is
Connected to Everything Else and
What It Means for Business, Science, and
Everyday Life

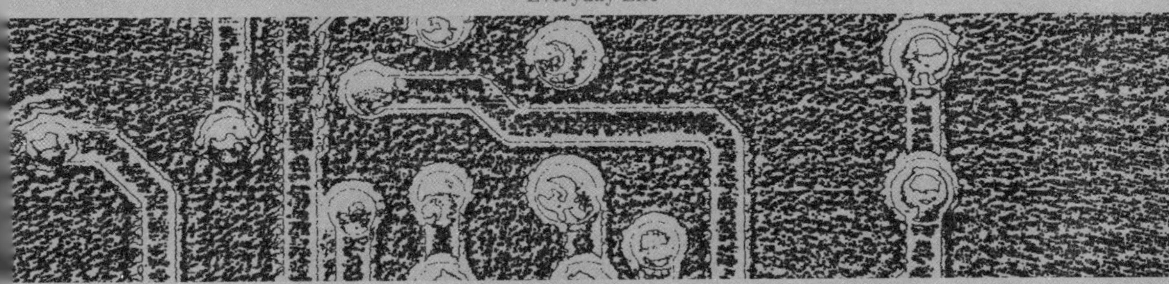

链接

商业、科学与生活的新思维

[美] 艾伯特-拉斯洛·巴拉巴西◎著
(Albert-László Barabási)

沈华伟◎译

链接，大数据之钥

程学旗
中科院计算所所长助理
中科院网络数据科学与技术重点实验室主任

著于世纪之初的《链接》一书，展现了世界万物之间泛在的关联关系，揭示了社会、信息、生物、技术、经济等各种复杂系统的网络化存在。书中，巴拉巴西教授着重以网络思维来刻画和解析了复杂系统的链接特性和相关的普适性规律。如今，十余年过去了，人类可获取和待处理的数据规模、数据增长速度和数据复杂性经历了大幅度提升，社会进入了“大数据”时代。一方面，大数据为我们认识自然界和人类社会自身提供了前所未有的机遇；另一方面，技术上所面临的挑战需要我们从本质上发现和总结大数据计算与大数据科学的基本规则与理论体系。**在这样的背景下，一起重温《链接》一书，领略科学家们在网络科学伊始对链接泛在性、数据复杂性、规律普适性的认识和思考，对我们在大数据时代抓住机遇、迎接挑战将大有裨益。**

复杂性引领《链接》。从随机宇宙到无尺度小世界，记录着人类对复杂性认识的进步。复杂性蕴含于万物之间的关联关系中，体现为无序和有序的共存，反映在无处不在的无尺度和幂律上。链接既是刻画复杂性的方式，又是认识复杂性的途径。大数据的复杂性，同样体现为数据之间的复杂关联，正是这种复杂关联使得数据复杂性随着数据规模非线性增长。因此，认识数据复杂性最终需要回到理解和掌握数据之间的复杂关联关系上。正如《链接》书中所言：在沿着还原论这条路飞奔时，我们撞上了复杂性这堵墙。网络让世界变得不同，链接是人类认识复杂性的脚手架。

普适性贯穿《链接》。规律的普适性是科学发展孜孜追求的目标，从亚里士多德到伽利略，从哥白尼、开普勒到牛顿，从普朗克到爱因斯坦，正是普适性引领科学一点点拨开复杂性的面纱，一步步揭示复杂性背后简单而深刻的规律。各个领域形形色色的网络，呈现出共有的无尺度、小世界和高聚团性；富者愈富和适者生存的简单法则，支配着各个领域网络的生长和演化；从微观尺度的基因网络到宏观尺度的经济网络，无不蕴含着枢纽节点和层级结构。探求普适性规律，小处着手、大处普适，对于我们应对和处理规模不断增长的大数据世界具有重要的借鉴和指导意义。

计算蕴含于《链接》。自然界和人类社会不仅仅是一个静态的客观存在，更是一个具有自我计算能力的动态系统。蛋白质能够快速地完成转录、鸟群能够高速有序地飞行和有效地觅食、通过互联网的通信而自动完成的寄生计算，这些无不在启示我们自然界固有的计算模式。从计算的视角来看，计算是对复杂性所蕴含规律的一种实现，高效的计算需要找到有效而简单的规律。每一种计算都体现着一种规律，简单而深刻的规律对应着高效而简洁的计算。寻找数据复杂性背后的固有规律，是我们有效处理和利用大数据的钥匙，大数据时代的计算亟需探索大数据复杂性的普适规律。

温故而知新,《链接》一书将带我们回顾人类对复杂性的探索历程,领会网络思维的启迪,探寻数据复杂性的普适规律,为大数据时代的计算找回那把迷失的钥匙。

链接：泽万物以生机

周涛
电子科技大学教授，互联网科学中心主任

《链接》这本书是复杂网络最初四五年激动人心成果的一次总结。书中提到的很多发表不久的成果，都成了复杂网络研究的奠基之作：尽管节点倾向于在局部紧密连接，但少量“捷径”或者“弱连接”让真实网络变成了小世界[①]；网络在富者愈富的马太效应驱动下生长，使得总有少量的枢纽节点拥有远远大于平均数的链接[②]；枢纽节点的存在，使得网络同时具备面对噪音的健壮性和面对蓄意攻击的脆弱性[③]，也使得病毒可以在感染率很低的情况下长期存在[④]。

---

① D. J. Watts, S. H. Strogatz, Collective dynamics of ‘small-world’ networks, Nature 393 (1998) 440.

② A.-L. Barabási, R. Albert, Emergence of Scaling in Random Networks, Science 286 (1999) 509.

③ R. Albert, H. Jeong, A.-L. Barabási, Error and attack tolerance of complex networks, Nature 406 (2000) 378.

④ R. Pastor-Satorras, A. Vespignani, Epidemic Spreading in Scale-Free Networks, PRL 86 (2001) 3200.

如果把 1998 年视为复杂网络元年，那么十年前，复杂网络刚刚走过它的童年，我们依稀可以从它稚嫩的面容中辨认出它长大后可能的样子。从《链接》出版到现在的这十年，复杂网络度过了它的少年期，它疯狂地攫取和生长，短短十年就从统计物理学家的掌心玩偶变成了具有广泛影响力的交叉科学发展核心。那时候的生长是野蛮而没有章法的，一切关于纲领、路线、范畴、方法论的讨论都没有引起过真正的重视——问题和解决方案统治着最聪明的头脑。现在，复杂网络进入了它的青春期，尽管成长依然快速，但是它有时候也会慢下来，思考作为一门科学所应该具备的理论基础、方法体系和应用场景。

网络科学研究的浪潮，主要应归功于 1998 年沃茨等人提出小世界网络的模型以及 1999 年巴拉巴西等人提出无尺度网络的模型。那时候，我正在成都七中读高中，每天下午准时出现在中国科学院成都分院旁边一条阴暗小路上阴暗的游戏厅里面。《链接》这本书的英文原版，是 2003 年出版的，那时我已经在中国科技大学待了两三年——辩论队里歌舞升平，脑子不见长，嘴皮子倒是锋利得无以复加。

我第一篇学术论文就是 2003 年发表的，那时候在周佩玲老师的指导下已经多少知道了一些复杂性科学的概念，但是对于复杂网络还一无所知。前几天从湛庐文化拿到这本十周年纪念版，才突然意识到那些锣鼓震天，彩旗飘扬的日子已经过去十多年了。

十年间，复杂网络研究的发展是有目共睹的。

首先，研究者的视角发生了很大的变化。十年前的网络科学中最有吸引力的发现是从万维网到科学家合作网，从蛋白质相互作用网络到航空网络，形形色色、各不相同的网络表现出在统计规律上惊人的一致性。而如今，我们更注重发现不同类别网络独特的性质，也正是这些深入的测量分析以及从共性到个性，再从个性提取共性的思路，推动了复杂网络在不同应用领域的快速发展[①]。另外，我们不仅着眼于挖掘宏观统计规律本身，而且更关心重建从微观属性和驱动力到中观结构形成，再从中观结构组织到宏观规律涌现之间的桥梁[②]。

其次，研究对象有了极大的扩充。十年前的研究主要集中在简单无向网络，而如今有向网络、含权网络、多部分网络、超网络、多维网络、多层网络等都是我们研究的对象。特别地，网络研究和真实的地理空间[③]与行为时间[④]产生了深入的联系，既拓展了我们研究的对象，也使得理论结果和实际应用之间的鸿沟被缩短。

再次，我们对于结构和动力学关系的认识大大加深了。十年前，学者们刚刚开始关注网络结构对动力学的影响，主要的研究还集中在传播、渗流和同步方面，只有少量领先学者提出要关注更多的动力学以及动力学对结构的影响[⑤]。现在，我们有深入研究的动力学，除了传播、渗流和同步，还包括交通、博弈、级联、自旋玻璃等，这些研究揭示了不同动力学之间深刻的一致[⑥]和深刻的区别[⑦]。探讨动力学对于网络结构本身的

---

① L. da F. Costa O. N. Oliveira Jr., G. Travieso, F. A. Rodrigues, P. R. V. Boas, L. Antiqueira, M. P. Viana, L. E. C. Rocha, Analyzing and modeling real-world phenomena withcomplex networks: a survey of applications, Adv. Phys. 60 (2011) 329.

② S. Fortunato, Community detection in graphs, Phys. Rep. 486 (2010) 75.

③ M. Barthélemy, Spatial networks, Phys. Rep. 499 (2011) 1.

④ P. Holme, J. Saramäki, Temporal networks, Phys. Rep. 519 (2012) 97.

⑤ M. E. J. Newman, The structure and function of networks, SIAM Rev. 45 (2003) 167.

⑥ S. N. Dorogovtsev, A. V. Goltsev, J. F. F. Mendes, Critical phenomena in complex networks, Rev. Mod. Phys. 80 (2008) 1275.

⑦ C. Castellano, R. Pastor-Satorras, Thresholds for Epidemic Spreading in Networks, PRL 105 (2010) 218701.

影响，甚至从动力学的输出中重构网络的结构①，都变得可能。

最后，我们开始尝试针对网络的预测和人工干预。人类大部分坚实科学分支的发展都需要经历从解释到预测，再到人工干预这三部曲，一切对于网络结构、演化和功能的认识是否正确，都需要预测来进行检验，进一步地，对网络进行人为干预是把理论研究转化为实际应用至关重要的一步。以预测②和推荐③为代表的网络信息挖掘和以控制④为代表的网络干预，极可能成为这一个十年复杂网络研究的重要突破点。

作为一本科普著作，对于很多读者而言，《链接》里面包含了很多新颖的内容。但是对于复杂网络这个蓬勃发展的新兴学科方向，十年包含了它从出生到现在三分之二的时间，十年前的书就像侏罗纪里面的恐龙一样悠远，实在代表不了现在陆生动物的性状和形态，我们也很难从这本书中找到什么我们还不清楚的技术和方法。恐龙终究是灭绝了，**但《链接》这本书的精神到现在丝毫没有褪色。它带给了我们一种整体的、关联的、系统论的审视世界的方式，使我们不仅仅将视野局限于孤立的单元。我相信，广泛存在的链接是从简单到复杂、从单一到多样、从平凡到璀璨的桥梁。**如果要我用一句话总结《链接》的价值，我会选择：“链接：泽万物以生机”！

---

① W.-X. Wang, R. Yang, Y.-C. Lai, V. Kovanis, C. Grebogi, Predicting Catastrophes in Nonlinear Dynamical Systems by Compressive Sensing, PRL 106 (2011) 154101.

② L. Lü, T. Zhou, Link prediction in complex networks: A survey, Physica A 390 (2011) 1150.

③ L. Lü, M. Medo, C. H. Yeung, Y.-C. Zhang, Z.-K. Zhang, T. Zhou, Recommender Systems, Phys. Rep. 519 (2012) 1.

④ Y.-Y. Liu, J.-J. Slotine, A.-L. Barabási, Controllability of complex networks, Nature 473 (2011) 167.

需要特别一提的是，《链接》（十周年纪念版）的中文译者是沈华伟。华伟兄是微微有些严肃的帅哥，在中科院计算所的一大票人中，我和华伟、学旗、俊铭、国清、国强、苏琦合作很多，光是复杂网络方面的论文，和华伟兄合作的就有几篇。华伟兄是复杂网络研究领域的专家，他的博士论文获得了中国计算机学会的优秀博士论文奖——一个每年让成千上万计算机专业博士生垂涎三尺的崇高奖项。前些日子，他又“驾鹤西游”，到巴拉巴西的研究小组做博士后了。中国恐怕找不出几个比他更适合翻译这本书的学者了，我特别佩服湛庐文化能从万亿人中把他挖掘出来，恐怕也多少用到了网络分析和大数据的技术和理念。

十年了，大家从这本书里面看到了涌动思想的前沿，我从这本书里面看到了远去青春的背影。

祝福下一个十年！

以为序。

LINKED 目录

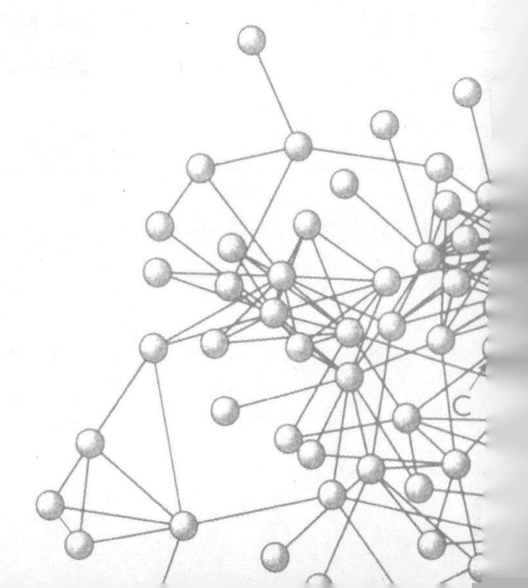

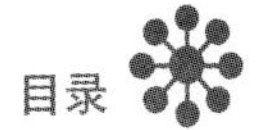

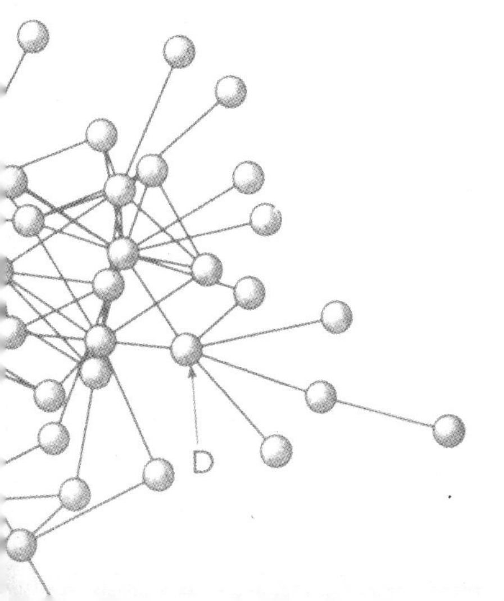
D

想收获研究网络的更多视角吗?
扫码下载“湛庐阅读”App,
搜索“链接”,请清华大学计算机系
副教授陈文光为你做详细解读!

第1链 网络让世界变得不同

“人们曾经拆卸过宇宙，却不知道该如何将它再拼起来。”一系列令人窒息的新发现促使我们承认，简单而深远的自然法则支配我们周围网络的结构和演化。随着很多学科的科学家们发现复杂性背后的严格架构，我们见证了一个正在酝酿的变革，我们开始领悟到网络的重要性……

还原论

还原论（Reductionism）是主张把高级运动形式还原为低级运动形式的一种哲学观点。它认为现实生活中的每一种现象都可看成是更低级、更基本的现象的集合体或组成物，因而可以用低级运动形式的规律代替高级运动形式的规律。

让雅虎网站瘫痪的少年黑客

2000 年 2 月 7 日本该是雅虎的大日子。这一天，数十亿人试图访问雅虎的网络搜索引擎——这里原本每天仅有数百万用户。人气飙升本该让雅虎公司成为新经济中最有价值的资产。然而，问题是所有这些几乎同时到达雅虎网站的访问，既不是来了解某只股票的报价，也不是来搜索核桃派的配方。相反，他们以计算机脚本语言的方式，向雅虎搜索引擎发送消息："是的，我听到了。"可是，雅虎什么也没有说呀。位于加利福尼亚州圣克拉拉的雅虎总部里，数百台计算机疲于响应这些幽灵般的访问。同一时间，数百万合法用户在等待着雅虎的服务，他们想查找某部电影的名字或者搜索飞机票。我就是等待服务的用户中的一员。我自然不知道雅虎正在为服务上百亿的幽灵而抓狂。我耐心地等待了大约三分钟，转而使用服务响应更好的搜索引擎去了。

第二天，万维网的贵族们，像亚马逊、易趣、美国有线电视新闻网络（CNN.com）、ETrade 和 Excite 这样的大型网站，和雅虎一样陷入了诅咒：他们不得不服务于数亿发出毫无意义服务请求的幽灵们，而那些拿着闪闪发光的信用卡等着消费的真实用户，却被迫在一旁等待着。

当然，让数十亿真实的计算机用户同时在太平洋标准时间10:20，在他们的浏览器中输入雅虎的网址是不可能的。原因很简单，世界上根本没有那么多电脑。早间的新闻报道称，是一些经验丰富的电脑黑客搞垮了这些顶尖电子商务网站。当时人们普遍认为，一些痴迷于攻破复杂安全系统的电脑怪才，将学校、研究实验室和商业公司的数百台电脑变成受其控制的僵尸，让这些"僵尸"电脑反复向雅虎发送"是的，我听到了"。每秒钟都有大量的数据涌向雅虎，远远超过它能处理的极限。对雅虎发起的拒绝服务攻击，引发了全球范围对肇事黑客的追查，受到了广泛的宣传和关注。

令人吃惊的是，联邦调查局的高调调查，并没有像人们预期的那样找到网络恐怖组织。相反，联邦调查局锁定的肇事者是一个住在郊区的加拿大少年。监听网络聊天室的调查员偶然间听到该少年向别人征询新攻击目标的谈话——于是，他在吹牛的时候被抓了。

这名年仅15岁的少年在网络中化名MafiaBoy，他成功地扰乱了多家市值十几亿美元公司的运营，而这些大公司拥有全世界最好的计算机安全专家。我们是否应将这名少年称为"当代的大卫"①呢？他将最简单的家用电脑当做弹弓，打败了信息时代的哥利亚巨人。事后，专家们就此事达成了一致看法：这次攻击并不是由哪个天才发起的。实际上，这次攻击所使用的工具是很多黑客网站上都会提供的、每个人都可以使用的现成工具。MafiaBoy在网络上的奇怪举动表明了他只是业余水平，正是他在网络上的草率行径留下的蛛丝马迹，让警察直接找到了他父母的家

① 大卫是传说中打败了哥利亚巨人的牧童。《圣经》中记载，哥利亚是腓力士将军，带兵进攻以色列军队。他拥有无穷的力量，所有人看到他都要退避三舍，不敢应战。最后，牧童大卫用投石弹弓打中哥利亚的脑袋，并割下他的首级。大卫日后统一以色列，成为著名的大卫王。——编者注

门口。但实际上，他的行为更像哥利亚，而不像大卫：他缺乏攻击网站的专业知识并且笨手笨脚，他只是选择那些大学和小公司里的脆弱电脑作为攻击目标，进而控制这些电脑发送消息攻击雅虎。

我们能够想象到，一个 15 岁的男孩，坐着卧室门后的电脑前，看着那些拖延雅虎响应速度的消息时，会感到多么地甜蜜和满足。这句“是的，我听到了”他自己一定喊过上百万次，当他的爸爸妈妈喊他吃饭或倒垃圾时，他都是这么答应的。这次攻击靠的不是复杂的手段，而是暴力和胆量。而这正是让我们感到吃惊的地方，一个少年是怎么搞定新经济中那些大公司的呢？如果一个年轻人都可以在互联网上肆虐，换成一群训练有素的专业人士，结果会怎么样呢？我们面对这样的攻击时是多么地脆弱呀？

社会网络与基督教的兴起

早期的基督教只不过是一个从犹太教派叛离的派别。基督教被犹太和罗马当局视为异端，因此遭到当局的迫害。没有任何历史证据表明，基督教的精神领袖——来自拿撒勒的耶稣，曾试图将自己的影响扩散到犹太教徒的范围之外。他的观点对犹太人而言都是难以理解和备受争议的，更不用说去让异教徒信仰了。起初，那些有意追随耶稣的非犹太人需要接受割礼、遵循当时犹太教的法律，而且不能进入圣庙——早期犹太基督教的圣地。很少有非犹太人能坚持走完信仰基督教这条路。实际上，向他们传授教义几乎都是不可能的，因为在当时四分五裂、受地理环境限制的社会中，消息和观点需要借助人的双腿来传播，而人和人之间的距离非常远。和人类历史中许多其他宗教一样，基督教似乎注定要被湮没。

尽管基督教传播开来的机会很渺茫，但今天却有接近20亿人自称基督徒。这一奇迹到底是怎么发生的呢？基督教是怎么从少数人的异端信仰、被鄙弃的犹太教派分支，变为西方世界主流宗教的基础的呢？

许多人将基督教的成功归功于一个历史人物，这个人就是我们今天熟知的拿撒勒的耶稣。当今，市场营销专家认为耶稣的教义很有黏性，会引起人们的共鸣并一代一代传播下去。与之相比，其他宗教因缺乏这一因素而消失在历史长河里。但实际上，基督教的成功应该归功于一个正统的、虔诚的犹太人，而他从没有见过耶稣。他的希伯来语名字是索尔（Saul），不过我们更熟悉他的罗马名字保罗（Paul）。保罗的人生使命是抑制基督教的发展。他游历各个社区去训诫基督徒——在这些社区中，基督徒因将被当局定罪为叛教者的耶稣和上帝摆在等同的位置而遭受迫害。他使用鞭刑、禁令、逐出犹太教会等手段来维护传统，迫使叛教者遵循犹太的法律。然而，根据历史记载，这位基督徒的残酷迫害者在公元34年突然转型，变成了基督教这一新信仰的坚定支持者，帮助基督教从一个犹太教的小教派变成此后2 000年西方世界的主流宗教。

保罗的努力是如何成功的呢？保罗知道，基督教要想超出犹太人的范围向外传播，就需要废除非犹太人成为基督徒的高门槛，放宽割礼和严格的斋戒条例。他将他的想法传达给在耶路撒冷的耶稣门徒，耶稣门徒授权他继续传播福音，不再要求对非犹太的基督徒施行割礼。

但是，保罗知道做到这些还不够，还必须把教义传播出去。于是，他利用他掌握的关于社会网络的第一手知识尽其所能劝人皈依基督教。

这个社会网络是公元1世纪文明世界的社会网络，连接着罗马和耶路撒冷。在他生命随后的12年内，他徒步行走了近1.6万公里。他不是随意游历，而是走向那个时代最大的社区，走向信仰能够萌芽和高效传播的人群和地方。他是基督教第一个传道者，也是迄今为止最高效的传道者，他在传道时娴熟地使用神学和社会网络的知识。那么，基督教的成功是该归功于保罗，还是耶稣，还是教义呢？这种情形还会再发生吗？

复杂网络的力量

MafiaBoy和保罗之间存在巨大的差异：MafiaBoy的举动是破坏性的，而保罗却是早期基督教社区间桥梁的缔造者（无论他初衷如何）。但是，二者在一些重要方面有着共同点：他们都精通网络。尽管他们两人没有从网络的角度考虑过，**但他们成功的关键是复杂网络的存在，复杂网络为他们的行为提供了高效的媒介。**MafiaBoy在计算机网络上操作——在迈进第三个千禧年之际，互联网是可以到达最大量人群的最快捷、最高效的方式；保罗是公元1世纪社会和宗教链接的掌控者，这是公元之初能够承载和传播信仰的唯一网络。他们都没有完全领会帮助他们达成目的的力量。但是，在保罗的时代过去近2 000年后，我们正在做第一手努力，去理解保罗和MafiaBoy成功的原因。我们现在知道了，答案不仅在于他们利用网络的能力，更取决于这些网络的拓扑和结构。

保罗和MafiaBoy之所以能获得成功，是因为我们每个人都相互连接在一起。我们的生命形式、社会世界、经济体和宗教传统都展示着极其复杂的关联性。正如伟大的阿根廷作家豪尔赫·路易斯·博尔赫斯（Jorge

Luis Borges）所言，万物相互联系。

谁在支配网络的结构与演化

标记令人恐惧的未知世界时，古代制图师会写："那里有怪兽出没。"但当富有冒险精神的探险家深入到地球的每个角落时，那些标记着怪兽的区域逐渐消失了。然而，在我们的认知地图中，仍然存在大量有怪兽出没的区域。从细胞内的微观世界，到无边无垠的互联网世界，世界的不同部分是如何拼在一起的呢？这些对我们而言仍然是未知的。幸好，科学家们最近已经开始尝试为像网一样的宇宙绘制地图，这些地图为我们刻画出那些我们在几年前无法想象的惊奇和挑战。

链接洞察 LINKED

对于互联网而言，地图将互联网的脆弱性暴露在黑客面前。对于由贸易关系和所有权关系连接起来的公司而言，地图摹写了硅谷的资本和权利转移的轨迹。对于生态系统中物种间的交互关系而言，地图揭开了人类对环境破坏性影响的一角。对于细胞中一起工作的基因而言，地图告诉我们癌症是怎么一回事。但是，当我们把这些地图并排摆在一起时，真正令人惊奇的事情出现了。就像外貌不同的人却拥有几乎完全一样的骨骼一样，我们看到这些不同类型的地图有着同一幅蓝图。一系列令人窒息的新发现迫使我们承认，是简单而深远的自然法则在支配我们周围网络的结构与演化。

当还原论撞上复杂性

你观察过小孩子拆卸他们心爱的玩具吗？你见过他们因不能将拆开的玩具重新组装起来而哭泣的情形吗？我在这里透露一个从未被报道过的秘密：人们曾经拆卸过宇宙，却不知道如何将它再拼起来。20 世纪，在花费了上万亿美元的研究经费拆卸自然界之后，我们终于承认，除了进一步拆卸，我们不知道接下来该做些什么了。

还原论是 20 世纪很多科学研究背后的推动力。还原论告诉我们，要理解自然界，首先要认识它的各个组成部分。这里包含着一个假设，一旦理解了每个部分，我们就很容易掌握整体。这就是“分而治之”，从细节中寻找问题。因此，几十年来，我们对世界的认识都是通过理解它的组成部分进行的。我们接受的教育，就是通过研究原子和超弦理解宇宙，通过研究分子认识生命，通过研究单个基因理解复杂的人类行为，通过研究先知认识时尚和宗教的起源。

目前，我们几乎完全了解事物的各个组成部分。但是，我们对于自然界整体的理解仍停留在过去的水平。实际上，将各个部分进行重新组装要比科学家们想象的难得多。原因很简单：在沿着还原论这条路飞奔时，我们撞上了复杂性这堵墙。我们意识到，自然界并不是一个设计良好、只有唯一答案的谜题。在复杂系统中，各个组成部分可以按照多种方式组合起来，如果我们逐个尝试所有组合方式，需要花费数十亿年时间。而自然界仅仅通过几百万年的磨合，就以一种优美和精确的方式将它的各个组成部分拼接在了一起。自然界的神奇之处在于它利用了包罗万象的自组织法则，但对我们而言，这个法则仍然是个未知之谜。

链接洞察 LINKED

如今，我们逐渐认识到，没有什么事情是孤立发生的。大多数事件和现象都与复杂宇宙之谜的其他组成部分或相互关联、或互为因果、或相互作用。我们开始认识到，我们生活在一个小世界里，这里的万事万物都相互关联。随着很多学科的科学家们发现复杂性背后的严格架构，我们见证了一个正在酝酿的变革。我们开始领悟到网络的重要性。

在互联网主宰我们生活的今天，“网络”已经成为每个人挂在嘴边的词语，很多公司名称和知名杂志的文章标题中也频繁出现这个词语。“9·11”事件之后，目睹了恐怖分子网络的致命威力，人们开始习惯于网络一词隐含的另一层含义。但是，很少有人意识到，因网络科学快速发展而浮出水面的现象，远比“网络”一词的随意使用更令人兴奋、发人深省。有些发现如此之新，以至于很多重要结果以未发表论文的形式在科学领域流通，这为认识我们身边这个互联的世界提供了全新的视角。**网络将以前所未有的程度主宰这个新世纪。在未来的十年里，网络将推动我们重新审视帮助我们形成世界观的一些根本问题。**

探寻下一个大变革

本书的主旨很简单：让人们学会从网络的角度来思考问题。本书将探讨网络是如何形成的、网络是什么样子的、网络是如何演化的。本书将站在网络的视角，向读者展示自然界、人类社会和商业社会，这一视角将帮助我们理解网络的民主问题、互联网的脆弱性问题和致命疾病的传播问题。

网络无处不在。我们需要做的只是去观察它。通过阅读本书，你将会学到如何将社会视为复杂网络，从而抓住我们生活的这个大世界的微妙之处。通过阅读本书，你将会理解保罗是如何成功的以及为什么能够成功，并进一步认识到，尽管存在一些明显的差异，但保罗所处的社会环境和我们今天的社会环境仍极为相似。通过阅读本书，你将会看到，医生如果只关注单个分子或基因而不考虑生命物质间的复杂关联关系，他在治疗疾病时将面临多么巨大的挑战。通过阅读本书，你将会意识到，MafiaBoy 的例子不仅仅出现在网络攻击中。通过阅读本书，你将领会到，互联网是如何从最初的一个人类发明变得越来越像一个生命体或生态系统，那些支配所有网络的法则是多么的强大。通过阅读本书，你将会了解到，恐怖主义的出现也受网络形成法则的支配，以及致命的恐怖组织网络是如何利用自然界各种网络的固有健壮性的。通过阅读本书，你会惊奇地发现，经济、细胞、互联网等形形色色的系统是多么相像，以至于可以触类旁通。

我希望，逐章阅读本书将成为一次让人大开眼界的跨学科旅行，能够启发读者跳出还原论的条条框框，去探索下一个科学变革——网络新科学。

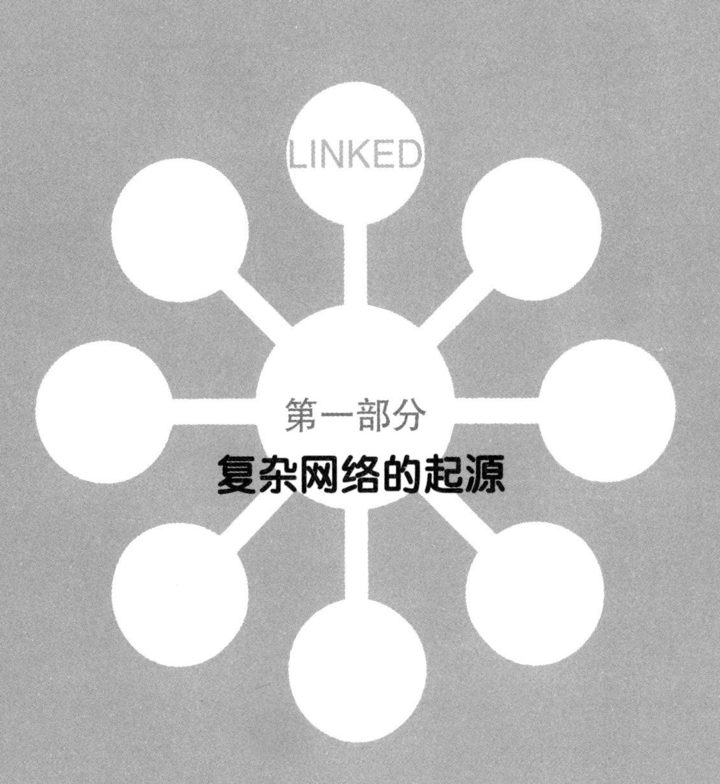

第一部分

复杂网络的起源

第2链 随机宇宙

网络的构造和结构是理解复杂世界的关键。我们每个人都是遍及全世界的社会网络这个大节点簇的一部分，没有人能游离在外。当自然界闭着眼睛抛洒链接时，长远来看，没有节点会被青睐，也没有节点会被歧视。哪怕只影响少数几个节点或边，就能打开隐藏的大门，让新的可能涌现。沿着网络中的链接，个体的行为可以很容易地影响到数百万人。

随机网络

随机网络是指通过随机连接节点搭建起来的网络。在随机网络中，链接是完全随机放置的，所有节点有相等的机会获得链接。只要网络足够大，几乎所有节点拥有的链接数都基本相同。因此，随机网络是一个高度平等的网络。

图论

图论是数学的一个分支。它以图为研究对象。图论中的图是由若干给定的点及连接两点的线所构成的图形，这种图形通常用来描述某些事物之间的某种特定关系，用点代表事物，用连接两点的线表示相应两个事物间具有这种关系。

欧拉的图论与哥尼斯堡七桥问题

1783年9月18日，圣彼得堡，和往常一样，莱昂哈德·欧拉（Leonhard Euler）在给他的一个孙子上了一堂数学课后，做了一些关于热气球飞行的计算。三个月前，在里昂南部，蒙戈尔费兄弟（Montgolfier brothers）发射了一个巨大的热气球，气球升到1 980米的高空，在大约1.6公里外安全着陆。在欧拉探究热气球运动的力学原理时，蒙戈尔费兄弟正准备在国王路易十六面前展示他们的热气球飞行。他们计划利用热气球把一只羊送到空中，飞行将于次日在巴黎进行。然而，欧拉没能坚持到这次飞行的进行。午饭后，欧拉和他的助手一起针对新近发现的行星——天王星的运行轨道做了一些计算。欧拉提出了一组刻画天王星奇特轨道的方程，数十年后，这组方程帮助人们发现了海王星。而欧拉同样没能见证海王星的发现。大约下午5点钟，欧拉突发脑溢血，在失去意识前他说道："我就要死了。"那天晚上，欧拉去世了，走完了数学界有史以来最高产者的一生。

欧拉是一位出生于瑞士的数学家，他的职业生涯在柏林和圣彼得堡度过，他在数学、物理学、工程学等领域都有着非凡的影响。不仅因为他的发现具有无可比拟的重要性，而且因为他的发现的数量也令人望尘莫及。欧拉的著作部分收录于《欧拉全集》（*Opera Omina*），这部全集目前已超过 73 卷，每卷 600 页。从 1766 年回到圣彼得堡直到 76 岁去世，欧拉生命的最后 17 年可谓相当动荡。尽管遭遇了很多人生悲剧，他在这段时间还是完成了一半的著作，其中包括一部776页的研究月亮运动的专著、一部具有深远影响的代数教科书和一部微积分的三卷本论集。在完成这些著作的同时，他平均每周还在圣彼得堡学院期刊上发表一篇数学论文。不可思议的是，在这段时间他基本上没有写过或者读过一行字，因为自 1766 年回到圣彼得堡不久，他就丧失了部分视力。1771 年，白内障手术失败后，欧拉完全失明了。这期间，他完成的数千页著作都是凭记忆口述的。

三十年前，视力良好的欧拉曾写过一篇简短的论文，探讨源自哥尼斯堡（Königsberg）的一个有趣的问题。哥尼斯堡距离欧拉在圣彼得堡的家不远，这座四处开满鲜花的小镇位于东普鲁士境内。在 18 世纪早期，哥尼斯堡并没有预料到自己将来会遭受战争破坏——这里后来成为第二次世界大战最激烈的战场之一。正如当时的一幅蚀刻版画描绘的那样，位于普瑞格尔（Pregel）河畔的哥尼斯堡是一座欣欣向荣的城市，忙碌的船队和繁荣的贸易让当地的商人和居民过着富足的生活。经济的健康发展为市政府提供了财力保障，于是，市政府在普瑞格尔河上建造了 7 座桥。大多数桥将城中美丽的奈佛夫岛（Kneiphof）和城市的其他部分连接起来。奈佛夫岛位于普瑞格尔河的两条分支之间，河的这两条分支之间由两座桥相连（如图 2—1 所示）。生活在和平和富足之中的哥尼斯堡人喜欢玩智力游戏，其中一个智力游戏是：“人们能否不重复地走完城中的 7 座桥？”在 1875 年一座新桥落成之前，没有人找出过这样的路径。

1736 年，即新桥建成前大约 150 年，欧拉给出了一个严格的数学证明，告诉我们：在 7 座桥的情况下，不重复地走完所有桥的路径是不存在的。在这篇简短的论文里，欧拉不仅解决了哥尼斯堡问题，还在不经意间开启了一个重要的数学分支——图论。今天，图论已经成为我们考察网络的基础。在欧拉去世后的几个世纪里，在大批数学家的贡献下，图论逐渐发展成熟。为了打开网络的大门，让我们先简要回顾一下欧拉画出第一张图时的推理过程。

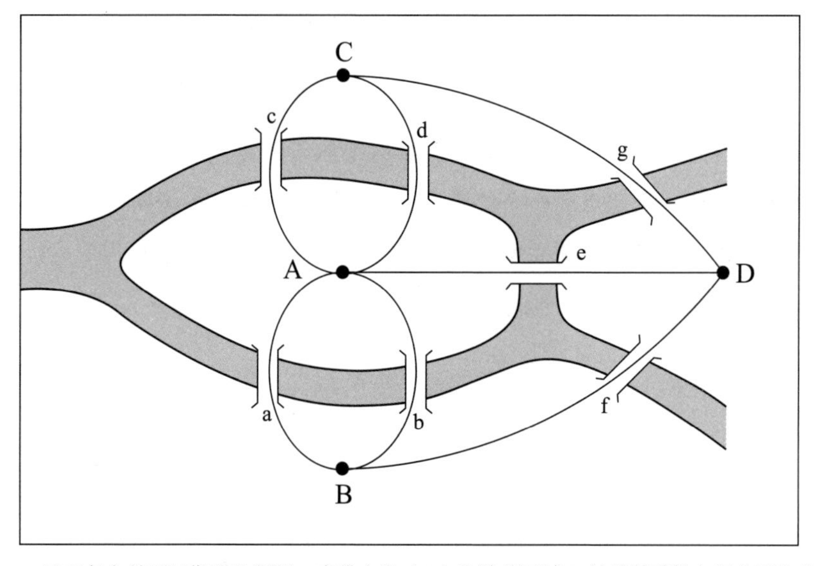

1875 年之前哥尼斯堡的版图：奈佛夫岛（A）和陆地区域 D 处于普瑞格尔河的两条分支之间。求解哥尼斯堡问题意味着，寻找一条巡游全城的路径，每个桥只经过一次。1736 年，莱昂哈德·欧拉提出了图论，将四块陆地表示成节点 A 到 D，7 座桥表示为链接 a 到 g，于是得到了一个有四个节点和七条边的图。他随后证明，在哥尼斯堡图中，不存在一条经过每条链接仅一次的路径。

图 2—1 哥尼斯堡 7 桥问题

网络构造，理解复杂世界的关键

欧拉的证明简洁而优美，即使是没有受过数学训练的人也能很容易地理解。然而，改变历史的不是证明本身，而是他求解问题时的一个中间步骤。**欧拉最伟大的洞察力表现在他将哥尼斯堡问题视为一张图，即通过边连接在一起的一组节点。**在哥尼斯堡问题中，他用节点表示被河流分开的四块陆地，分别用字母A、B、C、D来表示。然后，用一条连接两个节点的线表示连接两块陆地的每座桥，他把桥称为边。欧拉得到了一张图，节点代表陆地，边代表桥。

欧拉证明了哥尼斯堡不存在一条路径能够走遍所有7座桥而不重复，他的证明基于一个简单的观察：**在网络上沿着边“旅行”时，拥有奇数条边的节点，要么是旅行的起点，要么是旅行的终点。走遍所有桥的连续路径只有一个起点和一个终点。因此，如果图中有多于两个节点拥有奇数条边，就不存在前文所述的路径。**而哥尼斯堡的图中有四个这样的节点，所以人们找不出他们希望找到的路径。

对于我们而言，欧拉的证明最重要的意义在于，这样的路径是否存在不取决于我们寻找路径的能力，仅取决于图的性质。在哥尼斯堡桥梁布局给定的情况下，无论我们多么聪明，都不可能找到期望的那样一条路径。哥尼斯堡人最终认同了欧拉的结论，放弃了毫无结果的寻找，转而选择于1875年在节点B和C之间建造了一座新桥，让这两个节点各自拥有的边数增加到4。现在，只有两个节点（A和D）有奇数条边了，找到一条经过每座桥仅一次的路径变得非常容易。也许，建造这座新桥背后的原因就是为了创造这样一条路径。

链接洞察 LINKED

回想起来，欧拉无意间阐述的信息其实非常简单：图或网络具有一些隐藏在自身结构背后的性质，这些性质可以限制或者增强我们在网络中所能施展的能力。两个多世纪以来，哥尼斯堡人求解他们在咖啡馆里谈论的那个问题的能力，一直受哥尼斯堡版图布局的限制。但是，在增加一条边改变布局后，这个限制就突然消失了。

欧拉的证明结果从多个方面体现了本书的一个重要观点：图或网络的构造和结构是理解我们周围复杂世界的关键。拓扑结构的微小变化，即使只影响少数几个节点或边，也能打开隐藏的大门，让新的可能涌现出来。

欧拉之后，图论领域获得了快速发展，这得益于数学大师们的贡献，包括柯西（Cauchy）、哈密顿（Hamilton）、凯利（Cayley）、基尔霍夫（Kirchhoff）和波利亚（Pólya）。他们几乎揭开了那些大而有序的图中的所有奥秘，包括晶体中原子间形成的格或蜂巢中蜜蜂建造的六角栅格。20 世纪中叶之前，图论的研究目标比较简单：发掘各种类型的图的性质并对其进行分类。著名的图论问题包括：1873 年首次解决的迷宫问题，以及在国际象棋棋盘上寻找一个让马遍历所有方格各一次并回到原点的步骤序列。有一些比较难的问题，几个世纪以来都无人能解。

在欧拉极富启发性的工作完成两个世纪后，数学家才开始从研究不同图的性质转到研究更深入的问题，即图或网络（更常见的称谓）是如何形成的。真实的网络是如何形成的呢？支配网络外观和结构的法则是什么呢？直到20世纪50年代两个匈牙利数学家对图论进行革新时，上述问题才被提出并得到第一个答案。

埃尔德什，网络是如何形成的

20世纪20年代后期的一个下午，一个17岁的年轻人在布达佩斯的街道上慢跑，步态怪异。他在一家卖定制鞋的高档鞋店前停下了脚步。他的脚形状奇特，普通的鞋子都无法穿着，只得找人定做鞋子。但是，他来这里并不是为了定做新鞋。他敲过门后（这一举动无论在现在还是在当时都显得有些奇怪），便走了进去，没理会柜台后的女售货员，就径直走向鞋店最里面的一个14岁男孩。

“告诉我一个四位数。”他说道。

“2 532。”男孩瞪大眼睛紧盯着这位奇怪的人回答道。不过，那个年长些的男孩没有让他注视太久。

“它的平方是6 411 024，”他继续说道，“抱歉，我现在年龄大了，不能告诉你它的立方是多少了。你知道多少种毕达哥拉斯定理的证明方法？”

“一种。”年轻的那个男孩回答道。

“我知道37种，”他不做停顿继续说，“直线上的点组成的集合是不可数的，你知道吗？”在为这个聪明的小男孩讲解完康托尔（Cantor）的证明方法后，他在鞋匠店的任务就完成了。说了声“我得走了”，他便大步跑出了鞋店。

保罗·埃尔德什（Paul Erdös）一路飞奔，迅速成为20世纪的顶尖天才和最著名的异类。1996年去世前，他完成了1 500多篇数学论文，他的高产自欧拉之后无人企及。在这些学术作品中，有8篇论文是和另一位匈牙利数学家阿尔弗雷德·莱利（Alfréd Rényi）合作发表的。这8篇论文在历史上首次探讨了理解相互关联的宇宙的最基本问题：网络是如何形成的？他们的解答为随机网络理论奠定了基础。这个优美的理论深刻地支配着我们思考网络的方式，我们至今仍难以摆脱它的影响。

只需30分钟，一个无形社会网络的形成

假设有一个聚会，应邀参加的100名宾客均互不相识。为这群陌生人提供葡萄酒和奶酪，他们很快便会聚在一起相互交谈，因为人类与生俱来的社交诉求会驱使他们这样做。他们三三两两地分成了三四十个小组。现在，向其中一位客人透漏，那瓶没有标签的深绿色瓶子中的红葡萄酒是窖藏20年的罕见佳酿，比贴有红色标签瓶子中的葡萄酒好很多，然后要求这名客人只能把这个消息和他新认识的人分享。你知道你那瓶昂贵的酒很安全，因为知道这个消息的客人可能刚刚结识两三个人。但是，客人们不会和同一个人没完没了地聊很久，他们很快会形成新的小组。在外人看来，这并没有什么特别。然而，早先结识的人之间已经建立了无形的社会链接，现在他们又分散到了不同的组里。如此一来，另一些

仍互不相识的客人之间便可以通过这些微妙的路径联系起来。

> 例如，尽管约翰还没有碰到过玛丽，但他们都见过迈克，于是就有一条从约翰通过迈克到玛丽的路径。如果约翰知道红葡萄酒的消息，玛丽便也有可能会知道，因为她会从迈克那里听到这个消息，而迈克的消息来自约翰。

随着时间的推进，客人们逐渐由这种无形的链接联系在一起，相当一部分人之间形成了一个很好的熟识网络。随着葡萄酒的消息从最初少量的知情者扩散到越来越多的聊天组里，那瓶昂贵的葡萄酒变得越来越不安全。

如果每个人都把消息传递给他新认识的人，那么在聚会结束之前，是不是所有客人都知道那瓶好葡萄酒的存在了呢？可以肯定的是，如果所有人都互相认识，最终每个人都会到那个没有标签的瓶子中取好葡萄酒。但是，即使每次碰面只需要 10 分钟，和其他 99 个人都碰到也需要大约 16 个小时，而极少有聚会能持续那么久。因此，你可能会觉得，把那瓶葡萄酒的秘密告诉你的朋友也无妨，而且你有理由相信，那瓶葡萄酒在聚会结束时还会剩下一些。

但保罗·埃尔德什和阿尔弗雷德·莱利不认同上述观点。埃尔德什经常引用莱利的话："数学家能从咖啡中喝出定理。"就有这么一杯特别幸运的咖啡，它引出了一个被广为引用的定理：如果每个人与至少一个客人结识，很快所有人都将喝到那瓶昂贵的葡萄酒。根据埃尔德什和莱利的观点，只需要 30 分钟，就能形成一个无形的社会网络，将房间内所有的客人联系起来（如图 2—2 所示）。一名客人听说昂贵葡萄酒的消息后，过不了几分钟，就会发现那瓶酒只剩下一个空瓶了。

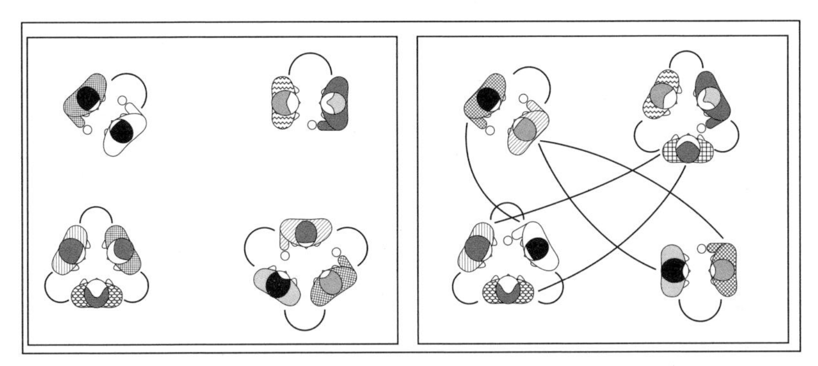

在一个有10位客人的聚会上，人们起初互不相识。但当他们开始分成小组交谈，他们之间便形成了社会链接。最初，各个组是彼此孤立的（左图）。事实上，虽然同一个组内的客人之间存在社会链接（表示为实线），但是，不同组的客人彼此还是陌生的。但随着时间推移（右图），其中三位客人移动到其他的组，于是，一个巨大的节点簇出现了。虽然并不是任意两个人都互相认识，但是出现了一个包含所有客人的社会网络。沿着网络中的社会链接，任意两个客人之间都可以找到一条路径。

图2—2　聚会

世界是随机的吗

我们在鸡尾酒会上遇到的客人是欧拉创立的数学分支——图论中一个问题的一部分。客人是节点，每次邂逅会在客人之间创建一条社会链接，于是就形成了一个相识关系网络，也被称为图——通过链接连接起来的一簇节点。图的例子很多：计算机通过电话线连接，我们体内的分子通过生化反应连接，公司通过贸易关系连接，神经元通过轴突连接，岛屿通过桥梁连接。无论节点和链接是什么，无论它们的性质如何，对于数学家而言，它们都是同一样的东西：图或者网络。

虽然简化图看起来很优美，但是把所有的网络简化为图却将面临一些巨大的挑战。社会、互联网、细胞或大脑都可以用图来表示，但它们之间存在明显的差异。很难想象人类社会和细胞之间能有多少共通之处。在人类社会中，我们通过随机邂逅和有意识的决定结交朋友，而在细胞中，无情的化学和物理规则支配着分子间的所有反应。对于自然界里的各种网络而言，支配其链接形成的规则肯定也会截然不同。表面上看，寻找一个能够描述所有这些不同系统的模型，似乎是一个难以逾越的挑战。

然而，科学家们的终极目标，就是为极其复杂的现象寻找最简单的可能解释。埃尔德什和莱利接受了这个挑战，并就在同一个框架下描述所有的复杂图这一问题，给出了一个优美的数学解答。由于不同的系统按照完全不同的规则构建各自的网络，所以埃尔德什和莱利谨慎地忽略这种多样性，提出了一个自然界可能遵循的最简单的解答：随机连接节点。他们认为，创建网络最简单的方式是掷骰子：选择两个节点，如果掷出的是6，就在节点之间放置一条链接。如果掷出的是其他数字，就不连接这两个节点，转而选择另外一对节点重新开始。因此，埃尔德什和莱利认为，图和其代表的世界从根本上讲是随机的。

埃尔德什喜欢说："有一个古老的争论，是人类创造了数学，还是人类只是发现了数学。换句话说，真理在我们知道它之前就已经存在了吗？"对于这个问题，埃尔德什给出了明确的答案：数学真理和其他绝对真理一样，都是客观存在的，我们只是重新发现了它。随机图理论是如此的优美而简单，在埃尔德什看来，它是永恒的真理。不过，我们现在知道了，随机网络在我们宇宙的组织中发挥的作用很少。相反，自然界所依靠的那些根本规则，是我们将在随后的章节中介绍的。而埃尔德什本人通过发展随机图理论创造的数学真理，则为我们提供了一个观察世界的视角。埃尔德什并不了解自然界创造大脑和社会的规则，他只是做出了大胆的假设，认为上帝喜欢掷骰子。他的朋友，普林斯顿的阿尔伯特·爱因斯坦却相信相反的观点："上帝从不掷骰子。"

从节点到节点簇

现在，我们回到鸡尾酒聚会，做一些随机图理论的练习。开始时，我们有大量孤立的节点，然后我们模仿客人间的随机邂逅，在节点之间随机地添加链接。如果只添加少数几个链接，唯一的结果是一些节点通过链接形成了配对。如果继续添加链接，一些配对将不可避免地连接在一起，形成包含几个节点的簇。当添加了足够多的链接使每个节点平均拥有一个链接时，奇迹出现了：一个独一无二的巨大节点簇出现了。也就是说，大多数节点都是这个节点簇的一部分，无论从哪个节点出发，沿着节点间的链接前行，都能够到达大多数其他节点。这个时刻就是你那瓶昂贵的葡萄酒不再安全的时候，因为巨大的节点簇使得葡萄酒的消息可以传递到每一个人。数学家们将这个现象称为巨大连通分量的涌现，巨大连通分量中包含了大部分的节点。物理学家把这个现象称为渗流（percolation），并把巨大连通分量的涌现称为相变（phase transition），这和水结成冰的瞬间是类似的。社会学家们会说，客人这时刚好形成了社区。

链接洞察 LINKED

尽管不同的学科有不同的术语，但他们一致认为，随机选择网络中的节点对进行连接时，会出现一些特殊的现象：当添加的链接数超过一个临界值时，网络将发生剧烈变化。在到达这个临界值之前，网络中包含许多不连通的小节点簇，每个节点簇对应只在内部进行交流的一组人。到达临界值之后，网络中将出现一个巨大的节点簇，几乎所有人都被连接在这个巨大的节点簇里。

每个人只需认识一个人，就能形成社会

每个人都是遍及全世界的社会网大节点簇的一部分，没有人能游离在外。没有人能够认识地球上其他所有人，但是，在人类社会网络中，任意两个人之间一定有一条路径。类似地，我们大脑中的任意两个神经元之间、世界上任意两个公司之间、我们体内的任意两种化学元素之间都存在可达路径。任何事物都无法脱离这个高度互联的生命网络而独立存在。保罗·埃尔德什和阿尔弗雷德·莱利告诉了我们这背后的原因：**每个节点只需要一个链接就可以使它和整个网络保持连接。**这意味着，要和网络中的其他成员保持连接，每个人只需要认识一个人，大脑中的每个神经元和其他神经元之间只需有一条链接，我们体内的每种化学元素只需具备参与至少一个化学反应的能力，商业世界中的每个公司只需和至少一个其他公司建立贸易关系。**“1”是这里的阈值。如果节点拥有的平均链接数少于1，网络将破碎成相互间没有联系的小节点簇；如果每个节点拥有的链接数超过1，网络就可以远离破碎的危险。**

自然界中，节点的平均链接数经常大大超过阈值1。据社会学家估计，

每个人认识的人数在200到500之间。每个神经元平均和几十个其他神经元相连，有的神经元则和数千个神经元相连。每个公司通常和数百家供应商和客户公司有链接，一些大公司会有多达上百万个链接。在我们体内，大多数分子参与的化学反应远不止1个，像水这样的分子参与了数百个。因此，真实网络不仅是连通的，而且远远超过了保持连通所需的阈值1。

随机网络理论告诉我们，当节点的平均链接数增加到超过临界值1时，游离在巨大节点簇之外的节点数成指数下降。也就是说，添加的链接数越多，越难找到保持孤立的节点。自然界不会冒险停留在阈值附近，而是远超过了阈值。如此一来，我们身边的网络不再只是一些孤立的小网络，它们的连接非常稠密，没有人游离在网络之外，每个节点皆可到达。这就解释了，为什么根本没有人能够完全游离在社会之外，为什么我们体内的所有分子融在同一个复杂的细胞网络中，为什么传教士保罗的教谕能够到达他没有见过的人那里，为什么MafiaBoy能够成为报纸头条。答案是：**沿着网络中的链接，个体的行为很容易就会影响到数百万人。**

改变图论的历史

埃尔德什和莱利发现的相变或渗流的特殊时刻，即巨大的节点簇涌现的时刻，是图论发展过程中的重大事件。这一发现之所以重要，不仅因为它做出了令人难以相信的预言——每个人只需要认识一个人就能形成社会，更因为它改变了图论研究的历史。在埃尔德什和莱利之前，图论从没有研究过鸡尾酒聚会、社会网络或随机图。图论几乎一直在关注规则图，这类图的结构中没有不确定性。然而，一旦涉及复杂系统，譬如互联网或细胞，规则图就不再是常态，而变成了特例。埃尔德什和莱利第一个指出，从社会网络到电话网络，真实的图都不是漂亮的规则图，而是极其复杂的。鉴于这些网络的复杂性，埃尔德什和莱利假定这些网络是随机的。

回顾历史，我们不再感到奇怪：居然是埃尔德什和莱利这对看似不太可能的数学家，通过引入随机性改变了数学这一受人尊敬的领域。因为偶然和随机在他们两人的生活中占了很大的分量。虽然莱利比埃尔德什小 7 岁，但他们的父母在布达佩斯早就相识，这也是二人能够结识的原因。1948 年，他们在阿姆斯特丹偶然相遇，从此开始合作。在此之前，他们都有着相当不平静的经历。名额控制条令（Numerus Clausus）限制了大学招收犹太人的数量，所以莱利高中毕业后只好到一家修船厂工作。后来，他在数学竞赛和希腊语竞赛中胜出，于 1939 年获准进入大学。拿到数学学位不久他就被征为苦力，不过他逃脱了。

埃尔德什和他的同事都了解莱利在战争期间的反抗行为，而且非常敬佩和尊重他。

> 莱利曾勇敢地乔装成匈牙利的法西斯分子，帮助他的朋友从集中营中逃脱。据说，莱利穿着法西斯战士的服装，潜入布达佩斯犹太人集中营，设法救出了他的父母。他用伪造的证件在纳粹控制的布达佩斯生活了数年。只有了解纳粹恐怖主义实际情况的人，才能真正体会到莱利做这些事需要多大的勇气。

毫无疑问，在战争结束之前，莱利的数学才能无法充分发挥。直到 1946 年搬到了列宁格勒，他才能继续他的研究。在列宁格勒，他的创造力爆发了。虽然俄语水平有限，但他在很短的时间内就学习和掌握了数论,而且还就数论中的著名难题哥德巴赫猜想证明了一些根本定理。因此，当莱利在两年后的阿姆斯特丹碰到埃尔德什时，他的身份不再是一个有抱负的青年数学家或是一位家庭世交，而是一位享誉国际的著名科学家。

那时候，埃尔德什已经为自己贴上了旅行数学家的标签。他经常突然出现在同事家的门口，声称“我的大脑对外开放”，并邀请同事和他一起不知疲倦地探讨数学问题。他唯一一个永久职位是由位于印第安纳州南本德的圣母大学提供的，该校数学系的主任阿诺德·罗斯（Arnold Ross）邀请埃尔德什担任客座教授,条件很宽松：埃尔德什可以来去自由，他不在的时候，由他的助教帮他授课。

那时的圣母大学是一个天主教文理学院，还没有像几十年后那样享有盛誉。尽管如此，圣母大学为埃尔德什提供了一个安静而舒适的工作环境，在那里，埃尔德什可以经常和他的神父同事进行讨论。他对宇宙和神有着独特的视角，他很享受在圣母大学的时光。有一次，被问到在圣母大学的那段时光时，埃尔德什半开玩笑地说：“那里的加号（这里指好处）太多了。”因为学校里有太多的十字架。当圣母大学后来想让埃尔德什转为终身教职时，他委婉地拒绝了。或许，他不愿意失去生活的随机性和不可预测性。

平均值主导的随机宇宙

埃尔德什和莱利在阿姆斯特丹的相遇，是他们亲密友谊和合作的开始。他们共合作发表了30多篇著作，直到1970年莱利49岁英年早逝。

这些著作中，有 8 篇论文是关于图论的。第一篇论文发表于在阿姆斯特丹相遇的 10 年后，该论文首次研究了“图是如何形成的”这一重要问题。该论文最明显的特点是，他们用随机性来处理图论问题，研究网络中节点拥有的边数。正则图[①]是独特的，图中每个节点有完全相同的链接数。在简单的方形格中，相互垂直的线构成二维网格，每个节点有 4 个链接；在蜂窝的六角栅格中，每个节点和其他三个节点相连。

随机图中则明显缺乏规则性。**随机网络模型的前提便是高度平等：链接的放置是完全随机的。**因此，所有节点有相等的机会获得链接。这和拉斯维加斯一样，每个人都有相等的机会中头奖。然而，每天结束的时候，只有少数几个赌徒能够赚到钱。类似地，如果我们在图中随机放置链接，有一些节点获得的链接会比其他节点多一些，还有一些节点的运气可能比较差，在一段时间内一个链接也没有获得。在埃尔德什和莱利描绘的随机世界里，慷慨和不公平并存：有些人穷，有些人富。然而，埃尔德什和莱利的理论告诉我们一个重要的预言：这种不公平的情况只是看上去会出现。**虽然链接是完全随机放置的，但只要网络足够大，几乎所有节点都拥有差不多相同的链接数。**

验证上述结论的一个办法是在聚会结束时询问所有客人他们在聚会时结识了多少人。等客人们都走了之后，我们便可以绘制一个直方图，画出有多少个客人新结识了一个人、两个人或者 k 个人。埃尔德什的学生贝拉·伯罗巴斯（Béla Bollobás）在 1982 年便精确地推导和证明了埃尔德什和莱利的随机网络模型直方图的形状。贝拉·伯罗巴斯是美国孟菲斯大学和英国剑桥大学三一学院的数学教授。其证明结果表明，随机网

① 正则图是指各顶点的度数均相同的无向简单图。——编者注

络模型的直方图服从泊松分布，而泊松分布的一些独特的性质会一直贯穿本书。泊松分布有一个明显的峰值，表明大多数节点所拥有的链接数和节点拥有的平均链接数一样。在峰值的两侧，泊松分布快速衰减，因此，与平均值偏离较大的值极少出现。

链接洞察 LINKED

回到有60亿人口的社会中，泊松分布告诉我们，大多数人拥有的朋友和熟人的数量大致相同。根据泊松分布，朋友数量偏离平均值的人数随着其偏离程度成指数下降，很难找到朋友数明显多于或少于平均数的人。因此，随机网络理论预言，如果我们随机形成社会链接，最终会形成一个非常民主的社会，所有人都差不多，很少有人会偏离常态——非常善于交际或极度不合群。我们最终得到的网络有着非常平均的结构：均值就是常态。

埃尔德什和莱利的随机宇宙由平均值主导。大多数人认识的熟人数量大致相当，大多数神经元连接的其他神经元数量大致相当，大多数公司的贸易伙伴数量大致相当，大多数网站的访问人数大致相当。当自然界闭着眼睛抛洒链接时，长远来看，没有节点会被青睐，也没有节点会被歧视。

寻找复杂网络背后的秩序

埃尔德什和莱利的随机网络理论，自 1959 年提出以来，便一直主导着我们关于网络的科学思维。它创立的一些范式，在涉及网络的每个人的思想上打上了认识烙印。它把复杂性和随机性视为一回事。如果网络过于复杂，无法用简单的方式来刻画，我们不妨将它描述成随机的。毋庸置疑，社会、细胞、通信网络和经济都足够复杂，因此适用随机网络理论。

你可能会怀疑，宇宙真的是随机的吗？所有节点真的是平等的吗？如果我体内的分子随机地相互作用，我还能够写这本书吗？如果人们完全随机地相互影响，还会有民族、国家、学校、教堂以及其他形式的社会秩序存在吗？如果公司把售货员换成数百万个骰子，随机地选择客户，还会存在经济系统吗？**大多数人都觉得，我们不是生活在随机世界里，这些复杂系统背后一定存在某种秩序。**

那么，为什么埃尔德什和莱利这样世间罕见的智者选择将网络涌现建模成完全随机的过程呢？答案很简单：他们从没有打算提出一个网络形成的通用理论。他们更多地着迷于随机网络的数学之美，而没有关注模型忠实表达网络特性的能力。在他们 1959 年那篇开创性论文中，他们的确提到“图的演化可能是某种通信网（铁路、公路、电力网络系统等）演化的一个相当简化的模型。”但是，除了这次对真实世界的偶尔涉足之外，他们在该领域的工作，与应用几乎没有任何关系，完全受他们对有关问题数学深度的好奇的鼓舞。

埃尔德什会第一个赞同我们的观点：真实网络的组织原则，有别于他在 1959 年提出的随机网络模型。但是，这对他而言无关紧要。通过使用随机性假设，他打开了通向新世界的窗口，其数学之美和一致性是后续图论工作的主要推动力。

直到最近，我们还没有找到替代的模型来描述我们互联的宇宙。因此，随机网络一直主导着我们关于网络建模的观点。从根本上讲，复杂的真实网络被视为随机的。

埃尔德什善于提出好的问题，并推动其他人去求解这些问题。虽然他的生活十分简朴，只有旅行时经常随身携带的小皮箱里为数不多的几件衣服，但是，如果别人为他感兴趣的问题提供了求解或证明方法，他会毫不吝啬地提供奖金。对于他认为简单的问题，奖励5美元，对于真正难解的问题，奖励500美元。如果你把证明提交给他，他很乐意支付奖金。一个1美元的问题经常会比500美元的问题还要难。不过没有关系，有幸赢得奖金的数学家从不会去兑现他们收到的支票。大多数人会把支票装裱起来，因为这种奖励是那个世纪最杰出的天才给出的独特肯定，无论多少金钱都不能和这种奖励的精神价值相提并论。

让我们仿照埃尔德什的方式，问一个他没有碰过的问题。真实网络长什么样？以这样一种不严谨的方式提出问题无法令埃尔德什满意。这个问题太宽泛了，甚至可能没有唯一的解答，而且我们很可能永远也不能给出严格的证明。因此，这个问题不可能出现在《超限》（*Transfinite Book*）这本书中——这本并不存在的书是埃尔德什理想中的一本书，他认为只有好的数学证明和定理才能出现在这本终极著作中。虽然我们提出的这个问题可能无法赢得埃尔德什的认可，但在随后的章节里我们会看到，在数学世界之外，这个问题有着深远的影响。

第3链 六度分隔

研究表明，社交网络上任何一对节点之间平均相隔6个链接；任意两个网页之间平均相隔19次点击。和我们相隔六度或者十九度的不仅是我们要找的人或文档，而是所有的人或文档。没有链接，我们将无法访问网络这个巨大的数据库；没有链接，网络将变成互联世界的信息废墟。

六度分隔

六度分隔是指平均来说，社会网络中任意两个素不相识的人之间，最多只需经过六步即可建立相互联系。也就是说，最多通过六个人你就能够认识任何一个陌生人。

《链》与六度分隔的最早表述

1912年，当安娜·埃尔德什（Anna Eedös）发现她怀上了第三个孩子保罗时，在布达佩斯的街头，人们正热议着匈牙利最好的国际作家新出版的诗歌散文集。在文学评论家看到之前，第一版已经销售一空。当国内报纸上开始出现严肃评论时，第二版也很难买到了。而那时，安娜·埃尔德什已经在医院生下保罗，又回到家里。到家后，她发现两个女儿得了猩红热，这种病当时正在布达佩斯肆虐。

虽然布达佩斯当时遭受着很多磨难，但人们对新文学现象的热情却没有降温。这本书的流行源于一个小细节：所有的诗歌和短篇小说都是虚构的。在《你如此写作》（*Igy irtok ti*）一书中，一位没有什么名气的诗人兼作家，25岁的弗里杰什·卡林西（Frigyes Karinthy）发明了被他称为“文学漫画”的题材。他的这卷书收录了很多诗歌和短篇小说，每篇诗歌和小说看上去都好像出自世界文坛的名人之手。如果你熟悉这些作家，你很容易便能从文章的写作风格中认出他们。书中的每一篇都是诙谐的改编或模仿，就像一个哈哈镜，在改变了原作所有内容的同时，又能使人识别出被模仿的作者。无论是过世的文学巨匠，还是自己的密友，卡林西都能以刻薄而有杀伤力的幽默将其模仿得惟妙惟肖。他的评判经常是致命的，有些作家，我们只有在卡林西的书中才能看到，因为在卡林西的极力抨击下，他们的作品不可挽回地“湮没”在文学的历史长河中了。

《你如此写作》一书是匈牙利历史上最受欢迎的书之一，它使卡林西一夜成名。卡林西再也不需要在公交车站等候公交车了,无论在什么地方，只要向开过来的公交车挥一挥手，司机便会笑容满面地停在他面前。大多数时间，他都待在布达佩斯市中心的中央咖啡馆里，坐在宽大玻璃窗后面写作。路过的行人经常会有一些怪异的举动。经过窗口时，他们会突然停下来，转过身，透过窗口窥视正在创作的作家，好像他是水族箱里的外来物种一样。

1929 年,《你如此写作》一书发表约二十年后，就在 17 岁的埃尔德什在距离中央咖啡馆几个街道的鞋店里讲述毕达哥拉斯定理时，卡林西发表了他的第 46 本书《万物有别》(*Minden masképpen van*)，这本书收录了 52 篇短篇小说。那时候，卡林西已经是公认的匈牙利文学天才。大家都期待着卡林西能写出一部传世之作，一部能使他成为文学不朽传奇的著作。文学评论家公开表达了他们的忧虑，他们担心卡林西因忙于写那些挣钱快的短篇小说而浪费了他独一无二的天资。卡林西在咖啡馆和他嘈杂的家两边奔走，日子过得极其混乱无序。最终，他没能写出人们期待已久的巨著。短篇小说集《万物有别》是他失败的开始，很快便在书海中销声匿迹了。这本书自发表伊始就没有再版。我拜访过布达佩斯大多数书店和古董店，都没能找到这本书。但是，这本书中一篇题为《链》(*Láncszemek*) 的小说，值得我们关注。

卡林西在《链》中写道：“为了证明如今人们之间的联系比以前更紧

密了，有人提出做一个实验。他打赌，从地球上 15 亿人中随意挑出一个，最多通过 5 个相识关系，他便能和这个人取得联系。”实际情况的确如此，卡林西小说中虚构的这位人物很快就把自己和一位诺贝尔奖获得者联系了起来。他注意到，这位诺贝尔奖得主肯定认识颁发诺贝尔奖的瑞典国王古斯塔夫（Gustav），而这位国王是个资深的网球爱好者，偶尔会和一位网球冠军一起打网球，而这位网球冠军碰巧是卡林西小说中人物的好友。小说中的这位人物认为，找到和名人的联系太容易了，他要求尝试一个更困难的任务，他试图把福特工厂的一位工人和自己联系起来。

> 这名工人认识他们车店的经理，而经理认识福特，福特和赫斯特出版集团（Hearst Publications）的总经理很要好，这位总经理去年成为了阿尔帕德·帕斯特（Árpád Pásztor）的好友，而帕斯特不仅和我认识，更是我最要好的朋友。因此，我可以很容易地让帕斯特通过那位总经理发电报给福特，请福特和他车店的经理谈一谈，让车店的那名工人赶快帮我造一部车，因为我碰巧需要一部车。

尽管卡林西的这些短篇小说被忽视了，但他在 1929 年洞察到一个重要的现象：人们最短经过5个链接便能联系起来，这是我们今天所说的“六度分隔”概念的最早公开表述。

任何一对节点之间平均相隔6个链接

大约 30 年后，六度分隔现象才于 1967 年被哈佛大学教授斯坦利·米尔格拉姆（Stanley Milgram）重新发现，他把“六度分隔”转变为了一个关于人类连通性的著名的开创性研究。令人惊奇的是，米尔格拉姆关于该问题的第一篇论文，读起来就像卡林西的小说《链》的英文社会学译本。米尔格拉姆可能是实验心理学最具创造力的实践者，他因一系列饱受争议的实验而著名，这些实验探究了服从权威和个人良心间的冲突。[①]然而，他的才能是多方面的，他很快便开始对社会网络的结构产生兴趣。20世纪60年代后期，社会网络结构是哈佛和麻省理工的社会学家们经常探讨的话题。

米尔格拉姆的目标是测量美国任意两个人之间的“距离”。驱动这个实验的问题是：对于两个随机选择的个体而言，需要多少个相识关系才能把他们联系起来呢？实验开始时，米尔格拉姆先选择了两个人作为目标，一位是马萨诸塞州沙伦市一名神学研究生的妻子，另一位是波士顿的股票经纪人。他选择堪萨斯州的威奇托和内布拉斯加州的奥马哈作为研究的出发点，选择这两个城市的原因是，“对于剑桥城的人而言，他们只是模糊地知道这些城市位于中西部大平原的某个地方”。到底需要多少个链接才能把两个相距遥远的人联系起来，人们在这个问题上缺乏共识。米尔格拉姆在1969年指出：“最近，我问一位聪明的人需要多少个中间人。他认为，从内布拉斯加到沙伦，可能需要100个中间人，或者更多。”

在米尔格拉姆的实验中，需要发邮件给随机选择的威奇托和奥马哈居民，让他们参与关于美国社会联系的研究。信中有这项研究的简短介绍，除研究目的外，介绍中还包含其中一位目标人的照片、姓名、地址以及他的其他信息，同时附有下面四步操作说明：

① 米尔格拉姆是美国著名社会心理学家，关于他的更多实验介绍可参阅《电醒人心》，该书简体中文版由湛庐文化策划，中国人民大学出版社出版。——编者注

如何参与该研究

- 在表单的底部署上你的名字，以便收到信的下一个人知道信从哪里寄来。
- 寄明信片。将明信片填好后寄回哈佛大学。不需要贴邮票。明信片非常重要，当邮包逐步寄到目标人时，明信片让我们可以跟踪邮包的进度。
- 如果你本人认识目标人，请直接把这个邮包寄给他。只有当你以前见过目标人，并且互相认识时才能这样做。
- 如果你本人不认识目标人，不要试图直接联系他。你可以把邮包（明信片和所有东西）寄给你认识的一个人，而你认为这个人比你更可能认识目标人。你可以把邮包寄给你的一位朋友、亲戚或者熟人，但必须是你非常熟悉的人。

米尔格拉姆非常担心这些信是否能够到达目标人物手中？如果真像人们猜测的那样，需要大约100个中间链接才能到达目标人物，那么实验很可能会失败，因为在如此长的链条中，总会有人不配合实验。因此，几天后，第一封信的到来成为一个巨大的惊喜，而这封信只经过了两个直接链接。后来证明，这是实验中记录的最短路径。然而，发出的160封信最终只收回了42封，有些信经过了十几个中间人。这些完成了的链条使米尔格拉姆能够判定信到达目标人物所需要的中间人数量。他发现，平均需要的中间人数量是5.5，这的确是一个非常小的数字，而且和卡林西估计的数字惊人的一致。5.5四舍五入后是6，这就是著名的“六度分隔”。

社会心理学家托马斯·布拉斯（Thomas Blass）在过去15年内致力于深入研究斯坦利·米尔格拉姆的生平和作品。他告诉我，米尔格拉姆自己从来没有使用过“六度分隔”这个说法，是约翰·格尔（John Guare）在他著名的剧本中首次使用了“六度分隔”的说法。该剧本在百老汇演出一季获得巨大成功后，被改编为同名电影。在电影中，斯托卡德·钱宁（Stockard Channing）扮演的欧莎（Ousa）在思考人们的互联性，他告诉女儿：

> 这个星球上每两个人之间只隔着6个人。我们和这个星球上的其他人之间都只有六度分隔。美国总统，威尼斯贡多拉船夫……不只是这些大人物，而是所有人，包括雨林中的土著，火地岛上的居民，爱斯基摩人。只需要6个人，我就能和地球上的任何一个人联系起来，这真是一个伟大的想法……每个人都是通向另外一个世界的窗口。

米尔格拉姆的研究局限于美国，他只把威奇托和奥马哈“那边”的人和波士顿“这边”的人连接起来。然而，对于格尔笔下的欧莎而言，六度分隔适用于全世界。于是，一个神话诞生了。由于看电影的人远多于读社会学论文的人，所以格尔提出的六度分隔的说法在大众中风靡起来。

链接洞察 LINKED

六度分隔非常吸引人，因为它意味着，虽然人类社会非常巨大，但我们可以很容易地沿着社会链接在整个社会中航行：在一个有着60亿个节点的网络中，任意两个节点之间平均相隔6个链接。或许有人会觉得不可思议，任意两个人之间居然都存在一条路径。然而，正如我们在上一链看到的，保持连通只需要很少的链接，每个人只需要稍多于一个社会链接就足够了。由于我们每个人拥有的链接数都远远多于1个，因此，每个人都是社会的这个巨大网络的一部分。

米尔格拉姆让我们意识到这样一个事实：不仅我们相互连接着，在我们生活的世界里，任意两个人只要通过少数几次握手就能连接上。也就是说，我们生活在一个小世界里。世界之所以小，是因为社会是一张连接稠密的网。我们所拥有的朋友数比让我们保持连通所需的临界值1要大得多。然而，六度分隔是人类所独有的东西吗？是因为我们希望创建社会链接而带来的吗？还是其他类型的网络也是这样呢？这些问题的答案几年前才浮出水面。我们现在知道了，社会网络不是仅有的小世界。

任意两个网页之间平均相隔19次点击

“假设世界各地电脑里存储的信息都能够连接起来……那么，欧洲核子研究组织和全球每台电脑上最好的信息便能被人类共享。那将会出现一个全球唯一的信息空间。”

这是蒂姆·伯纳斯·李（Tim Berners-Lee）在1980年的梦想，那时候的他是一名程序员，在位于瑞士日内瓦的欧洲核子研究组织工作。为了将梦想变成现实，他编写程序让电脑相互连接起来，从而实现信息共享。李发明了超链接，这可是当时还无人知晓的小精灵。但不到十年，这个小精灵就变成了万维网（World Wide Web）——人类有史以来创造的最大的网络之一。万维网是一个虚拟网络，节点是网页，而网页包罗万象，新闻、电影、随笔、地图、图片、菜谱、传记和书籍。只要是能够写出来、画出来或拍摄出来的东西，就有机会成为万维网中以某种形式呈现出来的节点。

链接洞察 LINKED

万维网的力量来自链接，即统一资源定位符（URL），它使我们能够通过点击鼠标从一个网页跳到另外一个网页。链接使我们能够进行网上冲浪、网页定位，以及把信息连接起来。这些链接把一个个文档组织成巨大的文档网络，我们通过点击鼠标便可以在文档间遨游。链接就是将现代信息社会编织在一起的针脚。如果没有链接，万维网这个精灵将不复存在了。没有链接，我们将无法访问万维网这个巨大的数据库，万维网也将变成互联世界的信息废墟。

今天的万维网到底有多大呢？万维网中到底有多少文档和链接呢？一直以来，没有人知道确切的答案，因为没有一个组织在跟踪记录万维网中所有的节点和链接。1998 年，在日本电气公司设在普林斯顿的研究所工作的史蒂夫·劳伦斯（Steve Lawrence）和李·贾尔斯（Lee Giles）接受了这个巨大的挑战。他们的计算结果表明，1999 年的万维网拥有接近 10 亿个文档——对于诞生不到 10 年的虚拟社会而言，这已经相当多了。鉴于万维网这个虚拟社会的增长速度比人类社会快得多，到这本书出版的时候，万维网中的文档数很可能比地球上的人数还要多。

但我们关注的真正问题不是网络的整体规模，而是任意两个文档间的距离。譬如，需要多少次点击，才能从奥马哈一名高中生的个人主页跳到波士顿股票经纪人的网页呢？万维网中有 10 亿个节点，那它还是“小世界”吗？对于在万维网上冲浪的每个人而言，回答这个问题都是很有必要的。如果需要数千次点击才能从一个网页跳到另一个，那么，在没有搜索引擎的情况下，找到任意一个网页几乎都是不可能的。如果我们发现万维网不是小世界，那就意味着，人类社会背后的网络和这个在线社会背后的网络在本质上是不同的。如果情况确实如此，要想完全理解网络，就需要弄清楚，这种差异为什么会出现以及是如何出现的。因此，1998 年年底，我和我的博士生雷卡·阿尔伯特（Réka Albert）、博士后郑浩雄（Hawoong Jeong）一起开始着手研究万维网的规模，他们二人当时都在圣母大学物理系我的研究组里工作。

我们的第一个目标就是获取一张万维网地图。本质上来看，这张地图就是所有网页和连接它们的链接，而这张地图所包含的信息肯定是前所未有的。如果我们为人类社会也描绘一张类似的地图，这张地图将包含每个人的专业、个人兴趣，以及他认识的每个人。有了这样一张地图，米尔格拉姆的实验就显得笨拙和过时了，因为借助这张地图，我们在几秒钟内便能找出世界上任意两个人之间的最短路径。这张地图肯定会成为每个人的必备工具，无论是政治家、推销员，还是传染病学家。当然，构建这样一个社会搜索引擎是不可能，因为地球上有 60 亿人，想要逐个问清楚每个人的朋友和熟人信息，至少需要花费一生的时间。然而，与人类社会不同，万维网有其神奇的一面：我们可以瞬时访问每个链接，需要做的只是点击几下鼠标。

和现实社会不同，万维网是数字化的。因此，我们能够编制一个软件，用它来下载万维网上的任意文档，找出每个文档中的所有链接，然后访问和下载这些链接所指向的文档，依此类推，直到下载完所有的文档为止。如果让这样一个程序跑起来，理论上讲，它能够获得万维网的完整地图。在计算机领域，这样的程序被称为“采集机器人”或“网络爬虫”，无需人工监督，它便能通过在网络上爬行获取网络上的内容。大型搜索引擎，如 AltaVista 或谷歌，都有上千台电脑运行着大量的采集机器人，持续不断地寻找网络上的新文档。当然，我们的研究小组没有搜索引擎公司的实力，无法获取整个网络上的文档。于是，我们退而求其次。郑浩雄使用采集机器人收集了一个中等规模网络上的文档。该机器人访问圣母大学域名 nd.edu 下的所有 300 000 个文档，绘制出相应的网络地图。这些文档涉猎广泛，既有哲学课程讲义，也有爱尔兰音乐爱好者的网站。不过，我们并不关心这些网页的内容，我们只关心网页间的链接，这些链接能告诉我们如何从一个网页跳到另外一个网页。有了这样一张网络地图，我们便能够测量出圣母大学任意两个网页间的距离了。

我们发现，网络文档间的距离存在很大的差异，这和米尔格拉姆的发现类似：一些信件只需两步便能到达目标人物，而有些信件则需要多达 11 步。例如，我的研究生的网页上有链接指向我的网页，因此，他们的网页和我的网页仅相隔 1 次点击。然而，从我的网页到一些哲学专业学生的网页通常需要 20 次点击。但是，令人惊奇的是，将所有的路径一起考虑，这些路径的平均长度和万维网的广袤相比显得极不相称。我们的测量表明，两个网页之间平均相隔 11 次点击。套用格尔的说法，我们可以说，圣母大学的网页是“十一度分隔”的。

不过，我们大学域名下的网页只是万维网的很小一部分。在 1999 年，整个万维网至少是我们大学网络的 3 000 倍。这是否意味着，万维网中两个随机选择的节点之间的距离是我们测量出的 11 次点击的 3 000 倍呢？换句话说，在万维网中，从一个网页到达另一个网页需要 33 000 次点击？为了回答这个问题，我们需要一张整个万维网的地图。可问题是，没有人有这样的地图。即使是最大的搜索引擎公司，使用数千台电脑持续不断地扫描万维网，也仅能覆盖整个万维网不到 15% 的网页。没有这样一张完整的互联网地图，我们还能够判定出网页间的分隔程度吗？答案是肯定的。我们要用到的方法广泛应用于统计力学——物理学的一个分支，通常用于研究那些具有不可预测成分或结果的随机系统。

我们使用的方法有一个简单的前提：虽然万维网太大不能全部放到我们的电脑中，但我们可以将万维网分成很多小部分，而每个部分都可以放入我们的电脑中。例如，选择万维网的一小部分，只包含 1 000 个节点，计算任意两个节点间的间隔。再选择一个稍微大一点的部分，包含 10 000 个节点，再计算任意两个节点间的间隔。我们逐步增大选择的网络，计算节点间的间隔，直到我们的电脑能够处理的极限。然后，我们分析节点间隔随网络大小增加的变化趋势。

链接洞察 LINKED

结果表明，节点间隔的增加比节点数量的增加慢得多，遵循着简单反复的表达式。[①]这时我们只需要知道网络中文档的数目便能预测出网络的节点间隔。日本电气公司提供了网络文档总数，他们估计，到1998年年底，网络上公开索引的节点总数为8亿。因此，利用我们得到的表达式，可以算出网络的直径为18.59，近似为19。按照格尔的说法，就是十九度分隔。虽然在网络冲浪时可能会有不同的感觉，但实际上，万维网仍然是一个小世界。任意两个文档之间仅相隔19次点击。

① 我们发现，节点间间隔和网络中节点个数的对数成正比。也就是说，如果我们用 d 表示节点间的平均间隔，对于有 N 个网页的万维网而言，节点间隔遵循方程 $d=0.35+2\log N$，这里 $\log N$ 表示 N 以 10 为底的对数。

对数让大网络缩小了

综合来看，米尔格拉姆的六度分隔和万维网的十九度分隔表明，网络中节点间距离很短的背后，存在着某种比人类希望在全球都能形成社会链接更为根本的东西。这种猜测被随后的发现证实了。科学家发现，在他们有可能研究的所有网络中，节点间隔都很小。

- 食物链网络中，物种间的平均间隔只有两个链接；
- 细胞中，分子间的平均间隔是3个化学反应；
- 科学家合作网络中，不同领域的科学家之间的间隔是4到6个合作链接；
- 线虫（C. elegans）的大脑中，神经元之间的间隔是14个突触。

实际上，万维网的十九度分隔已经是最大的了，到目前为止，其他研究过的网络中，节点间隔介于 2 和 14 之间。

十九度看上去要比六度大很多。然而，事实并非如此。更重要的是，拥有数亿或数十亿节点的大型网络似乎塌缩了，和小规模网络相比，节点间隔比节点数目要小得更多。我们的社会拥有 60 亿个节点，节点间隔为 6。万维网有接近 10 亿个节点，节点间隔为 19。由数十万路由器构成的互联网，节点间隔为 10。从这个角度来看，6 和 19 之间的差别微乎其微。

人们自然会问，这是为什么呢？**为什么这些拥有数十亿节点的网络节点间隔如此之小呢？答案是，这些网络都具有高度互联的特性。**在前面的章节里我们看到，在随机网络中，每个节点只需要一个链接，便能形成一个巨大的节点簇。问题是，如果像真实网络经常发生的那样，每个节点拥有的链接数远多于一个，将会是什么样呢？当每个节点的平均链接数达到临界点 1 时，节点间隔可能非常大。但是，随着我们添加更多的链接，节点间的间隔骤然下降。我们考虑一个每个节点平均拥有 k 个链接的网络。这意味着，从一个典型的节点来看，经过 1 步可以到达 k 个节点。和该节点间隔为 2 的节点数为 k^2 个，距离为 d 的节点数为 k^d 个。因此，如果 k 足够大，即使 d 的值非常小，从一个典型的节点出发，经过不超过 d 步就能够到达的节点数目也将变得非常大。仅仅需要很少几步，就能到达几乎所有节点，这就是大多数网络的平均间隔如此之小的原因。

上述论断可以很容易地转化为数学公式，该公式使用关于节点数目的函数来预测随机网络的节点间隔。[①] 网络间隔之所以小，和公式中出现的对数项有关。事实上，即使是非常大的数，其对数也非常小。以 10 为底，10 亿的对数仅为 9。例如，如果我们有两个网络，节点平均链接数均为 10，而其中一个网络的规模是另一个的 100 倍，那么，较大网络的节点间隔仅比较小网络的节点间隔大 2。对数让大型网络变小了，在我们身边形成很多小世界。

卡林西与米尔格拉姆的六度分隔

卡林西是他那代人中最健忘的人之一，他以经常忘记事先安排好的会议而出名。卡林西的密友兼文学对手德佐·克斯特兰西（Dezsö Kosztolányi）曾这样评价他：“我得跑步回家了，因为卡林西说他要到我

① 如果网络中有 N 个节点，k^d 的值肯定不会超过 N。因此，让 $k^d=N$，我们得到了一个能够很好适用于随机网络的简单公式。该公式告诉我们，随机网络中平均间隔遵循公式 $d=\log N/\log k$。

家来做客。或许他已经忘了自己说过这话，那他反倒一定会来。”有趣的是，六度分隔似乎遵循着卡林西的风格：被忘记，被重新表达，最后被大众媒体和科学界重现发现。我不知道到底是谁最早提出了六度分隔的概念。据我所知，最早的文字记载来自卡林西。而他又是从哪里得知这个概念的呢？是他自己想出来的吗？鉴于他拥有独一无二的智慧，并热衷于新奇和古怪的想法，如果说是六度分隔是他自己想出来的，一点也不奇怪。但也有可能，就像他在小说里说的那样，他是在咖啡馆里从别人那听说的。我们或许永远也不知道确切的答案，然而，探究该事情的后续影响却是一件有趣的事。

卡林西的短篇小说发表于1929年，当时同样生活在布达佩斯的埃尔德什17岁。卡林西发表新书，哪怕是败笔，在当时也是一件重要的文学事件。因此，埃尔德什很可能读过或听说过卡林西的短篇小说《链》。在这篇小说中，卡林西猜测，地球上的所有人可以通过5个熟人关系连接起来。同样，我们可以进一步猜测，阿尔弗雷德·莱利也可能读过或听说过这篇小说。虽然小说《链》发表时他只有9岁，但他对文学情有独钟。事实上，他和很多作家都是好朋友，包括卡林西的儿子，知名作家弗伦克（Ferenc）。

1959年，埃尔德什开始和阿尔弗雷德·莱利合作，一起写出了他们关于随机网络的八篇著名的系列论文。这些论文中包含了网络直径和网络节点数量之间的函数表达式。他们二人中如果有人稍微注意一下，就能很容易地发现，卡林西的直觉是正确的。大量的社会链接，让巨大无比的网络变成了真正的小世界。然而，他们在论文中从未使用过他们发现的表达式去解释卡林西的直觉，我们或许永远也无法得知，他们在讨论证明和定理的间隙，是否曾经去解释过卡林西的直觉，并以此为乐。

但是，故事并未就此结束。1967年，米尔格拉姆发表了他的实验结果，揭示了人和人之间平均只有5.5个链接。此时距卡林西5个链接的猜测已经过了40年，离埃尔德什和莱利提出随机网络理论也过了将近10年了。米尔格拉姆似乎根本不知道图论中关于网络的大量研究工作，而且很可能没有听说过埃尔德什和莱利。人们普遍认为，他受到麻省理工学院的艾思尔·德索莱·普尔（Ithel de Sole Pool）和IBM的曼弗雷德·科臣（Manfred Kochen）的影响。这二人就小世界问题撰写的稿件几十年来一直在同事间流传，却一直没有发表，因为他们觉得自己还没有搞清楚这个问题的关键。碰巧的是，米尔格拉姆的父亲是匈牙利人，母亲是罗马尼亚人，他们移民美国后居住在布朗克斯。他父亲，或是经常来他家做客的叔伯们，是否曾经听说过哪怕经过演绎的卡林西五度分隔之说呢？他对该问题的真正兴趣是否根源于他童年时期偶尔听说过的故事？对于此，我们可能永远也无从知晓了，但是这一定暗示着六度分隔之说的某种有趣的演化路径。

六度，社会间隔的上限

六度分隔和十九度分隔的说法有很强的误导性，因为这会让人们产生误解，认为在小世界里找到所需要的东西是很容易的。然而，事实并非如此。**和我们相隔六个或者十九个链接的不仅是我们要找的人或文档，而是所有的人或文档。**换句话说，数字6（或10，或19）既可能是一个非常小的数，也可能是一个非常大的数，这取决于你打算做什么。

由于每个网页平均包含约7个链接，这意味着从第一个页面出发，经过一次点击我们只能到达7个网页，而点击两个链接后，我们可以到达的网页有49个，三次点击后可以到达的网页有343个，依此类推。当我们到达相隔19个链接的节点时，理论上我们已经浏览过的网页多达10^{16}个，比万维网上的网页总数还要多1 000万倍。这个矛盾很容易解释：我们在浏览时碰到的链接，其中有一部是指向我们已经浏览过的网页的，因此，它们不再是"新"链接。即使浏览一个文档只需1秒钟，到达19个链接外的所有网页，我们需要花费3亿年。然而，虽然有如此多的选择，即便不使用搜索引擎，我们有时候仍然能非常快速地找到所需的文档。

这里的奥妙当然就是不去遍历所有的链接。我们使用一些线索信息来选择合适的链接。譬如，在寻找有关毕加索的信息时，如果网页上有三个可供选择的链接，我们会倾向于选择关于现代艺术的链接，而不是选择有关某个著名摔跤手或者青蛙王子的爱情故事的链接。通过解读链接的含义，我们无需检查19度之内的所有网页，通过少数几次点击便能找到所需的网页。这个方法看似是最高效的，然而，使用该方法几乎总是无法找到最短的路径。为了寻找与毕加索相关的信息，我们解读链接时会略过摔跤手的个人主页。然而，摔跤手很可能为了平衡其硬汉形象，在其个人主页上放一个链接指向有关毕加索的网页。实际上，大多数人在寻找毕加索的信息时都会忽略指向摔跤手网页的链接，因此会选择更长的路径。相比之下，电脑没有个人品位和偏好，摔跤手、现代艺术和青蛙王子的爱情故事对其而言没有分别，它会逐一检查所有链接。不考虑网页的内容，而是检查所有可能的路径，因此，电脑最终总能找出最短的路径。

在万维网上寻找毕加索的例子凸显了六度分隔的一个根本问题：米尔格拉姆的方法高估了美国任意两人之间的最短距离。六度实际上是一个上限。任意两个人之间，存在大量长短不一的路径。米尔格拉姆的实验对象根本不知道到达目标对象的最短路径。就如同迷失在巨大的迷宫中，我们只能看到眼前的走廊和门。即便我们有指南针，并且知道出口在北方，找到出口也是非常低效并且耗时的。但如果我们手头有迷宫的地图，情况就大不一样了，可能只需要5分钟就能走出去。类似地，如果米尔格拉姆实验的参与者们手上有美国所有人的社会关系地图，那么信件便能经过奥马哈和波士顿之间的最短路径到达目的地。但由于没有这样的地图，所以他们只好将信件送到他们认为最有可能将信件送达目的地的人。

> 例如，如果你想找人将你介绍给美国总统，你可能会尝试联系那些认识总统的人。你最有可能找的人是参议员或众议员。由于大多数人并不认识参议员，我们可能会尝试找一些认识参议员并愿意介绍我们认识参议员的人，最终将我们介绍给总统。这中间至少要经过三次介绍。此时，你可能想不到，在前几天的一次晚宴上，坐在你身边的那个人就是总统的同学。实际上，你和总统之间仅相隔两度。

与此类似，米尔格拉姆的实验中记录的路径很可能都不是最短路径。因此，真正的社会间隔程度显然被高估了。实际间隔程度肯定小于6，或许比卡林西估计的5还要小。鉴于不存在人类社会的搜索引擎，我们可能永远也无法完全弄清楚社会间隔的真实程度。

“小世界”，网络的普遍性质

六度分隔是现代社会的产物——是人类乐于进行社会交际的结果。

同时，六度分隔还得益于人类发明创造的能力，譬如，跨越数千里的远距离通信技术。我们逐渐习惯的地球村，对人类而言是新事物。大多数美国人的祖先和他们祖国的亲人失去了联系。无论是生活在放牧牛群的大草原上，还是生活在拥有金矿的落基山，美国人的祖先们都不可能和远隔大洋和大陆的亲人们保持联系。既没有明信片，也没有电话，当时的社会网络是脆弱的。人们移居他乡后，一些社会链接就会中断，很难再重新连上。这样的状况在20世纪发生了改变。邮政系统、电话以及航空系统消除了通信壁垒，缩短了人们之间的物理距离。如今，移居美国的人可以继续和祖国的亲朋好友保持联系。我们能够而且也确实在保持联系。虽然我的亲戚和朋友远在韩国和东欧，但我依然能和他们保持联系。在20世纪，世界不可逆转地塌缩成小世界。而且，我们现在还在经历着另一次通信变革，互联网到达了世界的每一个角落。虽然万维网上的任意两个文档相隔19次点击，社会网络中的我们却仅相隔1步。自上次见面后，我们可能已经换了5次工作和3座城市，但是，无论在哪里，只要我们愿意，总能通过互联网取得联系。**一百年前容易消失的社会链接现在可以保持很长时间，因此，世界大大缩小了。每个人可以保持的社会链接数大幅度增加了，从而降低了人与人之间的间隔程度。**米尔格拉姆估计是6，卡林西认为是5，现在可能已经减小到了3。

“小世界”是所有网络的普遍性质。间隔小既不是人类社会的神话，也不是万维网独有的特征。实际上，大多数网络都具有这样的性质。这源于网络的结构：仅仅需要经过很少的链接便能到达大量的网页或人。这样的小世界和我们熟悉的欧几里得空间[①]有很大的不同。在欧几里得空间里，距离以里程来度量。但现在，人和人之间的社会交际和他们之间的物理距离越来越不相干。我们和完全陌生的人拥有共同的熟人，这一现象一再表明，我们和地球另一边的某个人之间的社会关系，可能比和隔壁邻居的社会关系还要近。

在这样一个非欧几里得空间里漫游时，我们会不断感到，为了理解身边的复杂世界，我们必须掌握这一世界里的新几何学。

① 欧几里得空间，简称欧式空间，在数学中是对欧几里得所研究的二维和三维空间的一般化。这个一般化把他对于距离，以及相关概念长度和角，转换成任意数维的坐标系。——编者注

第4链 小世界

❋ 无论是找工作、获取消息、开餐馆，还是传播新潮流，弱关系在我们和外部世界互通消息方面发挥着至关重要的作用。弱关系，是我们连接外部世界的桥梁。然而，聚团现象无处不在，它已经从社会的独特性质迅速提升为复杂网络的普遍性质。

“小世界”网络

“小世界”网络是一类特殊的复杂网络结构，在这种网络中，大部分节点彼此并不相连，但节点之间经过少数几步就可到达。

聚团性

聚团性是指在网络中，同一个顶点的邻点之间有更大的概率有边连接的现象，简单来说，就是我们的密友之间往往也是朋友。它是复杂网络拓扑的一个重要特性，源于小世界网络模型，通常都用聚团系数来衡量。聚团系数能够说明你朋友圈的连接紧密程度。如果聚团系数接近1，则你所有的朋友之间也是朋友；如果聚团系数是0，那你便是将你的朋友圈连在一起的唯一的人，他们彼此不认识。

格兰诺维特与“弱关系的优势”

马克·格兰诺维特（Mark Granovetter）把自己第一篇论文稿件提交出版时，还只是哈佛大学的一名研究生，但他对自己的稿件抱有很高的期望。20 世纪 60 年代后期的哈佛大学可谓独得天时地利。那时，关于网络的思想正在社会学中滋生，而哈佛大学和麻省理工学院正是这种新思想的温床。哈里森·怀特（Harrison White）是当时社会学中提倡网络视角的先锋人物，他的一系列报告让格兰诺维特在研究生初期便接触到社会网络。事实证明，很多新想法在格兰诺维特的博士论文中找到了有利于其生长的肥沃土壤。

在博士论文中，格兰诺维特从微观社会学的角度研究了“人们是如何找到工作的”。这是每位研究生迟早都要面临的问题。格拉诺维特没有选择去修改简历和参加招聘会，而是渡过查尔斯河去了马萨诸塞州的牛顿镇。现在的牛顿镇是波士顿的一个富庶郊区，但在 20 世纪 60 年代后期，那里还是工薪阶层的居住区。为了弄清楚人们是如何利用社会关系网络找到新工作的，格兰诺维特走访了数十位从事管理工作和技术工作的工人，询问他们现在的工作是在什么人的帮助下获得的。是朋友介绍的吗？

他得到的回答是相同的：不，不是朋友介绍的，帮忙介绍工作的人只是一般的熟人。这让格兰诺维特想到了化学课上学到的内容：弱的氢键是如何将巨大的水分子结合在一起的。自他刚上大学起，这部分知识就深深印在了他的脑海里。他从中得到灵感，写出了第一篇论文。

在这篇很长的论文中，他揭示了弱社会关系在我们生活中的重要性。1969 年 8 月，他把论文寄给了《美国社会学评论》（*American Sociological Review*）。12 月，他收到了回信，两名匿名评审人拒掉了他的论文。其中一位评审人评价道："阅读该稿件时，我的脑子里就立即浮现出很多该稿件不适合发表的理由。"格兰诺维特非常沮丧，他在随后的三年内都没有再去碰这篇论文。直到 1972 年，他将稿件稍微缩短后，投到另外一个期刊《美国社会学期刊》（*American Journal of Sociology*）。这一次他的运气不错，论文最终于 1973 年 5 月发表了，此时距他第一次投稿已经过去了 4 年。今天，格兰诺维特的论文《弱关系的优势》（*The Strength of Weak Ties*）被公认为最有影响力的社会学论文之一。该论文也是被引用次数最多的论文之一，它在 1986 年被期刊题录快讯数据库（Current Contents）评为经典引用论文。

在《弱关系的优势》中，格兰诺维特提出了一个乍听起来很荒谬的观点：**无论是找工作、获取消息、开餐馆，还是传播新潮流，弱社会关系比我们所珍视的强社会关系更重要。**他指出，每个普通人周围的社会网络结构（他称之为 Ego，即以自己为中心的社会圈）相差无几。

> 社会圈里有一些关系亲密的朋友，他们中的大多数人相互之间也有联系，从而形成一个稠密的社会结构。同时，社会圈中还有一些关系一般的熟人，这些人一般互不相识。不过，这

> 些熟人各自也有自己的好朋友，他们同样形成一个稠密的社会结构，只是这个社会结构没有出现在前面的社会圈里。

格兰诺维特的观点背后，有一幅与埃尔德什和莱利描述的随机宇宙迥然不同的社会图景。在他眼中，社会结构是一个个高度连接的簇，或者一个个紧密联系的朋友圈，圈子里的人都相互认识。少量的外部链接将这些圈子与外面的世界连在一起，使其不至于与世隔绝。如果格兰诺维特的描述是正确的，人类社会的网络结构将非常奇特。它将由一些完全图[①]构成，在完全图中，每个节点都和内部其他节点相连（如图 4—1 所示）。这些完全图通过一些弱关系连接在一起，弱关系体现了不同朋友圈之间的熟人关系。

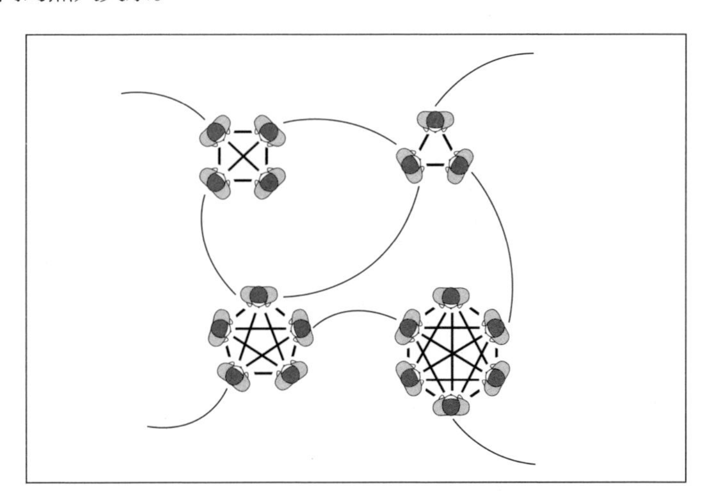

在马克·格兰诺维特描述的社会中，我们的密友相互之间往往也是朋友。这样一个聚团化社会的背后，社会网络由一些完全相连的小朋友圈组成，朋友圈内部的关系是强关系，用粗线条表示。细线条表示的弱关系将朋友圈里的人和他们的熟人连接起来，这些熟人也有着自己的朋友圈。无论是散布谣言，还是找工作，弱关系在很多社会活动中都扮演着重要角色。

图 4—1　强关系和弱关系

① 完全图是每对顶点之间都恰连有一条边的简单图。——编者注

链接洞察 LINKED

弱关系在我们和外部世界互通消息方面发挥着至关重要的作用。在找工作的时候，我们的密友往往帮不上忙。因为他们和我们处在同一个圈子里，他们接触的信息和我们一样。为了获取新信息，我们必须使用弱关系。事实的确如此，对管理岗位的工人而言，在获得职位信息时，通过弱关系获得信息的可能性（27.8%）要大于通过强关系获得信息的可能性（16.7%）。弱关系，或熟人关系，是我们连接外部世界的桥梁。这些人和我们在不同的地方活动，因此，我们能够从他们那里获取到从密友处无法获得的信息。

随机网络中没有朋友圈，因为我们和其他节点之间的链接是完全随机的。在埃尔德什和莱利的社会宇宙中，我的两个密友相互认识的可能性，与某个澳大利亚鞋匠和某个非洲部落酋长是好朋友的可能性是一样的。但是，我们的社会看上去并不是这样的。在大多数情况下，两个好朋友也分别认识对方的朋友，因为他们经常参加相同的聚会，出入相同的酒吧，观看相同的电影。两个人之间的关系越强，他们的朋友圈相互重合的程度越大。虽然格兰诺维特关于弱关系重要性的观点乍看上去似乎与直觉不符，甚至有些荒谬，但它揭示了我们社会组织结构的一个简单的事实。在格兰诺维特描述的社会中，内部完全连接的朋友圈通过弱关系形成一个支离破碎的网络，这比埃尔德什和莱利提出的完全随机的社会图景更接近我们的日常生活体验。为了完全理解社会的结构，随机网络理论需要以某种方式和格兰诺维特描述的聚团现象结合起来，而实现这样的结合花费了将近30年的时间。有趣的是，解决这一问题的线索并不是来自社会学或图论。

趋同与聚团

在中央咖啡馆对面，距离卡林西最喜欢的窗口仅几步之遥，穿过一扇小小的门，走过窄窄的地下室楼梯，你便可以进入布达佩斯最高档的一座剧院。该剧院的名字或许是“密室”（Kamra），因为它的舞台只能容纳约10名演员，台下只能坐100名观众。然而，如果你熟悉布达佩斯繁荣的剧院生活，你一定渴望能到此一坐。我上一次在这里观看演出时，剧院为了节省空间撤掉了幕布，观众只能靠猜测来判定每一幕结束的时刻。不过不用担心，结束时刻其实很难错过。因为那时候，观众席会突然爆发出雷鸣般的掌声，掌声经过地下剧场乌黑墙壁的反射，不断放大。很快，混乱的掌声变成了有节奏的掌声。大家的手掌精确地在同一时刻拍在一起，似乎有某种神秘的力量在召唤我们以相同的节奏鼓掌，就好像大家在随着无形的指挥棒鼓掌。演员鞠躬致谢，回到后台，然后再次亮相。有节奏的掌声变得更响亮了。随着节奏的加快和力度的增强，掌声会暂时出现不同步的现象，但仅仅几秒钟后，就又汇合在一起。

同步的鼓掌并不是布达佩斯“密室”剧场所独有的。在东欧，这种现象在剧场演出、音乐会或体育赛事结束时经常出现，在世界各地也很常见。例如，1999年，在麦迪逊广场花园，当传奇冰球运动员韦恩·格雷茨基（Wayne Gretzky）从纽约流浪者队退役时，观众鼓掌向他致敬，起初无组织的鼓掌最终自发地变成同步的掌声。这种自发而神奇的同步鼓掌，是自组织现象的绝佳例子。自组织现象遵循着物理学家和数学家深入研究过的严格定律，某些种类的萤火虫也遵循这些定律。在东南亚，常有数百万萤火虫聚集在高大的红树林里，周期性地发光。突然，所有的萤火虫开始同时发光，同时变暗，将灯塔一样的树冠变成一个巨大的脉冲式电灯泡，几公里外都能看到。这种奇妙的趋同现象在自然界中非常普遍。例如，正是趋同现象让数千个心脏起搏细胞一起工作，使长期共同生活的女性具有趋同的月经周期。

20世纪90年代中期，邓肯·瓦茨正在康奈尔大学攻读应用数学博士学位，导师让他研究一个特别的问题：蟋蟀是如何同步鸣叫的？雄性蟋蟀通过大声鸣叫吸引雌性蟋蟀。和人类不同，为避免成为焦点，蟋蟀会仔细倾听周围其他蟋蟀的鸣叫，来调整自己的发声，以便和邻居的鸣叫声混在一起。把很多蟋蟀放在一起，混乱的鸣叫很快便汇成和谐的交响曲，在潮湿夏夜的门廊中，我们经常可以听到这样的交响曲。

瓦茨不是那种书呆子式的学究数学家。他思维敏捷，具有超强的反思能力，因此能够停下来甚至退一步去反思自己的工作，并在必要时调整方向。例如，对于蟋蟀的研究让他变成了一名社会网络的研究生，并最终成为一名社会学家。2000年，哥伦比亚大学社会学系聘请他为教授，这意味着他正式转型为社会学家。

当瓦茨致力于研究蟋蟀如何同步时，他对六度分隔概念产生了浓厚的兴趣。六度分隔的概念是他父亲在闲谈时偶尔提及的，却深深印在了瓦茨的脑海里。一直以来，人们对六度分隔这样的说法都抱有很大的兴趣，但这种在咖啡馆里谈论的事情一直没有经过仔细的研究。瓦茨认为，要完全理解蟋蟀是如何同步的，必须先理解它们是如何关注其他蟋蟀的。所有的蟋蟀都在倾听彼此的鸣叫吗？或者，有些蟋蟀会选择一个自己喜欢的蟋蟀，然后努力和它喜欢的蟋蟀保持同步？蟋蟀或者人类相互影响的网络结构是什么样的呢？瓦茨发现，自己对网络的兴趣越来越浓厚，对蟋蟀却渐渐失去了兴趣。他向导师史蒂文·斯托加茨（Steven Strogatz）寻求建议。斯托加茨是康奈尔大学的应用数学教授，在混沌和同步的研究方面成果卓著，他不会让任何新奇的想法从身边溜走。很快，他们就开始探索前人尚未涉及的研究领域，他们研究的网络超越了埃尔德什和莱利的随机网络边界。

瓦茨在网络领域的研究之旅开始于一个简单的问题：我的两个朋友相互认识的可能性有多大？我们从前面了解到，在随机网络理论中，这个问题的答案很清晰：由于节点是随机连接的，我的两个好朋友相互认识的可能性，和威尼斯船夫与爱斯基摩渔夫认识的可能性是一样的。很明显，正如格兰诺维特在25年前指出的，这不是社会的实际运行情况。

链接洞察 LINKED

实际情况是，我们都是某个节点簇的一部分，同一个节点簇里的人相互认识。因此，我的两个好朋友必然也相互认识。为了找到社会聚团特性的证据，并让数学家和物理学家接受，我们需要度量聚团性。为此，瓦茨和斯托加茨引入了一个被称为聚团系数的量。假如你有4个好朋友。如果他们彼此也是朋友，两两之间存在一个链接，那么总共存在6个朋友链接。也有可能，你的一些朋友彼此不是朋友，那么他们之间的朋友链接数小于6，可能是4。在这种情况下，你的朋友圈的聚团系数是0.66，计算方式为：用你的朋友之间的实际朋友链接数4，除以他们之间最多能够形成的朋友链接数6。

聚团系数能够说明你朋友圈连接的紧密程度。如果聚团系数接近 1，你所有的朋友相互之间也是朋友；如果聚团系数是 0，你便是将你的朋友连在一起的唯一的人，其他人彼此都不认识。

格兰诺维特眼中的社会包含很多内部高度连接的节点簇，簇之间通过弱关系连接在一起。这样一个高度聚团的网络应该拥有很高的聚团系数。为了找到定量的证据证明社会是由很多节点簇构成的，我们需要度量地球上每个人的聚团系数。由于我们没有社会地图，无法得知谁和谁之间有联系以及谁和谁是朋友，所以度量每个人的聚团系数是不可行的。不过，有一个社会群体会定期发布他们的社会关系，因此我们可以研究这个社会群体的聚团系数。

埃尔德什数，高度聚团现象

如今，保罗·埃尔德什的名气不仅因为其提出了无数的定理和证明，还源于一个因他而起的概念：埃尔德什数。埃尔德什和 507 位作者合作发表过超过 1 500 篇论文。能够成为他数百位合作者中的一员是无比荣耀的。除此之外，能够和他仅仅相隔两个链接也是很大的荣誉。为了记录与埃尔德什之间的距离，数学家们引入了“埃尔德什数”。埃尔德什自己的埃尔德什数是 0。与他合作发表过论文的人，他们的埃尔德什数是 1。与埃尔德什的合作者合作发表过论文的人，他们的埃尔德什数是 2，依此类推。拥有一个小的埃尔德什数是一种荣誉，以至于 1996 年埃尔德什去世后，有人为了降低自己的埃尔德什数，涉嫌伪造和埃尔德什合作发表论文。全世界的数学家们一直，并且仍将继续争相找出自己和这个怪异的数学中心的距离。为了方便人们的查询，密歇根州罗契斯特市奥克兰大学的数学教授杰里·格罗斯曼（Jerry Grossmann）制作了一个网页，网页收集了数千名数学家的埃尔德什数，使所有发表过论文的数学家都能够计算出自己的埃尔德什数。

大多数数学家的埃尔德什数都很小，距离埃尔德什通常只有2到5步。但是，埃尔德什的影响远远超出了他所属的数学领域。经济学家、物理学家和计算机科学家也能很容易地和他联系上。

> 爱因斯坦的埃尔德什数是2；诺贝尔经济学奖获得者保罗·萨缪尔森的埃尔德什数是5；DNA双螺旋结构的发现者之一詹姆斯·D·沃森（James D.Watson）的埃尔德什数为8；著名语言学家诺姆·乔姆斯基（Noam Chomsky）的埃尔德什数是4；就连很少发表科学著作的微软创始人比尔·盖茨的埃尔德什数也只有4。我的埃尔德什数也是4：埃尔德什和约瑟夫·E·吉利斯（Joseph E. Gillis）合作撰写过论文，乔治·H·维斯（George H. Weiss）是后者的17名合作者之一，而维斯和我的博士生导师H·尤金·斯坦利（H. Eugene Stanley）合作过，我和斯坦利合著过一本书，并且一起发表过十几篇学术文章。

埃尔德什数的存在本身就表明，科学界形成了一个高度互联的网络，所有的科学家通过他们撰写的论文相互连接在一起。**大多数的埃尔德什数都很小，这说明科学网络是一个真正的小世界**。只有在极少数情况下，一部著作的作者才有可能互不相识，因此，论文合作关系体现了强社会链接。如此一来，科学网络可以看成社会网络的小规模原型，它的独特之处是所有链接定期发布。实际上，为了让研究人员能够找到特定主题的相关论文，所有的科学著作都记录在电脑数据库中。这相当于为科学家之间的社会和职业链接自动创建了一个详细的数字化记录。从而，我们可以利用这些数字化记录来研究合作网络的结构。

这正是我们的一个小组在2000年春所做的研究。在1999—2000学年，时任布达佩斯厄特沃什大学生物物理系特聘研究员兼系主任的托马斯·维谢克（Tamás Vicsek），组织了一个为期一年的关于生物物理的研究项目。该项研究在著名的中世纪布达城堡内的高级研究所内进行，城堡俯瞰多瑙河。来自罗马尼亚的物理学家佐尔丹·内达（Zoltán Néda）是项目的参与者之一，他还带来了欧塞贝特·洛瓦兹（Erzsébet Ravasz），后者当时是内达小组的一名研究生。匈牙利科学院的社会计量学专家安德拉什·舒伯特（András Schubert）也加入了这个研究团队，他能够将合作关系的大型数据库用于研究。我和维谢克、洛瓦兹、内达、舒伯特以及郑浩雄一起，用1991—1998年发表的论文，将这些数学家们连接在一起，形成了一个高度交织的网络。在该网络中，70 975位数学家通过超过200 000篇合作发表论文的链接连接在一起。假如数学家们是随机选择合作者的，根据埃尔德什和莱利的理论，最终形成的随机网络的聚团系数将非常小，大约为10^{-5}。然而，我们的计算表明，实际合作网络中的聚团系数要高约10 000倍，这证明了数学家们不是随机选择合作者的。相反，他们组成了一个高度聚团的网络，这种情形和格兰诺维特观察到的人类社会基本相似。

除了我们，圣塔菲研究所的物理学家马克·纽曼（Mark Newman）也一直在研究科学家合作网络，特别是物理学家、医学博士以及计算机科学家的合作网络。他研究的问题和我们在布达佩斯研究的问题相似。纽曼涉猎广泛，从随机系统到生态系统中的物种灭绝，都有涉及。纽曼认为，数字化的世界为我们完全理解网络提供了前所未有的机遇。在开始研究合作网络之前，他已经发表了好几篇关于小世界的论文，这些论文现在已经成为该方向的经典论文。当我们的计算机正在计算第一批结果时，纽曼在互联网上公布了关于科学家合作网络的第一篇论文。**纽曼的论文证明，科学家的日常事务发生在稠密连接的科学家团体里，这些团体之间通过偶然的弱关系连接。**他的研究工作和我们的一起，为我们一直以来感觉正确但在计算机出现之前难以测量的观点，提供了量化的证据。该观点是：社会系统中的确存在聚团现象。

聚团，复杂网络的普遍性质

我们可以直观地理解社会中的聚团现象。人类天生具有形成派系或团体的渴望，因为这能带来熟识、安全和亲密的感觉。但是，只有当社会网络的这个性质是自然界中大多数网络的普遍性质时，科学家们才会对其产生兴趣。因此，**瓦茨和斯托加茨最重要的发现，是他们指出了聚团现象不只出现在社会网络中。**

人们通常把自身的高智能归因于大脑中神经网络的规模和复杂程度。然而，线虫（Caenorhabditis elegans）提供了一个鲜活的例子，展示了302 个神经元形成的神经网络所具有的智能。这种 1 毫米长的蠕虫虽然只有 2 到 3 周的生命，却非常出名。1962 年，加利福尼亚大学伯克利分校分子科学研究所的著名分子生物学家悉尼·布伦纳（Sydney Brenner）把线虫作为分子生物学的实验小白鼠。自此以后,线虫出现在数千篇论文中,全世界有数百个实验室饲养它，并有一些专门介绍它的网页。

虽然线虫的基因组和人类没有太大的区别，它却是最简单的多细胞生物之一。实际上，科学家们已经成功弄清楚它神经系统中的具体连接方式，并绘制了详细的地图，展示神经元之间的连接关系。通过研究该神经元连接图，瓦茨和斯托加茨发现，这个小网络和人类社会整体上没有太大的区别：它也呈现出高度的聚团现象。它的聚团程度非常之高，实际上，神经元的邻居相互连在一起的可能性是随机网络的5倍以上。研究人员在研究美国西部电网时也发现了相同的模式，电网中的节点是通过电线连接在一起的发电器和变压器。好莱坞演员之间的合作网络也呈现出了这样的聚团现象，我们将在下一章详细讨论这个网络。

瓦茨和斯托加茨意外发现的聚团现象引起了大家的兴趣，科学界随后仔细研究了很多网络。现在我们知道，万维网中存在聚团现象；在计算机通过物理线路连接形成的互联网中，我们也观察到了聚团现象；在刻画公司通过合资关系形成的网络中，经济学家发现了聚团现象；在刻画生态系统中物种间捕食关系的食物链网络中，生态学家看到了聚团现象；细胞生物学家认识到，聚团现象解释了细胞网络的脆弱性。聚团现象无处不在，这一发现将聚团现象从社会的独特性质迅速提升为复杂网络的普遍性质，首次向“真实网络本质上是随机的”这一观点提出了严峻挑战。

高度聚团的代价，消失的小世界

为了解释大多数真实网络中普遍存在的聚团现象，瓦茨和斯托加茨在1998年发表于《自然》上的论文中，提出了一个新的模型，替代埃尔德什和莱利的随机网络模型。他们提出的新模型第一次把聚团现象和随机图的完全随机特性结合在一起。他们认为，人们生活在一个圈上（如

图 4—2 所示），每个人只认识自己的直接邻居。在这个简单的模型中，每个节点有 4 个邻居，邻居之间通过 3 个链接相连。因此，该网络具有较高的聚团系数。实际上，如果所有 4 个邻居之间都存在链接，它们之间将有 6 条链接。由于邻居间实际上只有 3 个链接，所以聚团系数是 3/6，即 0.5，和我们在数学家合作网络中发现的 0.56 非常接近。为了说明这的确意味着明显的聚团现象，我们考察另一个随机网络——每个节点仍然有 4 个邻居，但却是和系统中任意节点随机连接的。那么，4 个邻居之间的连接个数依赖于网络的大小。如果和图 4—2 中的网络一样有 12 个节点，随机网络的聚团系数就是 0.33。然而，如果网络中有 10 亿个节点，聚团系数将下降到 10 亿分之 4！很明显，此时新模型中的聚团系数还是 0.5，是随机网络聚团系数的 10 亿倍。

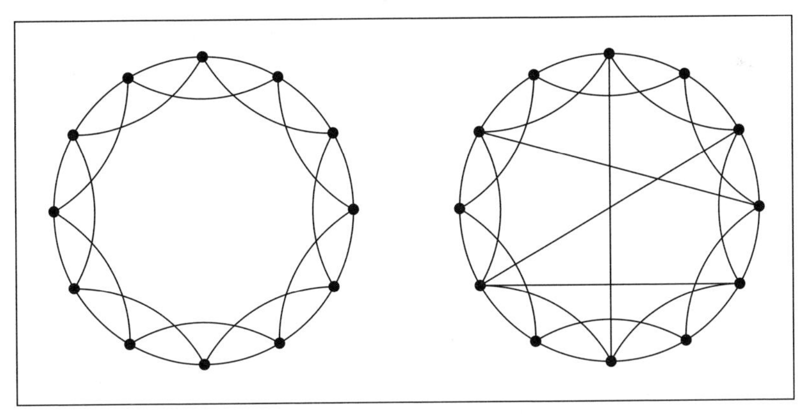

为了建模高度聚团的网络，邓肯·瓦茨和史蒂文·斯托加茨研究节点形成的圈，每个节点仅与它的直接邻居和相距两步的邻居相连接（左图）。为了让世界变得更小，添加了少量几个额外的链接，每个链接连接两个随机选择的节点（右图）。这些长程链接为距离较远的节点提供了关键的捷径，大大缩短了所有节点间的平均间隔。

图 4—2　聚团化的小世界

不过，我们也要为新模型带来的高聚团性付出一些代价——在该模型中小世界不复存在。在图 4—2 所示的社会模型中，和我距离近的只有我的直接邻居和二度邻居。要想和圈子另一边的人取得联系，我得走遍半个圈子，沿途经过很多人的介绍。实际上，很容易就能确定，连接顶部节点和底部节点的最短路径至少要经过 3 个链接。这看起来并不多，但是，如果我们有足够的耐心和空间在同一个圈上画上 60 亿个节点，每个节点仅与直接邻居和二度邻居之间存在链接，那么，从一边到另一边的最短路径，要经过不止 10 亿条链接。因此，在这样一个圈子上构建的社会，不仅高度聚团，而且是一个大世界。

现实中，地球上相距遥远的人之间也存在着链接。每个人除了邻居之外，还有一些相距较远的朋友。

> 假如我想找出一条结识澳大利亚某个人的途径，我不会挨家挨户地寻找，如果那样做，我迟早会碰到太平洋而不能再前进。或许，我会想起我高中时最好的朋友前几年搬到了悉尼。因此，我只需要联系我的这位朋友，通过他在澳大利亚逐步建立起来的人际关系，就能找到我要找的目标。

一个能够真实反映当今社会的模型，一定允许远距离链接的存在。在前面描述的聚团模型中，我们很容易实现这一目标，只需要在一些随机选择的节点间添加少量的链接即可。也就是说，在圈子上任意选择两个节点，在它们之间添加一条新的链接。如此一来，被选中的两个节点间的距离便降到 1，而它们的直接邻居之间的距离也大大缩短了。如果添加很多这样的随机链接，便能让所有节点间的距离都缩短。

链接洞察 LINKED

瓦茨和斯托加茨指出了一个惊人的发现：即使只添加少量几个链接，也能大大降低节点间的平均间隔，而新添加的这些链接并没有显著改变聚团系数。然而，这些链接构成了长的桥梁，它们往往连接着分处圆圈两边的节点，于是，所有节点之间的间隔瞬间缩短。在瓦茨和斯托加茨的模型中，节点间的间隔大大缩短，而聚团系数基本保持不变。这表明，在选择朋友时，我们更倾向于选择身边的人，只有很少一部分人拥有长程链接。这个简单的模型告诉我们，六度分隔源于这样一个事实：有些人的朋友和亲戚不是他们的左邻右舍。这些远距离的链接，让世界上相距遥远的人之间有了捷径。大型网络的链接不再需要是完全随机的，便能展现出小世界特性，只要有少数几个随机链接就足够了。

抛弃随机世界观

埃尔德什去世两年后，瓦茨和斯托加茨发表了关于聚团性的论文，引起了物理学家和数学家的巨大兴趣。首先，这篇论文提出了一个具有显著聚团性的模型，为格兰诺维特的观点提供了形式化的解释。其次，这篇论文在将小世界问题带到物理和数学领域方面发挥着独特的作用，在此之前，小世界问题只是社会学研究的问题。短时间看来，瓦茨和斯托加茨提出的更通用的、可以建模聚团性的模型将会取代埃尔德什和莱利的随机宇宙。每个人都能联想到一个简单的场景：我们熟悉的局部有序中散落着一些远距离链接，为我们身边的小世界现象提供了清晰明了的解释。**该模型是埃尔德什和莱利的完全随机世界和正则栅格的优美折中：完全随机世界是小世界，却排斥朋友圈；正规栅格虽然具有高的聚团性，节点之间却相距很远。**

今天，我们认识到，瓦茨-斯托加茨模型和埃尔德什-莱利的世界观并不矛盾。通过假定我们从正则栅格开始，聚团的确存在。但是，从很多角度讲，该模型的根本原理和埃尔德什-莱利的观点是吻合的。譬如，除了最初将节点布置在一个圆圈上之外，我们连接节点的方式是完全随机的。因此，这两个模型都描述了一个高度平等的社会，链接是通过掷骰子来决定的。

1998 年，瓦茨和斯托加茨的里程碑论文发表时，我的研究组正在尝试理解复杂网络的结构，主要关注的是万维网。我们花了很长时间才完全理解这篇论文透露的重要信息，并领悟到该模型能够将埃尔德什-莱利的世界观和格兰诺维特的聚团社会统一在一起。在最终理解了这篇论文时，我们手头有一件紧急的事情需要处理。我们的采集机器人得到的网络，完全不同于埃尔德什-莱利和瓦茨-斯托加茨的模型所预言的网络。我们在下一章将会看到，万维网中有很多枢纽节点，这些节点拥有异常多的链接。问题是，在埃尔德什和莱利的平等模型中，这样的枢纽节点非常罕见，因此，该模型显然不能解释机器人的这一发现。瓦茨-斯托加茨模型的表现同样糟糕：该模型同样抑制那些链接数比节点平均链接数多很多的节点的出现。这两个模型明显缺少了某些重要的东西，因此制约了我们对网状宇宙的理解。数据促使我们寻找对真实网络的更好理解，最终迫使我们完全放弃随机世界观。沿着这样的路径，事情发生了出人意料的转折。我们不得不放弃目前为止掌握的所有关于网络的认识。

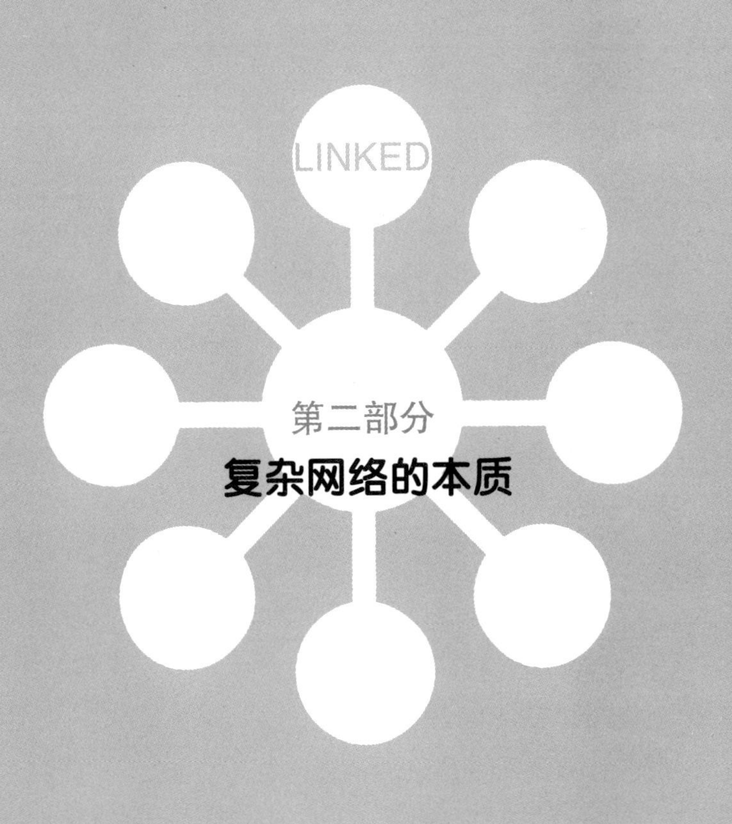

第二部分

复杂网络的本质

第5链

枢纽节点和连接者

复杂网络的关键要素

如果万维网是一个随机网络，我们被看到和听到的机会应该是相等的。但不管你处于万维网中的什么位置，总是会发现一些枢纽节点。和这些枢纽节点相比，万维网的其他部分是不可见的。枢纽节点的存在，颠覆了“平等网络空间”的乌托邦幻想，也颠覆了我们对网络的所有认识。就网络而言，多少不是关键。网络的真正中心位置属于那些在多个大圈子里都有位置的节点。

枢纽节点

枢纽节点是指网络中少数连接度非常高的节点。例如，在人类社会中，枢纽节点是指少数认识的人非常多的连接者。在存在枢纽节点的网络中，网络的结构由枢纽节点支配，从而使网络呈现出小世界特性。实际上，枢纽节点和非常多的节点有链接，从而在系统中的任意两个节点之间建立了捷径。

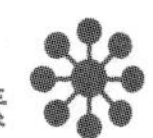

连接者，拥有大量链接的节点

《纽约客》特约撰稿人马尔科姆·格拉德威尔（Malcolm Gladwell）在他的著作《引爆点》（*The Tipping Point*）中，介绍了一种测试人们社交程度的简单方法。

他给出了一个包含248个姓氏的列表——这些姓氏选自曼哈顿电话黄页，然后请被试对照该姓氏列表给自己打分，每认识一个姓氏出现在该列表中的人得一分，可以重复计分。假如列表中有一个姓氏是琼斯，而被试认识三个姓琼斯的人，就可以得三分。格拉德威尔对曼哈顿城市学院的大学生们进行了测试。这些学生大多20岁出头，都是近几年才搬到曼哈顿的，他们的平均得分为21分。换句话说，他们一般认识21个姓氏出现在格拉德威尔姓氏列表中的人。格拉德威尔在以白种人为主且受过高等教育的人群中随机选出一组人，又进行了一次测试，他们的平均得分为39分，几乎是大学生得分的两倍。这个结果并不令人意外，反倒是被试得分的分布范围之广引起了格拉德威尔的注意。在大学生测试中，得分分布在2到95之间，而在另一个测试中，最低分是9分，而最高分为118分。即使是有着相似年龄、相似教育程度、相似收入的高度同质化人群，得分的变化也很大：最低分为 16 分，最高分则达到 108 分。格拉德威尔共计测试了大约 400 人，在每个测试组中都观测到了少数高得分者。最终，他得出了这样一个结论："在各行各业中都有一小群特别善于交际的人，他们是社会中的连接者。"

连接者是社会网络中极其重要的元素，他们引领潮流趋势、促成重要交易、传播流行时尚并帮助推广餐馆。他们是社会的连线，于轻描淡写间把不同种族、不同教育水平、不同社会背景的人联系在一起。当格拉德威尔发现连接者时，他认为自己找到了一种人类独有的特质。但事实上，他在无意间发现了一个重要现象。在《引爆点》一书出版之前，这一现象就一直困扰着我的研究小组。

连接者是拥有大量链接的节点，他们广泛存在于包括经济系统、细胞等在内的多种复杂系统中，是大多数网络的根本特质之一。连接者激发了许多领域的科学家的兴趣，包括生物学、计算机科学和生态学。连接者现象的发现颠覆了我们对网络的所有认识，让我们重新回到了起点。聚团现象暴露了埃尔德什-莱利随机世界观的第一个裂隙。前一章探讨的瓦茨-斯托加茨模型挽救了随机世界观，使朋友圈现象和六度分隔现象在网络中和谐共处。现在，连接者现象发起了对这两个模型的最后一击。要解释这些高度连接的节点，我们必须彻底抛弃随机世界观。

枢纽节点，颠覆"平等网络空间"

在网络空间，人们享有极大的言论自由。有些人受其困扰，有些人

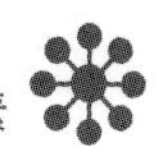

热衷于它，而网页内容确实难以审查。网页内容一旦发布，便有数以亿计的人可以看到。这种无与伦比的言论发表方式，配合低廉的发布成本，使万维网成为了民主论坛的终极形式。在这里，每个人的声音被听到的机会都是均等的，至少政客律师和商业杂志是这样认为的。如果万维网是随机网络，那这些观点都是对的，可惜它不是。我们的万维网项目得出了一个有趣的发现：万维网并非民主、公平和平等的，万维网的拓扑使我们仅能看到十亿计文档中很少的一部分。

在万维网上，你的观点是否可以发布不再是关键问题。实际上，所有观点都可以发布，而且一旦发布，就立刻能被全世界任何一个有条件上网的人看到。现在的问题是，当你把信息发布在万维网上后，它能否在数十亿文档中引起别人的关注。

要想被读到，先得被看到。无论是对小说作者还是科学家而言，这都是至理名言。在万维网上，网页的可见度可以用导入链接数刻画。拥有的导入链接越多，你的网页越有可能被看到。如果万维网中的每一个网页都有链接指向你的网页，那么，所有人都能在很短的时间内知道你在万维网上说了什么。但是，一个网页平均只拥有大约5到7个链接，每个链接指向数十亿网页中的一个。因此，一个网页将链接指向你的网页的可能性接近于零。

上述结论完全适用于我的主页：www.nd.edu/~alb。根据远景公司（AltaVista）的调查结果，全世界大约有40个网页有链接指向我的主页。坦率地讲，鉴于我主页涉及领域极其狭窄，40个链接已经很多了。但是，全世界有大约十亿个网页可供选择，因此，你能发现我的网页的可能性仅有十亿分之四十。这

> 也就是说，如果你在万维网上随机浏览，浏览每个页面只花费短短10秒钟，你也需要不分昼夜地浏览八年，才能碰到一个指向我主页的链接。

每个人都有着不同的兴趣、价值观、信仰和品味，这种多样性反映在我们网页的链接上。这些链接可以指向非洲部落艺术，也可以指向电子商务门户。因为有十亿多个节点可供选择，所以网络链接模式看上去相当随机。链接的随机性意味着，埃尔德什–莱利模型主宰着网络的链接模式。由于埃尔德什–莱利理论保证了所有节点彼此相似，每一个节点拥有的导入链接数目大致相同，所以随机万维网将是平等主义的最终载体。

然而，我们的发现推翻了随机万维网这一预言。我们的网页采集机器人发回的网络地图证实了万维网拓扑中的高度不均匀。我们研究了圣母大学的325 000个网页，仅拥有3个导入链接的网页有270 000个，占总网页数的82%。但是，有大约42个网页被超过1 000个其他网页指向，它们拥有的导入链接数超过了1 000！随后，我们对由2.03亿个网页组成的样本进行观察，发现了更严重的不均匀：**多达90%的网页只有不到10个导入链接，同时，有3个网页被近100万个其他网页引用！**

万维网上的上述现象和人类社会类似。人类社会中，少数连接者的朋友之多超乎寻常；万维网中，少数连接数非常高的节点主导着万维网的结构，它们被称为枢纽节点。雅虎或亚马逊这样的枢纽节点的可见度非常之高，无论在哪里，我们都能看到指向这些节点的链接。但在万维网中，还有很多不受欢迎或者很少被注意到的节点，它们通过少数枢纽节点连在一起。

枢纽节点的存在，颠覆了“平等网络空间”的乌托邦幻想。我们确实有权利把任何东西放到万维网上，但是会有人注意到吗？如果万维网是一个随机网络，我们被看到和听到的机会应该是相等的。从群体的角度来看，我们以某种方式创建枢纽节点，每个人都与其建立链接。不管你处于万维网中的什么位置，都能很容易地找到这些枢纽节点。和枢纽节点相比，万维网的其他部分是不可见的。出于实用目的，只被一个或两个网络链接的网页是不存在的，它们几乎不可能被找到。在搜索整个万维网寻找热门站点时，搜索引擎对这些链接数非常少的节点同样视而不见。

贝肯数与埃尔德什数

一天晚上，电视上正在播放凯文·贝肯（Kevin Bacon）的电影《灌篮高手》（*The Air Up There*）。宾夕法尼亚州雷丁市奥尔布赖特学院的学生克雷格·法斯（Craig Fass）、布莱恩·特托尔（Brian Turtle）和迈克·金利（Mike Ginelly）在观看电影时突然悟到了一件事。他们意识到，贝肯出演过的电影如此之多，以至于他可以和好莱坞任意一个演员联系起来。1994 年 1 月，三个学生满怀兴奋地给《斯图尔特秀》（*Jon Stewart Show*）写了一封信，这是一个在大学生中非常流行的名人脱口秀节目。他们在信中写道：“我们三个人肩负使命，我们的使命是向观众甚至全世界证明，贝肯是上帝。”他们没想到自己竟然幸运地得到了 15 分钟的亮相机会。

他们和凯文·贝肯一起应邀参加《斯图尔特秀》。在节目现场，他们能将观众随意给出的演员名字和贝肯联系起来，观众被他们这个能力深深吸引。然而，他们完全搞错了，贝肯远不是好莱坞的中心，贝肯与好莱坞中心的距离比他与宇宙中心的距离近不了多少。

这三位学生的天才发现来自于他们的观察：任何一个好莱坞演员都可以经过两三个链接与贝肯联系起来。例如，汤姆·克鲁斯（Tom Cruise）和贝肯共同出演过《义海雄风》（*A Few Good Men*），因此他们两人之间的距离仅一步之遥。与埃尔德什数类似，汤姆·克鲁斯的贝肯数是1。迈克·迈尔斯（Mike Myers）的贝肯数是2，因为他通过电影《王牌大贱谍》（*The Spy Who Shagged Me*）和罗伯特·瓦格纳（Robert Wagner）相连，而后者因出演《玩尽杀绝》（*Wild Things*）而具有贝肯数1。甚至像查理·卓别林这样的影坛前辈都有一条路径通往贝肯：查理在《凡尔杜先生》（*Monsieur Verdoux*）中和巴里·诺顿（Barry Norton）合作，而后者和罗伯特·瓦格纳合作演出了《光荣何价》（*What Price Glory*），至于罗伯特·瓦格纳，我们已经知道他的贝肯数是1。因此，查理·卓别林的贝肯数是3。进一步演绎该故事，可以算出保罗·埃尔德什的贝肯数是4。保罗·埃尔德什在一部关于他自己的纪录片《N是一个数》（*N Is a Number*）中扮演他自己。同样在该记录片中扮演自己的基恩·帕特森（Gene Patterson）后来在电影《盒光之夜》（*Box of Moonlight*）中出演了一个小角色，因此拥有贝肯数3。进一步，由于《N是一个数》是图论的经典，所以许多数学家不仅拥有很小的埃尔德什数，同时也有一个较小的贝肯数。

若非两名计算机专业的学生收看了《斯图尔特秀》，凯文·贝肯游戏恐怕只是电影界的一个节目花絮。但当来自弗吉尼亚大学的格伦·沃森（Glen Wasson）和布雷特·加登（Brett Tjaden）看到贝肯游戏时，他们

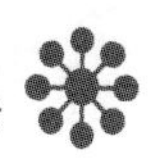

立即意识到，只要有一个记录所有电影及其演员的完整数据库，就可以利用计算机确定任意两个演员间的距离。而影迷的天堂——互联网电影数据库（Internet Movie Database, IMDb.com）正好记录了他们需要的所有信息。沃森和加登用了几周时间编程创建了“贝肯之神谕”（Oracle of Bacon）网站，该网站成为人们参与贝肯游戏的主要途径。在这个网站，你只需输入任意两个演员的名字，就能在几个毫秒后得到他们之间的最短路径，以及这条路径上的演员和连接这些演员的电影。很快，这个网站的日访问量就超过20 000次，它因此入选1997年《时代周刊》十大最佳网站。2001年8月26日，我最近一次访问该网站时，它的日访问量已达到13 000次。

平均没有意义，多少不是关键

凯文·贝肯游戏之所以能够进行，是因为好莱坞的演员之间形成了一个链接稠密的网络。网络中的节点是演员，节点间的链接对应着演员们出演的电影。任意一部影片中任意一个演员和影片中其他所有演员之间都有链接。因此，出演过多部电影的演员能迅速获得很多链接。在这个演员网络中，一名演员平均拥有27个链接，远远高于保持网络连通所需要的1个链接，如此一来，六度分隔现象不可避免地出现了。实际上，一名演员平均只需要3个链接便能和其他所有演员连接起来。然而，正如我的研究小组在分析演员网络时注意到的，“平均”在这里没有意义。多达41%的演员拥有的链接少于10个，当这些不太出名的演员的名字出现在电影屏幕上时，你可能已经走出了电影院。但是，很少一部分演员拥有的链接却远多于10个。约翰·卡拉丁（John Carradine）在他多产的职业生涯中共形成了 4 000 个链接，罗伯特·米彻姆（Robert Mitchum）在其数十年影视生涯中共与 2 905 个演员合作过。这些连接程度异常高的演员是好莱坞的枢纽节点。如果去掉他们中的少数几个，其他演员与贝肯相连的路径将会明显延长。

我们可以推测，出演电影数最多的演员是连接度最高的，和好莱坞所有其他人之间的距离也是最短的。这个推测在平均意义上是正确的：一个演员出演的电影越多，他和其他人的平均距离就越短。但实际上，出演电影数最多的演员们并不是连接度最高的，这多少有些令人意外。郑浩雄（Hawoong Jeong）列出了出演电影数最多的 10 个演员和他们出演的电影数，他们是：

> 梅尔·布兰科（Mel Blanc）（759），汤姆·拜伦（Tom Byron）（679），马克·华莱士（Marc Wallice）（535），罗恩·杰里米（Ron Jeremy）（500），彼得·诺斯（Peter North）（491），T. T. Boy（449），汤姆·伦敦（Tom London）（436），兰迪·韦斯特（Randy West）（425），迈克·霍纳（Mike Horner）（418）和乔伊·席尔维拉（Joey Silvera）（410）。

我敢打赌，诸位对这些名字大多不熟悉，就像我们第一次看到这些名字时一样，对他们感到很陌生。好吧，你可能知道梅尔·布兰科，他是很多著名动漫卡通人物的配音演员，像兔八哥（Bugs Bunny）、伍迪啄木鸟（Woody Woodpecker）、达菲鸭（Daffy Duck）、波奇猪（Porky Pig）、翠迪（Tweety Pie）和傻大猫（Sylvester）。年过五十的读者可能知道汤姆·拜伦，当年他是最高产的西部片演员，饰演过州长、农场主等多个角色。但是，对这个高产表单上的其他演员，我们一点都不熟悉。最终，经过

一番研究之后，我们弄清楚了他们的底细，他们都是三级片影星。

这个演员列表非常生动地说明了：就网络而言，“多少”并不总是最关键的。尽管那些三级片影星出演的电影数很多，但他们却不是好莱坞的中心。由于网络存在聚团现象，那些只和自己所属圈子中其他节点相连的节点，可能会在那个小圈子中处于中心。但是，由于和外界没有连接，他们和其他圈子里的节点之间的距离相当远。因此，对于那些仅出演过三级片，仅与三级片影星有连接的影星而言，很难将他们与马丁·斯科塞斯（Martin Scorsese）和安德烈·塔尔科夫斯基（AndreyTarkovsky）的影片联系起来。他们处于完全不同的世界。**网络的真正中心位置属于那些在多个大圈子里都有位置的节点。**

对于演员网络而言，枢纽节点是那些在职业生涯中出演过多种类型影片的演员。对于万维网而言，枢纽节点是那些不仅链接到现代艺术，而且链接到人们关心的几乎所有领域的网页。对于人类社会而言，枢纽节点是那些与多个领域和社会阶层的人都有交往的人。对于数学界而言，枢纽节点是那些“埃尔德什”，他们不局限于某一个特定的领域，而是涉及科学的很多子领域。这些枢纽节点是网络中的列奥纳·达·芬奇——既是艺术家又是科学家。

当然，贝肯是好莱坞的著名演员，他出演过46部电影，与1 800多个演员合作过。他和好莱坞其他人的平均分隔数是2.79，也就是说，大多数演员与贝肯的距离不超过三个链接。这就是为什么有些人能将贝肯游戏玩得很好，能够轻易将其他演员和贝肯联系起来。但是，贝肯是连接度最好的演员吗？在郑浩雄准备连接度最好的1 000个演员的列表时，在这些好莱坞真正的枢纽节点中，我们花了一段时间才找到贝肯。

> 我们看到，罗德·斯泰格尔（Rod Steigerin）处于第一位，他和所有其他演员的平均分隔数是2.53。排在第二名的唐纳德·普莱森斯（Donald Pleasence）的平均分隔数是2.54。紧随其后的四个演员马丁·希恩（Martin Sheen）、克里斯托弗·李（Christopher Lee）、罗伯特·米彻姆和查尔顿·赫斯顿（Charlton Heston）的平均分隔数都小于2.57。在翻过几十页、看过数百个名字之后，我们终于在表单的底部找到了贝肯，他仅排在第876名。

那为什么我们玩的这个游戏要围绕“凯文·贝肯”进行呢？实际上，贝肯的出名只是一个历史偶然，源于《斯图尔特秀》在观众中的流行。实际上，每个演员都能和大多数其他演员通过三个链接相连，贝肯绝不是特例，也绝不是好莱坞的中心。实际上，他不仅距离宇宙中心很远，距离好莱坞的中心也很远。

枢纽节点，复杂互联世界的普适组件

随机宇宙中没有连接者。在格拉德威尔的400人社会抽样中，每个人的平均链接数为39，如果社会是随机的，那么，最擅长交际者认识的人数也应该远小于观测到的118。如果万维网是随机网络，万维网中存在一个有500个导入链接的网页的可能性是10^{-99}，实际上就是零。这意味着，随机连接的万维网中是不可能出现枢纽节点的。然而，最近对覆盖整个万维网五分之一的万维网进行的调查中，导入链接超过500的网页有400个，其中一个网页甚至拥有超过200万个导入链接。在随机网络中找到这样节点的概率，比在宇宙中找到某个特定原子的概率还要小。如果好

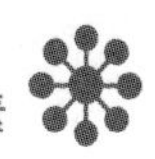

莱坞演员网络是随机网络，罗德·斯泰格尔这样的节点根本不会存在，因为拥有如此高连接度演员的概率约为 10^{-120}，为这样小的概率找一个合适的比喻都非常困难。正是这些小得令人难以置信的数字，让我们在研究真实网络的结构时感到非常惊讶：万维网或好莱坞演员网络中居然能够看到枢纽节点。这样的节点在埃尔德什-莱利模型和瓦茨-斯托加茨模型中是不可能出现的。我们对此毫无准备，只能说，枢纽节点的存在太不可思议了。

万维网中存在少数枢纽节点，它们拥有万维网中的绝大多数链接，这一发现激发了人们在许多其他领域中寻找枢纽节点的探索。结果令人十分惊讶，我们发现好莱坞、万维网和人类社会绝不是特例，枢纽节点在很多真实网络中都出现了。例如，细胞中的枢纽节点浮现在由化学反应连接起来的分子网络中，水、氨基酸这样的分子就是细胞中的罗德·斯泰格尔，它们参与非常多的化学反应。在连接全世界计算机的互联网中，少数枢纽节点在保证互联网可靠性方面扮演着重要作用。埃尔德什是数学界的枢纽，有 507 个数学家的埃尔德什数是 1。根据美国电话电报公司的研究，有一些电话号码拨出或接听的电话非常之多，它们是电信公司或客户服务的号码。**科学家能够研究的大多数复杂网络中都存在枢纽节点。枢纽节点无处不在，是复杂互联世界中的普适组件。**

重新思考网络

最近，枢纽节点受到了非常多的关注。伊曼纽尔·罗森（Emanuel Rosen）在他的著作《营销全凭一张嘴》（*The Anatomy of Buzz*）中对连接者的作用大加渲染，他用了好几个章节对社会中的枢纽节点进行分类，并研究它们在消息传播和宣传中的作用。每四年，联邦政府会造就一个新的社会枢纽节点——美国总统。事实上，富兰克林·德拉诺·罗斯福的预约簿中有大约22 000个名字，这使他成为他那个时代最大的枢纽节点。最近，三个杰出的生物学家在权威学术期刊《自然》中指出，蛋白质p53在分子中扮演着类似枢纽节点的角色，是人们认识许多分子级癌症病理的关键。生态学家认为，食物链网络中的枢纽节点是生态系统中的里程碑物种，这些物种在维系生态系统稳定性方面发挥着重要作用。

链接洞察 LINKED

枢纽节点确实值得广泛关注。在存在枢纽节点的网络中，网络的结构由枢纽节点支配，从而使网络呈现出小世界特性。实际上，枢纽节点和非常多的节点有链接，从而在系统中的任意两个节点之间建立了捷径。因此，尽管地球上随机选择的两个人之间的平均分隔数是6，但某个人和连接者之间的距离却常常只有1或2。类似地，尽管万维网上任意两个网页的平均距离是19，但从大多数网页出发到达雅虎这样的枢纽节点却只需两三次点击。从枢纽节点的角度来看，世界确实非常小。

数十年来，受埃尔德什和莱利的影响，人们一直认为网络是随机的。最近，随机网络受到多方质疑。瓦茨和斯托加茨的模型为聚团现象提供了一个简单解释，使得随机网络和聚团现象在同一个屋檐下得以共存。但是，枢纽节点再一次向现状提出挑战。到目前为止，我们提到的两个模型都不能解释枢纽节点的出现。因此，枢纽节点迫使我们重新思考我们关于网络的知识，迫使我们提出下面三个根本问题：枢纽节点是如何

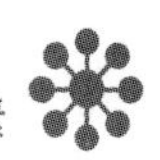

出现的？网络中有多少枢纽节点？为什么以前的模型都不能解释枢纽节点的存在？

在过去的两年里，我们已经回答了这些问题中的大部分。实际上，我们已经发现枢纽节点不是我们这个相互联系的宇宙中的偶然现象。相反，枢纽节点服从严格的数学规律，枢纽节点的无处不在促使我们对网络进行全新的思考。揭示和解释这些规律就像坐过山车一样令人着迷，我们从中学到了很多关于复杂互联世界的知识，比我们过去数百年积累的还要多。

第6链 幂律

复杂网络的分布规律

❋ 40年前，埃尔德什和莱利将复杂网络放到“随机”灌木丛中，而幂律将复杂网络从中拉了出来，并将其放到色彩斑斓、内涵丰富的“自组织”舞台上。盯着微型搜索引擎带回来的幂律，我们在网络中看到了一种全新而未知的秩序，这种秩序具有不同寻常的优美和一致性。

幂律分布

幂律分布是一条没有峰，且不断递减的曲线，它最突出的特征是大量微小事件和少数非常重大的事件并存。假设某个星球上居民的身高遵循幂律分布，那么，大多数人都非常矮。但偶尔看到一个几百米高的巨人走在大街上，人们也不会觉得吃惊。

无尺度网络

无尺度网络是遵循幂律度分布的网络。网络中大多数节点只有很少几个链接，它们通过少数几个高度连接的枢纽节点连接在一起。在形状上，无尺度网络很像航空交通系统，很多小机场通过少数几个主要的交通枢纽连接在一起。

帕累托与80/20定律

维弗雷多·帕累托（Vilfredo Pareto）是一位非常有影响力的意大利经济学家。20 世纪初，他在日内瓦的一个经济学会议上发言时，不断被他强势的同事古斯塔夫·冯·施穆勒（Gustav von Schmollez）打断。冯·施穆勒当时就职于柏林大学，是德国学术界的权威，他用盛气凌人的声调不断地喊着："经济学里有定律吗？"

帕累托虽然出身贵族家庭，却不修边幅。据说，他在撰写不朽著作《普通社会学通论》（*Trattato di Sociologia Generale*）时，只有一双鞋子和一套西服。因此，第二天，他很容易就把自己扮成了一个乞丐，在大街上拦住了冯·施穆勒。"行行好吧，先生，"帕累托说道，"您能告诉我哪里能找到吃饭不花钱的饭店吗？""可怜的伙计，"冯·施穆勒答道，"世上哪有这样的饭店呀？不过，街角有个地方，花不了多少钱就能吃上一顿不错的饭。""哈，"帕累托得意洋洋地笑道，"看来经济学里是有定律的呀！"

在做了 20 年铁路工程师后，帕累托把精力转到了经济学。他深受牛顿物理学的数学之美的影响，将生命剩余的时间都投入到把经济学变成严谨科学的梦想之中，希望找到像艾萨克·牛顿的原理那样精确而通用的定律来刻画经济学。他孜孜不倦的追求带来三卷专论，成为后世经济学家和社会学家灵感和思想的不竭之源。

在学术之外，帕累托凭借一个经验观察而享有盛名。作为一个勤劳的园丁，他注意到，80% 的豌豆是 20% 的豆荚结出的。作为经济不平等现象的细心观察者，他发现意大利 80% 的土地被 20% 的人口占有。最近，帕累托定律（也被称为 80/20 定律）又演变成管理学中的墨菲定律：80% 的利润由 20% 的员工创造，80% 的客户服务问题来自 20% 的顾客，80% 的决定在 20% 的会议时间里完成，诸如此类。80/20 法则还在很多领域里以常识的形式出现，例如，80% 的犯罪行为来自 20% 的罪犯。

虽然有着各种各样的外在形式，80/20 定律描述的其实是同一个现象：大多数情况下，我们五分之四的努力是无关紧要的。我们再贡献几条与 80/20 定律近似的说法：万维网上 80% 的链接仅指向 15% 的网页，80% 的引用指向 38% 的科学家，好莱坞 80% 的链接连向 30% 的演员。这似乎是在诱人推断，80/20 定律适用于任何情形，但这其实是夸大其词。现实中，遵循帕累托定律的所有系统都有些特别之处。它们的特别之处源自一个性质，该性质对于理解复杂网络同样发挥着关键作用。

幂律分布与度指数

当郑浩雄开始设计万维网采集机器人时，对万维网背后的网络到底是什么样子，我们只有一些极其简单的预期。受埃尔德什和莱利观点的指引，我们希望看到，网页之间是随机连接的。像我们在第 2 链中讨论的那样，一个网页的链接数遵循着单峰分布，这说明，大多数文档的流行度都差不多。但是，机器人带回的网络中，很多节点仅拥有少量链接，一些枢纽节点却拥有非常多的链接。当我们尝试在双对数坐标系下拟合节点连接度的直方图时，最奇怪的事出现了。拟合结果表明，网页链接数的分布严格遵循被称为幂律的数学表达式。

如果你不是物理学家或数学家，你可能从没有听说过“幂律”。这是因为，自然界中大多数的量都遵循钟形曲线，而钟形曲线对应的分布和刻画随机网络的单峰分布非常相似。例如，测量一下你认识的所有成年男性的身高，数一数他们中多少人的身高是 1.2 米、1.5 米、1.8 米或者 2.1 米，进而画出一个直方图。你会发现，大多数人的身高都介于 1.5 米和 1.8 米之间。直方图在这些值附近有一个峰。实际上，除非你认识很多篮球运动员，否则，你的朋友中只有很少人高达 2.1 米，甚至 2.4 米。身高矮的人也一样：身高 0.9 米和 1.2 米的人非常罕见。自然界中大多数的量遵循这样的单峰分布，包括人类的智商和大气分子的速率，因此，很多人对这些普遍存在的钟形曲线非常熟悉。

在过去几十年里，科学家发现，自然界有时会产生一些遵循幂律分布的量，它们不再遵循钟形曲线。幂律和描述我们身高的钟形曲线有很大差异。幂律分布没有峰，遵循幂律分布的直方图是不断递减的曲线，这意味着，很多小事件和一些大事件并存。假设某个星球上居民的身高遵循幂律分布，大多数人都非常矮。然而，偶尔看到一个几百米高的巨人走在大街上，人们也不会觉得吃惊。实际上，如果那个星球上有 60 亿人，至少有一个人的身高会超过 8 000 米。因此，**幂律最突出的特征不是有很多小事件，而是大量微小事件和少数非常重大的**

事件并存。但这些非常重大的事件绝对不可能出现在钟形曲线中。[①]

每一个幂律都有一个独一无二的幂指数。通过幂指数我们可以得知，相对于那些不流行的网页，到底有多少非常流行的网页。在网络中，幂律可用于描述度的分布，而幂指数通常被称为度指数。我们的测量表明，网页的导入链接数的分布遵循幂律，度指数接近 2。导出链接也遵循类似的幂律分布，不过它的度指数稍微大一些。[②]

我们的微型机器人给出了令人信服的证据：**数百万网页创造者以某种神秘的方式协同工作，形成了复杂的万维网，在这里，随机宇宙不再存在。**它们的集体行动让度分布避开了钟形曲线——随机网络的标志，并将万维网变成了一个由幂律描述的奇特网络。但是，机器人不能回答我们最迫切想要知道的问题：到底是什么促使万维网偏离了随机网络的严格预言呢？

后来我们认识到，可以从另外一个途径来回答该问题。大多数复杂网络是不是都可以用一些简单的定律来刻画呢？而我们之所以还没有看到这些定律，是因为我们之前没有去探索。这个新的提问带来了丰硕的成果。实际上，几个月后，在分析好莱坞演员网络时，我们发现它也遵循同样的数学关系：恰好认识 k 个其他演员的演员数目按照幂律的方式衰减。随后，我们得知埃尔德什和他的数学家同事也遵循这样的定律。

---

① 请注意，幂律分布和钟形分布在分布的尾部存在着重要的定性差异。钟形分布的尾部指数衰减，衰减速度比幂律分布快很多。指数衰减的尾部造成枢纽节点不存在。相比而言，幂律分布衰减得慢很多，允许像枢纽节点这样的“罕见事件”存在。

② 这意味着，有k个导入链接的网页数目 $N(k)$ 遵循公式$N(k)\sim k^{-\gamma}$，这里的参数γ是度指数。在双对数坐标下，直线的斜率表示度指数。这里，度指数的值接近2.1。在计算某个给定网页的导出链接时，我们观察到了同样的模式：双对数坐标下的图表明，有k个导出链接的网页数遵循公式$N(k)\sim k^{-\gamma}$，这里γ=2.5。

细胞内部的网络也遵循该定律，和 k 个其他分子有交互的分子数目按照幂律的方式衰减。同时，我们发现了波士顿大学物理教授希德·雷德纳（Sid Redner）的一篇论文，他在论文中指出，物理期刊引用数的分布遵循幂律。把出版物视为节点，把引用视为链接，雷德纳的发现意味着，这样的引用网络也可以用幂律度分布来描述。随后，在我们和其他科学家有机会研究的很多大网络中，出现了令人吃惊的简单一致的模式：恰好拥有 k 个链接的节点数遵循幂律，每个系统的度指数不同，大多介于 2 和 3 之间。

不均匀性，幂律度分布网络的特性

随机网络和幂律度分布描述的网络之间最突出的视觉和结构差异，可以通过对比美国的公路图和航空线路图清晰地看出。在公路图中，城市是节点，城市间的高速公路是链接。这是一个非常均匀的网络：每个主要城市至少有一条高速公路，没有哪个城市拥有几百条高速公路。因此，大多数节点非常相似，拥有差不多的链接数。正如我们在第 2 链看到的，这种均匀性是拥有单峰度分布的随机网络所固有的性质。

航空线路图和公路图有着极大的不同。航空线路图对应的网络中，节点是机场，链接是机场间的直飞航班。在每个飞机座椅后背都放有飞行杂志，杂志封面上印有航空路线图，只需看上一眼，你一定不会错过那少数几个枢纽节点，例如，芝加哥，达拉斯，丹佛，亚特兰大和纽约，从这些枢纽节点出发，有通往其他所有美国机场的航班。绝大多数机场都很小，最多只有几个链接把它们和一个或几个枢纽节点连接起来。因此，和大多数节点都差不多的高速公路图相比，航空路线图中少数几个枢纽节点连接着数百个小机场（见图 6—1）。

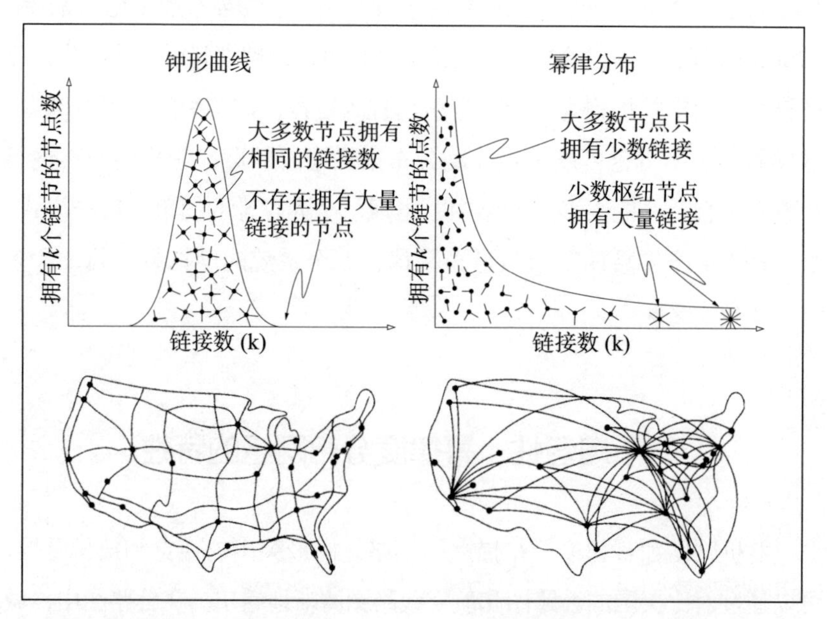

随机网络的度分布遵循钟形曲线，这表明，大多数节点拥有相同的链接数，不存在拥有非常多链接的节点（左上图）。因此，随机网络和国家高速公路网络类似，公路网络中，节点是城市，链接是城市间的主要高速公路。实际上，大多数城市的高速公路数相差无几（左下图）。相比而言，无尺度网络的幂律度分布表明，大多数节点只拥有少数几个链接，它们通过少数几个拥有大量链接的枢纽节点连接在一起（右上图）。视觉上看，无尺度网络很像航空交通系统，很多小机场通过少数几个主要的交通枢纽连接在一起（右下图）。

图 6—1　随机网络和无尺度网络

这种不均匀特性是拥有幂律度分布的网络所具有的特性。幂律从数学上阐释了这样一个事实：在大多数真实网络中，绝大多数节点仅有少数几个链接，而这些数量众多的小节点和为数不多的大枢纽节点并存，每个枢纽节点拥有非常多的链接。小节点拥有的少数链接如果连向其他小节点，便不足以保证网络是完全连通的。**网络的连通性由少数枢纽节点保证，是它们让真实网络免于瓦解。**

在随机网络中，分布的峰意味着绝大多数节点拥有同样数目的链接，链接数偏离平均数的节点极其罕见。因此，随机网络的节点连接度具有特征尺度，该特征尺度由平均节点体现，并由度分布的峰确定。相比而言，幂律度分布没有峰，这意味着，真实网络没有诸如特征节点这样的现象。我们看到的是节点间连续的层级结构，从少数枢纽节点到为数众多的小节点。最大的枢纽节点之后紧跟着两三个稍微小一些的枢纽节点，随后是十几个更小的节点，最后是为数众多的小节点。

链接洞察 LINKED

幂律分布迫使我们放弃了尺度或者特征节点的想法。在连续的层级中，无法找到一个能够代表所有节点特性的节点。在这些网络中不存在固有的尺度。这就是我的研究组把拥有幂律度分布的网络称为“无尺度”的原因。在意识到自然界大多数复杂网络符合幂律度分布之后，“无尺度网络”一词迅速渗透到和复杂网络相关的大多数学科中。

1999 年，我们发现了无处不在的枢纽节点间的等级差别以及随之而来的幂律。然而，当时已有的两种网络理论都不能解释我们发现的现象。人们把这些现象的出现视为偶然。埃尔德什和莱利的随机网络理论以及瓦茨和斯托加茨对其进行扩展后容忍聚团的理论，都认为具有 k 个链接的节点数目应该指数衰减，这要比幂律所预测的衰减快得多。这两种网络理论通过严格的数学论证告诉我们，枢纽节点不会存在。

在万维网中发现了幂律是一件令人吃惊的事情，这迫使我们承认枢纽节点的存在。衰减慢的幂律分布以一种自然的方式容忍这些高度连接的异常节点的存在。**幂律分布预言，每个无尺度网络中都有一些大的枢纽节点，是它们从根本上确定着网络的拓扑**。人们发现，包括万维网和细胞网络在内的大多数重要网络都是无尺度的，这让人们逐步认可了枢纽节点的存在。我们将看到，枢纽节点决定着真实网络的结构稳定性、动态行为、健壮性、容错性和故障容忍性。它们的存在预示着，有一些非常重要的组织规则在支配着网络的演化。

幂律，复杂网络背后的规律

帕累托从未使用过 80/20 的说法。这个说法是后来研究帕累托所观察现象的经济学家们提出的。19 世纪末，帕累托注意到，自然界和经济中有一些量不服从无处不在的钟形曲线，而是遵循幂律分布。例如，少数几个非常富有的人挣了大多数的钱，而绝大多数人都挣得非常少。帕累托的发现意味着，差不多 80% 的钱被仅占总人口 20% 的人挣去了。这种收入不均衡现象，在被帕累托发现一百年后，仍然伴随着我们。

80/20 一词究竟是何时出现的，人们并不清楚。在物理学家和数学家大谈幂律时，80/20 定律风行于大众媒体和商业刊物中。但是，只要 80/20 定律适用，你就可以确定，其背后一定有幂律存在。幂律从数学角度阐释了这样的概念：少数几个大事件发挥了大部分的作用。

在完全随机的系统中，幂律极少出现。物理学家已经明白，幂律通常标志着从无序到有序的过渡。因此，我们在万维网中看到的幂律，首次以严格的数学术语表明，真实网络远不是随机的。最终，复杂网络开

 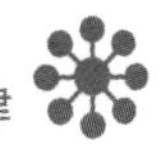

始用只有研究自组织和复杂性的科学家们才能理解的语言和我们对话。复杂网络诉说着有序和涌现行为，而我们只需要仔细聆听。

网络遵循简单的幂律，这一发现似乎只能让少数数学家和物理学家感到兴奋不已。但是，幂律处于20世纪后半段某些最惊人理论进展的核心位置，出现在混沌、分形、相变等领域中。**在网络中观察到幂律，预示着网络和其他自然现象之间存在着未知的联系，从而将网络置于理解一般复杂系统的最前沿。**万维网、好莱坞、科学家、细胞和很多其他复杂系统背后的网络都遵循幂律，这一事实让我们可以对帕累托的观点进行升华，首次提出“复杂网络背后或许存在定律”。

自发涌现

水分子符号H_2O看上去很像米老鼠，大大的O是头，两个H是耳朵。对于水分子，无论是其大小还是内部结构，我们都已经了解得非常清楚。这一点都不奇怪，毕竟水是地球上最常见和被研究最多的物质。但是，玻璃杯里由数十亿紧密结合的水分子形成的液态水，对我们而言仍是个挑战。

气体很简单：分子在空荡的空间里飞行着，两个分子只有彼此碰到一起时才会注意到对方的存在。晶体虽然相反，却同样简单：分子手拉手，紧密结合在一起，构成非常完美的晶格。液体则在这两个极端状态间达成了一种微妙的平衡。让水分子保持在一起的吸引力不足以迫使它们形成严格的秩序。在有序和混沌之间，水分子跳出了一曲奇妙的舞蹈，一些分子走到一起，形成有序的小组，一起移动，很快又彼此分开，和其他分子一起形成新的小组。

对一杯水进行冷却，并不能让水分子的壮观舞蹈发生显著变化，只能使分子的运动变得更庄严——步伐沉重而缓慢。然而，温度到达 0℃时，奇妙的事情发生了。水分子突然形成了完全有序的冰晶体，就像是四处走动的士兵听到了长官的命令开始整装列队一般。不过，士兵们经历了数百次的操练，早就掌握了自己在队列中的确切位置。相比之下，这些水分子之前可能从没有结成过冰。某种神秘的力量推动它们从四处游走的状态切换到严格有序的状态。作为寒冷和完全秩序的象征，我们熟悉的冰就这样自发涌现出来了。

水变成冰是相变现象最著名的例子之一。19 世纪 60 年代之前的几十年里，物理学家一直在努力理解相变现象。在很多物质中都有相变现象，其形式可能和水结冰有着很大的不同。例如，磁化金属中的每个原子都有一个磁矩或自旋，通常用穿过原子的小箭头来表示。在高温状态下，原子的自旋随机地指向不同的方向。然而，当冷却到某个临界温度时，所有原子的自旋将指向同一个方向，从而形成磁体。

液体结冰和磁体涌现都是从无序到有序的相变。实际上，和冰的完全有序相比，液体水是无组织的。在凝固点，这种无序状态奇迹般地消失了，取而代之的是一种高度对称和有序的状态。类似地，磁化金属中随机指向的自旋处于一种无序状态。可一旦冷却到临界温度，这些自旋就非常有序地指向同样的方向。这种突然转变蕴含着理解自然界奥秘的钥匙，科学家和哲学家都对此抱有极大的兴趣：有序是如何从无序中涌现出来的?

有序如何从无序中涌现

磁体的有序和无序状态对应着物质不同的热力学状态。在相变点，

系统在两个状态间面临的抉择，就像站在山脊上的登山者要选择从哪一边下山一样。在没有做出决定之前，系统通常左右摇摆，这种摇摆在临界点附近达到极致。

这种摇摆带来的结果可以通过实验测量。在临界点，有序的因素和无序的因素交织在同一种物质中，意味着系统可以向两个方向探索前进。在接近相变温度的金属中，自旋指向同一方向的原子开始形成簇。金属越接近临界点，预示着有序磁体的原子簇变得越大。19 世纪 60 年代，物理学收集了越来越多的实验证据，证据表明，在接近临界点时，一些关键的量遵循幂律。例如，原子间彼此通信的距离，即“关联长度”，经常被当作原子簇大小的粗略度量。测量结果表明，在接近临界点时，关联长度按照幂律的方式增加，该幂律具有独特的临界指数。金属离相变温度越近，自旋之间的距离越大。临界温度附近，金属的磁性强度由指向同一方向的自旋所占的比例决定，磁性强度也遵循幂律，只是临界指数不同。

随着物理学家仔细研究不同的系统中有序是如何从无序中涌现出来的，越来越多的幂律在相变过程中被发现。无论是液体加热后变成气体，还是铅在足够低的温度下变成超导体，物理学家从中都发现了幂律。这种从无序到有序的相变开始展现出令人惊奇的数学一致性。但问题是，没有人知道这背后的原因。为什么液体、磁体和超导体在一些临界点不见了，开始遵循相同的幂律呢？这些不同的系统之间的高度相似背后隐藏着什么呢？幂律到底和什么相关呢？

从“随机”灌木丛到“自组织”舞台

1965 年的圣诞周，人们在理解无序到有序的相变方面取得了第一个重大突破。厄巴纳（Urbana）的伊利诺伊大学的物理学家利奥·卡达诺夫（Leo Kadanoff）突然悟到：**在临界点附近，我们不能再把各个原子分开研究。相反，这些原子应该被视为行动一致的群体。原子被由原子形成的盒子取代，每个盒子中的原子行为一致。**

那时候，最优秀和最聪明的理论物理学家已经花费了大量的时间研究相变，发现了 9 个不同的临界指数，每个临界指数和临界点附近涌现出的某个幂律相关。卡达诺夫的想法提供了引人注目的可视化模型，能够用于推导出众多临界指数间精确的数学关系。他证明了，从无序到有序的相变不需要所有 9 个未知的指数，而是可以使用它们中的任意两个来表达。当时他并不知道，其他一些研究人员在同一时间得出了同样的结论。来自康奈尔大学的物理化学家本·维多姆（Ben Widom）以及来自前苏联的物理学家 A. Z. 巴达辛斯基（A. Z. Patashinskii）和 V. L. 波克洛夫斯基（V. L. Pokroskii），都采用不同的方法推导出了相似的尺度关系。康奈尔大学的物理学家迈克尔·费舍尔（Michael Fisher）推导出了临界指数间的一组不等式，为这些幂指数的秩序提供了进一步的线索。

然而，还缺少一些东西。还没有理论能够找出剩余的两个指数，也没有理论能够解释为什么每当复杂系统自发涌现出秩序时总会出现幂律，人们甚至根本不清楚这样包罗万象的理论是否存在。鉴于目前得到的结果优美且统一，每个人都希望这一理论是存在的。物理学界一直等到 1971 年 11 月才找到最终的答案。出人意料的是，答案来自一位没有涉足过相变和临界现象的物理学家。

20 世纪 60 年代后期，肯尼斯·威尔逊（Kenneth Wilson）是康奈尔大学物理系一位毁誉参半的助理教授。每个人都知道他很聪明，但是他

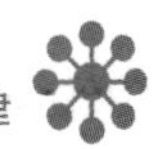

的聪明才智没能变成学术著作——这是学术界量化成功的有形指标。这些问题险些影响到他在康奈尔大学的教职。迫于终身教职委员会的压力，他从抽屉里抽出几份稿件发表了。其中两份稿件在1971年6月2日同时投稿，并在这一年11月发表在《物理学评论B》(*Physical Review B*)上，它们改变了统计物理学。这两份稿件为相变提供了一个优美而统一的理论。

威尔逊发展了卡达诺夫提出的尺度想法，并将其变成一种强大的理论，称为"重整化"。他研究方法的出发点是尺度不变性：假定在临界点附近，物理定律在所有尺度上以相同的方式适用，尺度从单个原子变化为包含数百万行为一致原子的盒子。通过给出尺度不变形的严格数学基础，每当接近从无序到有序的临界点时，威尔逊的理论总能推导出幂律。威尔逊的重整化理论不仅解释了幂律，而且首次预测出那两个缺失的临界指数的值。他给相变金字塔添上了最后一块石头，这一成就让他赢得了1982年的诺贝尔物理学奖。

链接洞察 LINKED

自然界往往厌恶幂律。在常见的系统中，量遵循钟形曲线，而且相关性按照指数率迅速衰减。但是，当系统被迫发生相变时，所有这一切都改变了。于是，幂律出现了——这是自然界给出的明白无误的迹象，表明混沌正在让位于有序。相变理论清清楚楚地告诉我们，从无序到有序的道路，是自组织在强有力地推动，并通过幂律铺就。它还告诉我们，幂律不仅是刻画系统行为的另一种方式，更是复杂系统自组织所独有的特性。

幂律所具有的这种独特而深远的意义，或许解释了我们在万维网中观测到幂律时如此兴奋的原因：不仅因为幂律在网络中是前所未有和出人意料的，更是因为，40 年前，埃尔德什和莱利将复杂网络放到“随机”灌木丛中，而幂律将复杂网络从中拉了出来，并将其放到色彩斑斓、内涵丰富的“自组织”舞台上。盯着微型搜索引擎带回来的幂律，我们在网络中看到了一种全新而未知的秩序，这种秩序具有不同寻常的优美和一致性。

幂律无处不在

20 世纪 60 年代后期和 70 年代初期，尺度和重整化理论提出时，试图理解磁体如何工作和水为什么凝固的物理学家们得到了启示。他们意识到，接近临界点时，有序从无序中涌现出来，此时，所有对此感兴趣的量遵循着由临界指数刻画的幂律分布。但是,无论是水从液体变成气体，岩浆凝固成岩石，金属变成磁体，还是陶瓷变成超导体，同样的定律总是适用，形成神奇的幂律。我们最终知道了，**在秩序形成时，复杂系统剥去了各自独有的特性，展现出很多系统都具有的普遍行为。**

在经历从无序到有序的相变的系统中，幂律无处不在。我的博士生导师尤金·斯坦利开玩笑说，在波士顿只有与双对数有关的论文。当时，斯坦利在波士顿大学带领一个活跃于相变研究方面的研究组，他参与了塑造我们对相变和普遍性理解的所有重要发现。他这里所指的双对数是科学家们从实验数据中发现幂律时常用的坐标系。实际上，在 20 世纪 80 年代和 90 年代，在物理学家、生物学家、生态学家、材料科学家、数学家和经济学家看到自组织存在的地方，就有幂律和普遍性出现。如此看来，

似乎所有的网络都没有什么区别：枢纽节点背后有着非常严格的数学表达式——幂律。

这将我们带到了另一个难题面前。如果幂律代表着系统正从混沌向有序转变，那么，复杂网络中正在发生的是什么类型的转变呢？如果幂律出现在临界点附近，又是什么让真实网络处于临界点并让它们展现出无尺度行为呢？在物理学家揭示了支配相变的机制之后，我们才开始理解相变现象。现在，严格的理论使我们能够准确地计算出用于刻画正在形成序的系统的所有量。然而，在网络中，我们只是观测到了枢纽节点。我们现在知道枢纽节点是幂律的结果，而幂律是自组织和有序的标志。因此，这是一个重要的突破，我们可以把网络从随机的王国中拉出来。但是，产生枢纽节点和幂律分布的机制是什么，这个最重要的问题还没有得到解答。真实网络是处于从无序到有序转变的连续状态中吗？为什么枢纽节点出现在包括演员网络和万维网在内的各种网络中呢？为什么枢纽节点用幂律来描述？是否存在某种根本定律让不同的网络具有相同的普遍形式和形状？自然界是如何织成这些网络的呢？

第7链 富者愈富

复杂网络的先发优势

在我们不得不引入生长机制之前，经典模型的静态特性一直没有人注意；在幂律要求我们引入偏好连接之前，随机性也不是什么问题。结构和网络演化不能彼此分开，认识到这一点之后，我们很难再回到主宰我们思维方式几十年之久的静态模型。这种思维方式的转变缔造了一组反义词：静态和生长，随机和无尺度，结构和演化。

无尺度模型

真实网络由两个定律支配着：生长机制和偏好连接。每个网络都是从一个小的核开始，通过添加新的节点而增长。然后，这些新节点在决定连向哪里时，会倾向选择那些拥有更多链接的节点。无尺度模型将生长机制和偏好连接结合在一起，首次解释了真实网络中观测到的无尺度幂律。

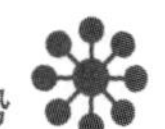

幂律为什么会出现

波尔图曾经是葡萄牙帝国重要的商业港口，如今却只是一座被遗忘的城市。水流舒缓的杜罗河穿过海岸边陡峭的山谷，一路前行，在这里汇入大西洋。中世纪时，波尔图贸易繁荣，战略地位险要，易守难攻。宏伟的城堡临杜罗河（Duoro）而建，这里的葡萄酒酿造历史悠久，人们可能认为，波尔图是世界上游人最向往的地方之一。但实际上，这座城市地偏一隅，藏身在伊比利亚半岛的西北角，很少有游客会绕道到此。而且，真正对浓郁的波尔图葡萄酒感兴趣的人太少了，无法将这座伟大的中世纪古城从睡梦中唤醒。

1999年夏，我来到了波尔图。当时，我和学生一起刚刚完成万维网中幂律作用的论文初稿。我到这里是为了参加关于非均衡和动态系统的一个研讨会，该研讨会的组织者是波尔图大学的两位物理学教授，何塞·门德斯（José Mendes）和玛利亚·桑托斯（Maria Santos）。在1999年的夏天，研究网络的人还非常少，研讨会上没有一个报告是和网络相关的。然而，我当时满脑子都是网络。我不禁走神了，脑海里一直在思索我们尚未解答的几个问题：为什么会有枢纽节点呢？为什么会出现幂律呢？

那时候，万维网是唯一一个在数学上证明存在枢纽节点的网络。为了理解万维网，我们努力探索它独有的特征。同时，我们还想了解更多网络的结构。因此，就在我去波尔图之前，我联系了邓肯·瓦茨，他非常友好地为我们提供了描述美国西部电网和线虫拓扑的数据。设计“贝肯神谕”网站的研究生布雷特·加登现在是俄亥俄大学计算机科学系的助理教授，他将好莱坞演员数据库发给了我们。圣母大学计算机科学系的教授杰伊·布罗克曼（Jay Brockman）为我们提供了一个人工网络的数据——IBM 制造的电脑芯片的布线图。在我去欧洲前，我的研究生雷卡·阿尔伯特和我商讨后决定由她来分析这些网络。6 月 14 日，离开一周后，我收到她发来的一封很长的电子邮件，邮件详细介绍了她的研究进展。在邮件的末尾，她写了这样一句总结语：“我检查了所有的度分布，在几乎所有的系统（IBM 的芯片，演员，电网）中，分布的尾部都遵循幂律。”

雷卡的邮件无疑表明，万维网绝不是特例。坐在会议室里，我发现自己不再关注任何报告，而是一直在思考这一新发现的意义。如果万维网和好莱坞演艺圈这两个截然不同的网络都展现出幂律分布，那么，很可能是某些普遍规律或机理在发挥作用。如果这样的定律存在，它将适用于所有网络。

报告间的首个休息时间到了，我决定回到下榻的神学院静下心来思考一下。但是，我没有走太远。在走回房间的 15 分钟内，我想到了一个可能的解释，它非常简单直接，以至于我都怀疑它是否正确。我立即回到学校发传真给雷卡，让她用电脑验证一下我的想法。让我非常惊讶的是这个想法居然可行。这个简单的富者愈富的现象，可能出现在大多数网络中，它能够解释我们在万维网和好莱坞演员网络中观测到幂律的原因。

从波尔图回去后，我只能在圣母大学短暂停留，就又要外出一个月。不过，我肯定不能等一个月之后再提交我们的结果。所以，我只有 7 天的时间来写这篇论文。从里斯本到纽约需要飞行 8 小时，这似乎是准备初稿的绝佳时间。飞机一起飞，我就拿出去波尔图之前刚买的笔记本电脑，迅速开始写作。在我即将写完引言时，飞机服务员将一杯可口可乐递给我身边的乘客时，突然将它打翻在我的键盘上。瞬间，我的笔记本电脑屏幕上的字符开始闪烁，电脑报废了。然而，我最终还是在飞机上完成了论文初稿，只不过从头到尾都是手写的。一周后，我们将论文投给权威期刊《科学》。10 天后，论文未经正常的同行评审就被拒掉了，因为主编认为论文没有达到该期刊要求稿件观点新颖和广受关注的标准。那时候，我已经到了位于喀尔巴阡山腹地的特兰西瓦尼亚，和家人朋友在一起。我很失望，但坚信这篇论文很重要。于是，我做了一件我以前从未做过的事：我给拒掉我稿件的主编打了电话，努力说服他改变决定。出人意料的是我竟然成功了。

放弃随机世界观的两个假设

埃尔德什和莱利的随机模型依赖两个简单且经常被忽视的假设。首先，我们从一组节点开始。所有这些节点从一开始就存在，这意味着，我们假设节点数目是确定的，并且在网络的生命期内保持不变。其次，所有节点是相同的。由于无法区分各个节点，我们随机连接它们。在网络研究的过去四十多年里，无人质疑这些假设。但是，枢纽节点的发现以及描述枢纽节点的幂律，迫使我们放弃了这两个假设。我们投到《科学》的稿件沿着这条路线迈出了第一步。

❊ 生长机制，先发先至

关于万维网，有一点大家都认同：它在不断生长。每天都有新文档添加到万维网中：

- 有些是个人讲述其爱好或兴趣的；
- 有些是公司推广在线产品和服务的；
- 有些是政府向市民发布信息的；
- 有些是大学教授公开课件讲义的；
- 有些是非营利机构向公众介绍其服务的；
- 有些是电子商务公司为了盈利而设计的。

据估计，万维网上的信息量在十年后将达到 10^{18} 字节，这些信息会以多种格式在全球传播，大多数格式现在可能还没有出现。当人类收集的大多数信息都放到网上时，万维网上信息爆炸的速率可能会减缓，但是目前还没有减速的迹象。

目前，万维网上有超过 10 亿个文档，让人难以相信万维网是逐个节点出现的。但实际情况确实如此。仅仅 10 年前，万维网中还只有一个节点，这就是蒂姆·伯纳斯·李著名的首个网页。随着物理学家和计算机科学家开始创建自己的网页，早期的网站逐渐收到指向它们的链接。最初只有十几个文档的小规模万维网，是现在这个遍布全球、自组装起来的万维网的前身。虽然现在的万维网维度巨大且非常复杂，但它仍在逐个节点持续不断地生长。这种生长机制和前文所述网络模型的假设截然不同。那些模型都假设网络中的节点数目恒定不变。

好莱坞网络起初也只是一个很小的核，这个核是 19 世纪 90 年代第

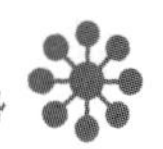

一批无声电影演员。根据IMDb.com数据库的资料，在1900年时，好莱坞只有53个演员。随着电影需求的增加，这个核开始慢慢扩张，每部电影都会带来几个新面孔。1908—1914年，好莱坞经历了第一次繁荣期，每年签约的演员数目从不到50增加到接近2 000。第二次令人瞩目的繁荣期开始于20世纪80年代，电影制作变成了今天人们熟知的巨型娱乐产业。好莱坞网络从无声电影演员组成的很小的核，成长为一个拥有超过50万节点的巨型网络，并且仍在以惊人的速度持续增长。仅1998年一年，就有多达13 209个演员首次出现在电影屏幕上，从而进入到IMDb.com数据库中。

链接洞察 LINKED

尽管种类多样，但大多数真实网络具有共同的基本特征：生长机制。随意选择一个你能想到的网络，下面的情形很可能就是正确的：从少数几个节点开始，通过添加新的节点，网络增量式生长，逐渐到达现在的规模。很明显，生长迫使我们重新思考模型的假设。埃尔德什-莱利模型和瓦茨-斯托加茨模型都假设我们拥有固定数目的节点，然后将这些节点以某种巧妙的方式连接在一起。因此，这些模型生成的网络是静态的，也就是说，节点数目在网络生命期内保持不变。相比之下，我们的例子表明，对于真实网络而言，这个静态假设是不合适的。相反，我们应该将生长机制整合到网络模型中。这是我们在试图解释枢纽节点时得到的最初见解。如此一来，我们就颠覆了随机宇宙的第一个根本假设——静态特性。

建模生长网络相对容易。我们可以从一个小的核开始，一个接一个不断地添加节点。不妨假设每个新节点拥有两个链接。因此，如果最初有两个节点，第三个节点和两个节点都要相连。而第四个节点则有三个节点可供选择。我们选择哪两个节点进行连接呢？为了简单起见，我们按照埃尔德什和莱利的指引，从三个节点中随机选择两个，让新节点和它们连接。我们可以无限次地重复这个过程，每添加一个新节点，我们就让它和两个随机选择的节点进行连接。这个简单算法生成的网络为模型A，它与埃尔德什和莱利的随机网络模型的差异只在于它的生长特性。然而，这个差异非常显著。尽管我们仍然随机和平等地选择链接，但是模型A中的节点不再相同。很容易就能识别出其中的胜者和败者。在每个时刻，所有节点有同样的机会被连接，结果导致那些先加入的节点拥有明显的优势。事实上，除了极少的统计扰动之外，模型A中最早加入的节点将是最富有的，因为这样的节点拥有最长的时间来收集链接。最贫穷的节点则是最后加入到系统中的那个，由于还没有其他节点来得及去连接它，所以它只有两个链接。模型A是我们为解释在万维网和好莱坞网络中观测到的幂律而做出的最早尝试之一。计算机模拟结果很快证实，我们还没有找到答案。作为区分无尺度网络和随机模型的函数，模型A的度分布按照指数衰减得很快。早期加入的节点是明显的胜者，但是，指数形式的度分布表明，这种节点的度太小，数目也太小。因此，模型A不能解释枢纽节点和连接者。这表明，仅有生长机制还不能解释幂律的出现。

偏好连接，让强者愈强

1999年的“超级碗”期间，OurBeginning.com、WebEx.com和Epidemic

Marketing 等大量不知名的公司，为了能够让公司名字被数百万美国人知晓，将丹佛和圣路易斯比赛的每个广告位的价格炒到了 200 万美元。仅一年内，E*Trade 就花费了 3 亿美元来提升公司的知名度。最流行的搜索引擎之一，AltaVista 的广告预算接近 1 亿美元。在线公司中的巨头美国在线也迅速跟上，其广告费用为 7 500 万美元。1999 年，在线广告方面的花费超过 32 亿美元，几乎是同时期有限电视广告总值的一半，而有线电视是已经有着 20 年历史的媒体了。

这些公司到底想从中得到什么呢？答案不同寻常却简单。无论是创业公司，还是知名公司，都在将融到的风险投资和辛苦挣来的现金大量花费在广告上，每天支出数百万，目的就是在对抗埃尔德什和莱利的随机宇宙。他们想通过让其他人将链接指向它们，获得非随机性带来的优势。

在万维网中，人们究竟是如何选择网站进行连接的呢？按照随机网络模型，人们是随机地连接任意节点。然而，做选择的真实情形却并非如此。例如，很多网页选择将链接指向新闻门户网站。在 Google 上搜索 “news” 一词会返回大约 109 000 000 个搜索结果。雅虎手工编纂的分类目录中，在线报纸的数目超过 8 000 个。那我们如何选择呢？随机网络模型告诉我们，可以从列表中随机选择。坦率地讲，我不认为有人这么做过。相反，大多数人只熟悉几个主要的新闻门户网站。当我们想浏览新闻时，会不假思索地从中选择一个。作为《纽约时报》的老读者，我无须多想就会选择 nytimes.com。其他人可能更喜欢 CNN.com 或者 MSNBC.com。然而，需要注意的是，我们倾向于连接的网页都不是普通的节点，而是枢纽节点。它们越出名，指向它们的链接就越多。它们吸引到的链接越多，人们就越容易在万维网中找到它们，因此会对它们更加熟悉。最终，**我们在不知不觉中遵循着某种偏见，以较高的概率去连**

接自己知道的节点，这些节点是万维网中链接数较多的节点。所以，我们更喜欢枢纽节点。

上述现象的本质是，在万维网上决定连向哪里时，我们遵循着“偏好连接”：如果有两个网页可供选择，其中一个网页的链接数是另一个网页的两倍，那么选择链接数较多那个网页的人数会两倍于选择另一个网页的人数。虽然个体选择非常难预测，作为一个整体时却遵循着严格的模式。

偏好连接在好莱坞同样发挥作用。制片人的工作是让电影赢利，他们深知影星可以让电影卖座。因此，选择演员时需要考虑两个相互矛盾的因素：演员与角色的匹配度以及演员的知名度。这两个因素给选择过程带来了同样的偏见。链接数多的演员有更多的机会得到新角色。事实上，一个演员出演的电影越多，就越有可能再次出现在导演的选择范围内。在这里，立志出演好角色的演员会面临巨大的劣势。好莱坞内外的人都知道一个看似矛盾的观点：为了得到好的角色，你需要先出名，而想出名又需要先得到好的角色。

链接洞察 LINKED

万维网和好莱坞网络让我们不得不放弃随机网络固有的第二个重要的假设——平等特性。在埃尔德什–莱利和瓦茨–斯托加茨的模型中，网络的节点没有差异，因此，所有节点以同样的可能性获得链接。前文探讨的例子却是另外一幅情形。拥有较多链接的网页更有可能被连接，连接度高的演员更有可能得到新角色，引用次数多的论文更有可能获得新的引用，连接者会结交更多的

朋友。网络演化由偏好连接这个微妙而不可抗拒的定律支配着。受该定律的影响，我们会在无意间以更高的速度向已经拥有大量链接的节点添加新链接。

生长机制和偏好连接，支配真实网络的两大定律

将上述难题的各个片段放到一起，我们发现，真实网络由两个定律支配着：生长机制和偏好连接。每个网络都是从一个小的核开始，通过添加新的节点而增长。然后，这些新节点在决定连向哪里时，会倾向于选择那些拥有更多链接的节点。这些定律和以前的模型明显不同——以前的模型假设网络中的节点数目是固定的，节点之间是随机连接的。但是，生长机制和偏好连接这两个定律，是否已经足以解释真实网络中碰到的枢纽节点和幂律呢？

为了回答该问题，在1999年发表在《科学》杂志上的论文中，我们提出了一个包含这两个定律的网络模型。模型很简单，根据生长机制和偏好连接，网络生成算法可以通过下面两个直接的规则定义出来。

- A. 生长机制：每个阶段，我们向网络中添加一个新节点。该步骤强调网络每次增加一个节点。
- B. 偏好连接：我们假定每个新节点和已经存在的节点之间形成两个链接。选择给定节点的概率正比于该节点拥有的链接数。也就是说，如果有两个节点可供选择，其中一个节点的链接数是另一个的两倍，链接数多的节点被选到的概率也是另一个节点的两倍。

每重复步骤（A）和（B）一次，就有一个节点添加到网络中。因此，通过逐个添加节点，我们生成了一个持续增长的网络（见图7—1）。该模型将生长机制和偏好连接结合在一起，是我们解释枢纽节点的第一次成功尝试。雷卡的计算机模拟结果很快表明，该模型能够产生幂律。这个模型首次解释了真实网络中观测到的无尺度幂律，它很快就以无尺度模型的名字闻名遐迩。

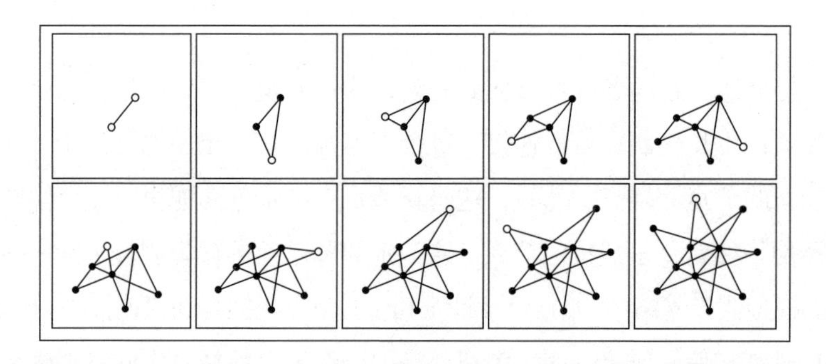

无尺度拓扑是真实网络持续生长特性的自然结果。开始时，网络中仅有两个相互连接的节点（左上图），在后续的每个子图中，一个新的节点（用空心圆表示）被添加到网络中。在决定连向哪里时，新节点倾向于连接那些连接度高的节点。由于生长机制和偏好连接，一些高度连接的枢纽节点出现了。

图 7—1　无尺度网络的诞生

无尺度网络的诞生

为什么无尺度模型能够产生枢纽节点和幂律呢？首先，生长机制发挥着重要作用。网络生长意味着早期的节点比后来的节点有更多的时间获取链接：如果某个节点是最后一个到达的，就没有其他节点有机会去连接它；如果某个节点是网络中的第一个节点，所有随后到达的节点都

有机会连接它。因此，**生长机制让资历老的节点具有明显的优势，让它们拥有最多的链接。**然而，资历还不足以解释幂律。枢纽节点还需要第二个定律的帮助，那就是偏好连接。由于新节点倾向于连接那些连接度高的节点，而早期的节点拥有更多的链接，更有可能被选到，因此会比后来的节点和连接度低的节点生长得更快。随着越来越多的节点加入，并且选择连接那些连接度较高的节点，最早的那些节点必将脱颖而出，获得非常多的链接，变成枢纽节点。因此，**偏好连接引入了富者愈富的现象，帮助连接度较高的节点得到更多的链接，而后来者的链接数会相应地减少。**

富者愈富现象自然导致了真实网络中观察到的幂律。事实上，我们进行的计算机模拟表明，对于任意的k，具有k个链接的节点数目遵循幂律分布。刻画幂律分布的参数，即度指数，其精确值也不再神秘。使用数学工具——这里是指我们提出的连续介质理论（continuum theory），便能用解析方法计算出度指数的值。实际上，根据偏好连接，每个节点吸引新链接的速率正比于它目前拥有的链接数。借助这个简单的观察，我们能够提出一个简单的方程来预测节点随着网络增长所能够获得的链接数。这个办法使我们能够用解析方法计算出度分布，并证实度分布的确遵循幂律[①]。

生长机制和偏好连接能够单独解释幂律吗？计算机模拟和计算的结果告诉我们，二者对于无尺度网络的生成都是必要的。没有偏好连接的生长网络具有指数度分布，它和钟形曲线类似，不允许枢纽节点出现。没有生长机制，我们就回到了静态的模型，因而不能产生幂律。

---

① 无尺度模型的度指数$\gamma = 3$，也就是说，度服从$P(k) \sim k^{-3}$。

不断完善的无尺度网络理论

我们提出无尺度模型的目标非常小：证明生长机制和偏好连接这两个简单的定律就能够解决枢纽节点和幂律出现的难题。因此，该模型对后续研究的巨大影响让我们感到很欣慰，也很吃惊。这可能因为，为了让模型简单而透明，我们从一开始就忽略了影响真实网络拓扑结构的很多因素。最明显的一个因素是，无尺度模型中的所有链接都是在新节点加入网络时出现的，而大多数网络中，新链接是可以自发出现的。例如，当我在主页上添加一个指向 nytime.com 的链接时，我实际上是在两个老节点间创建了一个内部链接。在好莱坞，94% 的链接是内部链接，它们是在两个成名演员第一次合作时形成的。无尺度模型中缺少的另一个特性是很多网络中的节点和链接可以消失。实际上，有很多网页消失了，并带走了数千链接。链接还可以重连，譬如，我可以把指向 CNN.com 的链接换成指向 nytimes.com 的链接。上述以及其他更多的在一些网络中经常出现而在无尺度模型中缺少的现象表明，真实网络的演化比无尺度模型所预言的要复杂得多。为了理解复杂世界里的网络，我们必须把这些机制整合到一个一致的网络理论中，并解释它们对网络结构的影响。

将关于无尺度模型的论文投稿之后，雷卡·阿尔伯特和我开始研究内部链接和重连这样的过程对无尺度网络结构的影响。但是，做这些研究的人不再只有我们。在投到《科学》杂志的论文发表一个月后，我了解到，世界各地有不少实验室在进行类似的研究。我长期的合作者路易斯·阿马拉尔（Luis Amaral）当时是波士顿大学的教授，他正在扩展无尺度模型。他引入了年龄因素，让节点可以“退休”，即停止获取链接。和阿马拉尔一起研究的人还有斯坦利以及他的两个学生安东尼奥·斯卡拉

（Antonio Scala）和马克·巴泰勒米（Mark Barthélémy）。他们指出，如果节点在某个年龄后能够停止获取链接，枢纽节点的大小将是有限的，大的枢纽节点将比幂律预测的要少。同时，何塞·门德斯和谢尔盖·多罗戈夫切夫（Sergey Dorogovtsev）正在波尔图独立地研究类似的问题。他们很快就发表了一系列关于无尺度网络的极具影响力的论文中的第一篇。假设节点随着年龄增加逐渐丧失吸引链接的能力，门德斯和多罗戈夫切夫指出，逐渐老化没有破坏幂律，只是改变了度指数，从而改变了枢纽节点的个数。来自波士顿大学的保罗·克拉皮夫斯基（Paul Krapivsky）和希德·雷德纳，与来自墨西哥的弗兰索瓦·列夫拉兹（Francois Leyvraz）一起泛化偏好连接。他们认为，与给定节点连接的概率不仅是简单地和该节点拥有的链接数成正比，而是可以遵循更复杂的函数。他们发现，这样的扩展会破坏掉刻画网络的幂律。

链接洞察 LINKED

这些是物理学家、数学家、计算机科学家、社会学家和生物学家在仔细研究无尺度模型及其各种扩展时得到的大量后续结果的一部分。由于他们的努力，我们现在有了一个丰富而一致的关于网络生长和演化的理论，这在几年前是无法想象的。我们知道了，内部链接、重连、节点和链接的删除与老化、非线性因素以及很多其他影响网络拓扑的过程，都可以无缝地整合到一个令人吃惊的网络演化理论架构中，无尺度模型是它的一个特例。这些过程改变了网络生长和演化的方式，也必然会改变枢纽节点的个数和大小。不过，在大多数情况下，生长机制和偏好连接都是同时出现的，枢纽节点和幂律也是同时出现的。在复杂网络中，无尺度结构不再是例外，而是正常现象，这也是它之所以出现在大多数真实系统中的原因。

无尺度模型，一种全新的建模思想

过去三年里提出的演化网络理论，是网络建模的单向前进标志。通过将网络视为随时间持续变化的动态系统，无尺度模型体现了一种新的建模思想。始于埃尔德什和莱利的经典静态模型，只是尝试如何组织固定数目的节点和链接，使最后得到的网络和要建模的网络吻合。这个过程和画图是类似的。坐在一辆法拉利面前，我们的任务是为它画像，让所有人都能认出这辆轿车。然而，完全写实的画法并不能帮助我们理解轿车的制造过程。而我们想知道如何构建一辆和原来那辆轿车一样的轿车。这正是各种网络演化模型想要完成的目标。它们通过再现大自然创造各种复杂系统的步骤，来掌握网络是如何组装的。如果能够正确地建模网络组装过程，最终得到的网络就能够和现实紧密匹配。因此，我们的目标已经转变了，从描述网络拓扑转到了理解塑造网络演化的机制上。

研究焦点的转变带来了网络语言的巨大变化。在我们不得不引入生长机制之前，经典模型的静态特性一直没有人注意。类似地，在幂律要求我们引入偏好连接之前，随机性也不是什么问题。结构和网络演化不能彼此分开，认识到这一点之后，我们很难再回到主宰我们思维方式几十年之久的静态模型。这种思维方式的转变缔造了一组反义词：静态和生长，随机和无尺度，结构和演化。

在上一章的末尾，我们提出了一个重要的问题：幂律的出现是否意味着真实网络是从无序到有序的相变的结果？我们得出的答案非常简单：网络不是处于从随机状态到有序状态的途中。网络也不是处于随机和混沌的边缘。相反，**无尺度拓扑预示着，某种组织原则在网络形成过程的每个阶段都发挥着作用。**这一点都不神奇，因为生长机制和偏好连接可以解释自

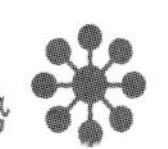

然界所见网络的基本特征。**无论网络变得多么大、多么复杂，只要偏好连接和生长机制出现，网络都将保持由枢纽节点主导的无尺度拓扑。**

如果没有后续的发现，无尺度模型可能只是一个有趣的学术问题。其中最重要的发现是，人们认识到大多数具有重要科学和现实意义的复杂网络都是无尺度的。万维网的数据大而详细，足以让我们相信幂律可以描述真实网路。这一认识触发了一系列的发现，一直延续至今。好莱坞网络，细胞内的代谢网络，引文网络，经济网络和语言网络都属于无尺度网络，一时间，无尺度拓扑形成的原因在很多科学领域变得重要起来。[①] 无尺度模型中支配网络演化的两个定律为探索各种各样的系统提供了一个很好的出发点。

首先，幂律让枢纽节点变得合理了。随后，无尺度模型将真实网络中看到的幂律提升到拥有数学支撑的理论高度。网络演化的复杂理论使我们能够精确地预测尺度指数和网络演化，使我们对复杂互联世界的理解上升到一个新水平，让我们比以前任何时候都更接近对复杂性架构的理解。

然而，无尺度模型提出了一些新问题。其中一个问题不断浮现：在富者愈富的世界里，后来者如何取得成功呢？对这个问题的探索把我们带到了一个似乎不太相关的领域：20 世纪初量子力学的诞生。

① 已经有多个研究组证明，语言具有无尺度特性。在语言网络中，节点是词，链接表示词在文本中的共现关系或者语义关系（同义词或反义词）。

LINKED

第8链

爱因斯坦的馈赠

复杂网络的新星效应

在大多数复杂系统中，每个节点都有各自的特性。有些节点虽然出现得很晚，却能在很短的时间内攫取所有链接。其他节点虽然出现得早，却没有获得很多链接，未能利用其先发优势成为枢纽节点。如果我们想要解释在大多数网络中所看到的激烈竞争，就不得不承认每个节点都是不同的。

适应度模型

适应度模型在无尺度模型的基础上引入了竞争因素。适应度模型并没有排除生长机制和偏好连接这两个支配网络演化的基本定律，改变的只是竞争环境下发挥吸引作用的因素。在无尺度模型中，我们假设节点的吸引能力仅仅由它的链接数决定。但在竞争环境下，适应度也发挥作用：具有更高适应度的节点更经常被连接。适应度的出现，使得先发者不再一定是最后的胜者。相反，适应度主导着一切，制造和打破枢纽节点。

为什么雅虎选择了谷歌

你可能从未听说过 Inktomi 公司，除非你是专门研究搜索引擎的计算机科学家，或者是密切关注商业网站命运的人。但实际上，万维网上最受欢迎的网站雅虎以前采用的搜索引擎就是该公司提供的。和大家想的不同，雅虎、美国在线、微软和很多其他知名公司都没有自己的搜索引擎技术。相反，它们租用 Inktomi 等公司的大型数据库。Inktomi 的数据库是万维网上内容最广泛的数据仓库。由于 Inktomi 选择不创建自己的门户，因此不像它的企业客户一样具有很高的知名度，也很少成为新闻焦点。但在 2000 年 6 月，该公司却突然成了新闻头条，因为公司股票的市场价值在一夜之间下降了 28 亿美元。原因是什么呢？原来，雅虎放弃了 Inktomi，改用刚成立两年的创业公司谷歌提供的搜索引擎。

2000 年 3 月，我碰到了拉里·佩奇（Larry Page），斯坦福辍学生，谷歌的合伙创办人。那时候很少有人听说过他的搜索引擎。我和他当时是同一个研讨会的演讲者，研讨会由位于旧金山的互联网档案馆赞助。参加研讨会的人包括计算科学家、物理学家、数学家、图书馆学家、律师和一些靠运营商业网站发家的富翁。大家因为对新出现的在线宇宙感到着迷而聚在一起。拉里·佩奇做了一个关于他的搜索引擎的简短报告，然后发放了一箱印有谷歌宣传语“手气不错”的T恤衫。回到家我就把T恤衫穿在了身上，然后登录到谷歌的网站，并且很快迷上了这个网站。因此在我看来，雅虎转而使用谷歌搜索引擎一点儿都不奇怪。

新星效应打破先发先至

谷歌让我着迷的原因是它打破了无尺度模型的基本预言，即先发者具有优势。在无尺度模型中，连接度最高的节点是最先出现的节点。它们有最长的时间来收集链接并发展成为枢纽节点。1997年才成立的谷歌在万维网上是个后来者。当时流行的搜索引擎，如AltaVista和Inktomi，在谷歌出现之前已经主宰市场很长时间了，谷歌明显处于下风。然而，不到三年，谷歌就变成了最大的节点，最受欢迎的搜索引擎。

当然，商业史上不乏这样的例子：拥有创新产品的公司，其客户被更成功的后来者抢走。在计算机业界，一个著名的例子是苹果公司，其创造性提出的掌上电脑Newton被后起之秀Palm完全取代。如果把产品视为复杂商业网络中的节点，把消费者视为节点拥有的链接，我们可以说，苹果的链接在很短的时间内重新连接到了Palm。

飞机制造业也有类似的例子，不过没有那么出名。发明喷气式客机的其实并不是波音，这项伟大成就属于一家英国公司德哈维兰（De Havilland）。1949年，德哈维兰公司开始向市场推广首款喷气式客机，名叫彗星。时速725公里的彗星创造了当时的速度纪录，这款客机很快占

领了欧洲和美国的市场。但是，其霸主地位没有持续太久。首次商业飞行一年后，德哈维兰的飞机开始发生坠机事故，机上乘客无一幸免，原因是金属在高空高速飞行时会不同程度地老化。波音在设计其第一款喷气式飞机时考虑了德哈维兰悲剧式的疏忽，在彗星首次飞行后的第五年，波音推出了波音707，迅速抢走了德哈维兰的市场。四十年后，波音无奈地碰到了第三个竞争者，欧洲的空中客车。空中客车开始挑战波音在全球的霸主地位，并以惊人的速度吞噬着波音的市场份额。

链接洞察 LINKED

大多数网络中都出现过“新星”效应。然而，在无尺度模型中，后来者无法成为主宰者。原因在于，和我们前面讨论的其他模型一样，无尺度模型中的所有节点都是一样的。当然，无尺度模型可以根据已获得的链接数对节点进行区分，而链接数只是节点加入网络时间的函数。在大多数复杂系统中，每个节点都有各自的特性，即使不知道节点的连接度也很容易看出这些特性。网页、公司和演员都具有某种固有的量，这些量影响着它们在竞争环境中获取链接的速度。有些节点虽然出现得很晚，却能在很短的时间内攫取所有链接。其他节点虽然出现得早，却没有获得很多链接，未能利用其先发优势成为枢纽节点。如果我们想要解释在大多数网络中看到的激烈竞争，就不得不承认每个节点都是不同的。

适应度模型，后来者也能居上

有些人善于把偶然相遇变成长久的社会链接；有些公司能让每个客户

都变成忠实的伙伴；有些网页可以让浏览者着迷。社会、商业和万维网中的这些节点有哪些共同之处呢？很明显，这些节点具有某种内在特质，使其能够脱颖而出。我们虽然无法找到普适的成功秘诀，却能够找到将胜者和败者区分开的过程：复杂系统中的竞争。

在竞争环境下，每个节点都具有一定的适应度。适应度是一种能力：

- 相对于身边的其他人，一个人结交朋友的能力；
- 相对于其他公司，一个公司吸引和保有客户的能力；
- 相对于其他有抱负的演员，一个演员被连接和记起的能力；
- 相对于数十亿其他竞争关注的网页，一个网页让我们每天访问它的能力。

适应度是节点保持竞争力的量化指标。适应度可能根源于人的基因，可能与公司产品和管理质量相关，也可能与演员的天分或者网站的内容相关。

我们可以为网络中的每个节点赋予相应的适应度，用以模拟它竞争获取链接的能力。例如，在万维网中，我的主页的适应度可能是0.000 01，而谷歌的主页的适应度可能是0.2。这些数的实际大小不重要，但它们之间的比例能够反映主页吸引访问者的能力差别。实际上，普通用户很容易就能发现，谷歌主页的价值是我主页的20 000倍。

引入适应度并没有排除生长机制和偏好连接这两个支配网络演化的基本机制，改变的是竞争环境下发挥吸引作用的因素。在无尺度模型中，假设节点的吸引能力仅由它的链接数决定。在竞争环境下，适应度也发挥作用：具有更高适应度的节点更经常被连接。将适应度整合到无尺度模型的简单方式，是假设偏好连接受节点适应度和链接数的乘积驱动。

在新节点决定连向哪里时，对比所有可选节点的适应度-连接度之积①，然后以较大的概率连接乘积高的节点，因为这些节点更有吸引力。**如果两个节点拥有相同的链接数，适应度高的节点会更快获得链接。如果两个节点具有相同的适应度，较老的节点依然具有优势。**

这个整合了竞争和生长的简单模型，是我们解释谷歌现象的第一次尝试。起初，这只是一个权宜之计，是为了让我们能够区分不同的节点，让后来者有机会后来居上。然而我们很快发现，适应度具有更多的价值。我们的权宜之计打开了一个意想不到的窗口，让我们可以看到更丰富的现象，而这些现象在平等而没有适应度的宇宙里是完全看不到的。

适应度主导一切

吉内斯特拉·比安科尼（Ginestra Bianconi）成为一年级博士研究生刚刚几个月，我就让她去研究适应度模型的性质，希望能够理解谷歌是如何在一夜之间成为枢纽节点的。比安科尼出生在罗马，并在那里接受教育，她对物理学有着浓厚的兴趣，在统计力学方面有着非常坚实的基础。起初，我觉得适应度模型比较有趣，但是涉及的数学问题不是很难，比较适合让新学生作为作业来完成。比安科尼很快让我意识到自己大错特错了。首先，该模型背后的数学远不是常规的数学问题。其次，该模型比我想象的有趣得多。比安科尼发现了复杂网络无数深刻而让人吃惊的性质，这些性质大大丰富了我们对网络组织和演化的理解。

① 在无尺度模型中，新节点和具有k个链接的节点相连的概率是$k/\sum_1 k_1$。在适应度模型中，每个节点具有一个额外的特性，即适应度η。和具有k个链接且适应度为η的节点相连的概率是$k\eta/\sum_1 k_1\eta_1$。在两个表达式中，对出现在网络中的所有节点，将其被连接的概率求和作为分母，以使概率分布标准化。

比安科尼的计算首先证实了我们的猜想：适应度的出现使得先发者不再一定是最后的胜者。相反，适应度主导一切，制造和打破枢纽节点。在无尺度模型中，网络中节点的连接度按照时间的平方根增长。而适应度模型则具有截然不同的行为。它告诉我们，节点依然按照幂律 t^{β} 获得链接。但是，反映节点获得新链接速度的动态指数 β 对于每个节点是不同的，和节点的适应度成正比。如果一个节点的适应度是任意其他节点的两倍，它将以较快的速度获得链接，其动态指数 β 也是其他节点的两倍。因此，节点获得链接的速度不再只是年长的问题了。如果不考虑节点加入网络的时间，适应度大的节点很快就能将适应度小的节点甩在身后。谷歌就是最好的证明：作为具有领先搜索技术的后来者，谷歌获取链接的速度要比竞争者快得多，最终胜过了所有竞争者。美貌胜过资历。

无尺度模型背后的动态图像和拥堵的单车道公路类似。每辆车都必须跟着前面的车，最先进入车道的车是必然的胜者，资历战胜了速度。在适应度模型中，节点具有不同的适应度，因此获得链接的速度也不同，节点间的竞争更丰富。这和在宽广的多车道公路上进行汽车比赛类似，不同品质和型号的汽车一起竞争。汽车一辆接一辆地加入比赛，每辆车有着不同的引擎，驾驶员的天分也不同。最终，赛车一定会将小货车和越野车甩在身后。

将竞争加入到复杂网络的适应度模型提出了新的问题。在无尺度模型中观察到的幂律源于这样的事实：所有节点在获得链接时遵循同样的动态过程。然而，网络中的有些节点生长的慢，而有些节点能够快速获得链接，节点之间的平衡被打破了。在这种竞争环境中，幂律还能出现吗？幂律适用于适应度模型吗？由竞争驱动的模型还是无尺度的吗？或

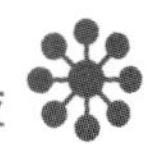

者，针对链接的激烈竞争是否会打破我们前面发现的有序特征？在努力理解竞争是如何塑造网络拓扑的过程中，我们来到了一个让人意想不到的地方，时光倒流到三位量子理论巨人的时代，他们是玻色、爱因斯坦和普朗克。

玻色–爱因斯坦凝聚与适应度模型

1924 年 6 月，艾尔伯特·爱因斯坦收到一封信和一份简短的稿件。稿件是用英语写的，作者是来自达卡的一位不知名的印度物理学家，名叫萨迪杨德拉·玻色（Satyendranath Bose）。爱因斯坦并不知道，这份稿件最近刚被伦敦的《皇家学会哲学会刊》（*Philosophical Magazine of the Royal Society*）拒掉。爱因斯坦非常喜欢这个稿件，他停下自己的工作，把稿件翻译成德文，将其发表在《德国物理学杂志》（*Zeitschrift für Physik*）上。他还加了一句赞誉："我认为，玻色关于普朗克公式的推导是一个重要进展。运用他的方法还可以得出理想气体的量子理论，这一点我将在其他地方详细讲述。"

是什么让已经荣获诺贝尔奖的爱因斯坦如此兴奋，以至于以一位不知名物理学家未发表的稿件为基础开始研究一个新问题呢？为了完全理解这一点，我们需要再往前回溯 20 年。19 世纪之初，德国物理学家马克·普朗克试图解决一个物理学领域令人很感兴趣的问题：物体是如何发光和发热的？在当时有两个相互竞争的理论，分别能够解释实验数据的不同部分，但都不能解释全部。那时候，试图统一这两种理论的很多尝试都无功而返。1900 年，普朗克首次推导出一个式子，能够完美吻合所有实验，这个式子现在被称为普朗克公式。但是，他付出了很大的代价，因为他不得不引入一个随意的假设，即光和热是分成小段（离散的量子）发射的，这一想法摒弃了那个时代的观点：光和电磁辐射都是波，而不是离散的粒子。爱因斯坦是第一批认真考察普朗克假设的人之一。通过假设光的确是由被称为光子的微小粒子构成的，爱因斯坦提出了光电效应（photoelectric effect），并因此获得1922年的诺贝尔奖。由爱因斯坦提名，普朗克因提出量子假说于1919年获得诺贝尔奖。

1924年，光的量子假说仍然备受争议，很多人认为普朗克公式的量子力学推导是不存在的。今天，这个问题对于物理学本科生而言都很简单，可在那个时代，所有的推导尝试都失败了，直到玻色提出一个大胆的解法。

远在达卡的玻色到底说了什么，竟然连爱因斯塔和普朗克这样的物理学大师都不知道？19世纪时，物理学家认为原子是能够区分的，并可以对其逐个编号。

> 想象一下摇奖时在转筒中上下翻滚的号码球。从摇奖机中蹦出一个号码后，数百万彩民立即知道蹦出的是哪个球，因为球上面印有数字。

但是，玻色指出，认为亚原子粒子能够区分，是我们从日常生活中得出的错误判断。光粒子完全一样，无法编号，也无法区分。玻色证明了，一旦统计力学和热动力学承认了亚原子粒子是完全一样的这一事实，普朗克定律很容易就能推导出来。

玻色的论文尚未发表，爱因斯坦已经到普鲁士科学院讲述他自己的“单原子气体的量子论”（Quantum Theory of Single-Atom Gases）了，这个理论是把玻色的方法扩展到气体分子。6个月后，爱因斯坦又准备好了

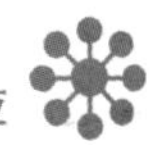

另一篇论文。在这些论文中，爱因斯坦预测了一个非常奇怪的现象，该现象在今天被称为玻色–爱因斯坦凝聚。

在正常温度下，气体的原子以不同的速度相互碰撞。有些原子速度快，有些原子速度慢。使用物理学的语言，即有些原子具有高能量，有些原子具有低能量。如果给气体降温，所有原子都会慢下来。如果想让原子停下来，需要把温度降到绝度零度，但这是一个无法达到的温度。爱因斯坦预言，如果将由不可区分的原子构成的气体充分冷却，绝大多数粒子将处于最低能量状态。也就是说，在绝度零度以上的某个临界温度，也可以让原子处于最低能量状态。当粒子到达这个状态时，它们形成了一种新的物质形态，称为玻色–爱因斯坦凝聚。

爱因斯坦 1925 年发表的这篇论文受到了巨大的质疑。即便是宇宙中最冷的地方，温度也比玻色凝聚所需的温度高。由于无法到达所需的温度——对大多数原子而言是百万分之一开尔文度，爱因斯坦的预言只有很小的物理意义，而且无法验证其真实性。爱因斯坦的预言虽然在超流体氦和超导体等多种系统中观测到了，但 70 年来一直没有被证实。1995 年，在科罗拉多州博尔德市的国家标准研究所，埃里克·康奈尔（Eric A. Cornell）和卡尔·威曼（Carl E. Weiman）领导的研究组，终于将铷原子冷却到了足以形成玻色–爱因斯坦凝聚的温度。

6 年后，康奈尔和威曼因上述发现获得了 2001 年的诺贝尔物理学奖。他们的发现不仅证明了爱因斯坦的预言，而且引发了原子物理学的革命。今天我们认识到，爱因斯坦的发现同样适用于气体以外的物质。和粒子凝聚到最低能量状态类似的事件，出现在了很多和气体差异很大的量子系统中。玻色–爱因斯坦凝聚成为理论物理学家的一种标准工具，帮助我们理解包括星体形成和超导在内的多种现象。比安科尼在试图理解适应度模型的行为时，使用的就是这个工具。

网络中的凝聚现象

万维网中没有亚原子粒子，网络中也没有“能级”，至少没有物理学家所谓的能级。那么，我们为什么要讨论玻色-爱因斯坦凝聚呢？这正是我问比安科尼的问题。那是2000年一个星期天的下午，我当时去学校取几篇论文。正当我打算离开办公室时，她非常兴奋地告诉我，她发现了一些可能比较有趣的东西。“我现在没有时间，”我不得不这样说，因为我4岁的儿子正在车里等我，“周一见吧。”玻色-爱因斯坦凝聚？有谁在量子物理之外听说过凝聚呀？她原本是研究适应度模型的，这可是家喻户晓的经典物理学范畴。量子力学和万维网或者社会网络之间到底有什么关系呢？这是我开车从圣母大学到芝加哥的路上思考的东西。不过，我在周一的确吃了一惊。

比安科尼进行了简单的数学变换①，用适应度代替能量，为适应度模型中的每个节点赋予一个能级。突然间，这些计算就具有了出人意料的意义：我们看到了爱因斯坦80年前发现凝聚态时碰到的情形。这也许只是偶然，而且无足轻重。但是，在适应度模型和玻色气体之间的确存在严格的数学映射。按照这样的映射，网络中的每个节点对应玻色气体中的一个能级。节点适应度越大，它对应的能级越低。网络中的链接变成了气体中的粒子，每个粒子被赋予一个给定的能级。向网络中添加新节

① 这一变换需要我们为每个适应度为η的节点赋予一个能级ε，满足式子$\varepsilon=(-1/\beta)\log\eta$，这里的参数$\beta$在玻色-爱因斯坦凝聚中扮演着温度倒数的角色。

点，如同向玻色气体中添加新的能级；向网络中添加新链接，等同于向气体中注入新的玻色粒子。在这个映射中，复杂网络就像巨大的量子气体，它的链接就像亚原子粒子。

网络和玻色气体之间的这种对应关系让人感到非常意外。毕竟，玻色气体是量子力学独有的东西。玻色气体由亚原子物理学中的奇特定律支配着，所具有的一系列反直观现象在宏观世界里找不到与之对应的东西。这些定律和这本书里碰到的支配网络的定律截然不同。例如，互联网的节点和链接是宏观对象，譬如路由器和电缆，我们可以触摸到，如果愿意还可以切断它们。没有人会相信这些东西会由量子力学支配。然而，几十年来，我还曾经一直把网络视为数学王国里的几何对象呢。在发现真实网络是快速演化的动态系统后，复杂网络的研究就投入到了物理学家的怀抱。或许，我们正处在另一个这样的文化转变中。实际上，比安科尼的映射表明，从支配它们行为的定律来看，网络和玻色气体是相同的。复杂网络的某些特性桥接了微观世界和宏观世界，带来的结果和这种桥接的存在本身一样令人好奇。

链接洞察 LINKED

这种映射关系带来的最重要的预言是有些网络能够进行玻色-爱因斯坦凝聚。不需要知道任何量子力学的知识，就能理解该预言带来的影响：简言之，就是有些网络中胜者通吃。对于玻色-爱因斯坦凝聚而言，所有的粒子都挤在最低能级，其他的能级没有粒子出现。与此类似，在某些网络中，适应度最好的节点理论上可以获得所有链接，其他节点则一无所有。这就是胜者通吃。

"适者愈富"与"胜者通吃"

每个网络都有自己的适应度分布，用来反映网络中的节点是多么的相似或不同。在节点相似度差别不大的网络中，适应度分布遵循单峰的钟形曲线。在其他网络中，适应度分布的范围非常之广，少数节点的适应度比大多数节点的适应度高很多。例如，对万维网的所有浏览者而言，谷歌要比任何个人主页有趣上万倍。实际上，几十年前提出的用于描述量子气体的数学工具使我们能够看到，在不考虑链接和节点性质的情况下，网络的行为和拓扑是由适应度分布的形状决定的。然而，从万维网到好莱坞，虽然每个系统的适应度分布都不同，但比安科尼的计算结果表明，所有网络按照拓扑可以分成两个可能的类别。在大多数网络中，竞争对于网络拓扑没有明显的影响。但是，在某些网络中，胜者占有所有的链接，这是玻色-爱因斯坦凝聚的明显标志。

在第一类网络中，对于链接的竞争虽然激烈，无尺度拓扑却依然存在。这些网络表现出适者愈富的行为，这意味着，适应度最高的节点最终会成为最大的枢纽节点。然而，胜者的领先优势并不是很明显。最大的枢纽节点后面紧跟着几个小一些的枢纽节点，它们拥有的链接数和适应度最大的节点所拥有的链接数相差无几。在任何时刻，我们都有一个节点间的层级结构，这些节点的度分布遵循幂律。因此，在大多数复杂网络中，幂律和竞争链接并不矛盾，二者可以和平相处。

在第二类网络中，胜者通吃。这意味着，适应度最大的节点占有所有链接，其他节点几乎没有链接。这样的网络具有星形拓扑，即所有节点都和一个枢纽节点相连。在这样的中心辐射形网络中，唯一的枢纽节点和系统中的其他节点存在巨大的差异。因此，胜者通吃的网络和我们

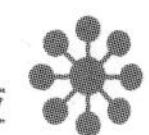

前面碰到的无尺度网络截然不同。在这种网络中，单个枢纽节点和很多微小节点并存。这是一个非常重要的区别。实际上，谷歌的快速出现并不是胜者通吃行为的表现，只是告诉我们，适者愈富。事实的确如此，谷歌是适应度最高的枢纽节点，但谷歌还没有成功到能够拥有所有的链接，成为唯一的明星。它和其他几个链接数量和自己差不多的节点共享殊荣。如果是胜者通吃，就不会存在潜在的挑战者。

存在体现胜者通吃行为的真实网络吗？现在，给定一个网络，通过查看它的适应度分布，我们就可以判定该网络是遵循适者愈富的规律还是呈现出胜者通吃的行为。然而，适应度是一个难以确定的量，目前还没有工具能够精确地度量单个节点的适应度。但是，胜者通吃行为对网络结构的影响非常明显，只要存在，我们就一定不会错过。它破坏了枢纽节点间的层级结构，而后者通常用于刻画无尺度拓扑。胜者通吃让网络变成了星形结构，存在一个节点能够占有所有的链接。现实世界里确实存在这样的网络，其中的一个节点体现了玻色–爱因斯坦凝聚的特点。这个节点就是微软公司。

操作系统市场上的“胜者通吃”

比尔·盖茨和保罗·艾伦的合作带来的最瞩目产品，无疑是微软的Windows操作系统。Windows对计算机世界的影响几乎无法衡量。你甚至可以将它视为一个文化分水岭：你要么喜欢Windows，要么憎恨它，没有别的选择。不过，无论你属于哪个阵营，你都很有可能正在使用它。Windows虽然无处不在，却不是比尔·盖茨最重要的发明。其实，盖茨–艾伦的合作带来的最持久影响，是他们提出的“销售软件”的想法。在他们之前，这几乎是无法想象的。计算机是实际存在的物体，而软件只是信息，是存储在磁盘或光盘上的由无穷无尽的0和1构成的串。最奇怪的软件是操作系统，除了操纵其他0和1构成的软件外，它什么也不做。操作系统只是将应用程序和硬件连接起来，并非一种必不可少的软件。因此，微软的商业计划书最初遭到了所有人的反对。黑客认为信息和软件应该免费，所以他们都痛恨微软。商人们则对销售如此容易拷贝的东西感到不可思议。

所有人都知道，虽然微软不是第一个行动者，Windows却非常盛行。第一版Windows问世时，它看上去就像具有革命意义的苹果操作系统的拙劣复制品。然而，苹果电脑对其硬件奉行着严格的垄断政策，而个人计算机（PC）则允许所有计算机制造商自由加入。因此，PC很快成为计算机世界的主导平台，并将比尔·盖茨和他的Windows推向了时代的潮头。

操作系统可以被视为竞争链接（即用户）的节点。每当有一个用户在其计算机上安装Windows，微软就新增一个链接。按照无尺度模型的预言，最老的操作系统也将是最流行的。如果真是那样，我们运行的应该都是原始的DOS操作系统。在更现实一些的适应度模型中，更适应的操作系统会从不太适应的操作系统那里获得消费者，和操作系统出现的早晚无关。

如果是适者愈富的无尺度网络主宰着市场，操作系统之间会形成一个层级结构，最流行的操作系统之后会紧跟着一些流行度稍差的竞争者。事实上，大多数行业内都存在这样的层级结构，计算机制造业就是一个例子。

从2000年第二季度的全球销售量来看，康柏占有13%的市场份额，紧随其后的戴尔占有11%，惠普和IBM各占7%，富士通-西门子占4%。其他制造商共同占有高达55%的销售量，把市场分成更小的块。

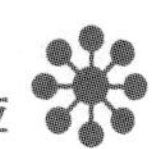

由于大多数调查只列出前五大计算机制造商，所以很难检验该行业的市场份额是否真的服从幂律。但是，如果发现它真的服从幂律，我也不会觉得吃惊。这个严密的层级结构表明，计算机制造商可以用适者愈富来描述，没有哪个厂商能够主宰市场。

然而，在操作系统市场中，良性竞争和层级结构完全不存在。没错，Windows 不是市场上唯一的操作系统。所有的苹果产品仍在运行 Mac OS。Windows 的前身 DOS，也仍旧安装在很多 PC 上。微软主宰地位唯一有竞争力的挑战者是完全免费的操作系统 Linux，它的市场份额在不断扩大。科学家和网络工程师们使用的主要用于数值计算的大多数计算机上仍然运行着 UNIX。但是，在 Windows 的影子下，所有这些操作系统都相形见绌。各个版本的 Windows 在高达 86% 的 PC 上运行着；处于第二位的操作系统是苹果的 Mac OS，它只占 5% 的市场份额；古老的 DOS 紧随其后，占有 3.8% 的份额；随后是占有 2.1% 的 Linux; 包括 UNIX 在内的所有其他操作系统只占不到 1% 的市场份额。

本质上讲，微软通吃了操作系统市场。作为一个节点，它绝不只是略大于与它最接近的竞争对手。从消费者数量来看，没有任何竞争对手可以与其相提并论。我们都像极端世故的玻色粒子，凝聚成 Windows 用户群。当我们购买新的计算机并安装 Windows 时，我们其实是在为以微软为中心的“凝聚”添砖加瓦。操作系统市场具有典型的玻色-爱因斯坦凝聚特性，清晰地显现出胜者通吃的行为。虽然有很多操作系统在竞争知名度和市场份额，但微软始终锁定在“凝聚”的位置，是主宰绝大多数消费者链接的明星。

节点永远在为链接而竞争

节点永远在为链接而竞争，因为链接在互联的世界里代表着生存。在大多数情况下，竞争是公开可见的。例如，公司争夺客户，演员争夺表演机会，人们争夺社会链接。在其他系统中，竞争关系要微妙一些。例如，细胞中的分子为了生物体的整体利益而相互竞争链接。但是，**无论喜欢与否，我们都是某个复杂的竞争游戏中的一部分。我们欢迎某些节点而让其他节点出局，总会有胜者和败者。我们周围的网络通过链接和节点间的层级结构反映这种竞争的特点。**

只要我们认为网络是随机的，就会把网络建模成静态的图。无尺度模型体现了我们在认识上的觉醒，我们开始意识到网络是动态系统，它通过添加新的节点和链接而持续变化。适应度模型让我们把网络描述成充满竞争的系统，节点为了链接而激烈竞争。现在，玻色-爱因斯坦凝聚又解释了胜者是如何获得通吃机会的。

链接洞察 LINKED

承认适应度的存在，是否就意味着抛弃了无尺度模型呢？绝非如此。在具有适者愈富行为的网络中，竞争带来了无尺度拓扑。我们目前为止研究的大多数网络都属于这一类，包括万维网、互联网、细胞、好莱坞和许多其他真实网络。胜者和紧跟着的其他系列枢纽节点共享荣光。

但是，玻色-爱因斯坦凝聚从理论上证明了，在某些系统中，胜者可以占有所有的链接。这种情形一旦发生，无尺度拓扑就不复存在。到目前为止的真实系统中，只有操作系统市场看上去符

合这种情形——微软独占鳌头。是否还存在其他系统具有类似的行为呢？非常可能。但是，要想把它们都找出来尚需时日。

我们仅用了几年时间，就发现了这个网状宇宙令人着迷的新特点。通过揭示支配网络演化的机制，我们掌握了大自然在创建这个复杂世界时所使用工具的共性。现在，从细胞生物学到商业，很多领域的科学家都已经开始探索复杂拓扑带来的影响。这些拓扑是如何影响复杂系统的稳定性的呢？病毒是如何在真实网络上传播的呢？紧急情况下的级联失效是如何发生的呢？关于网络的结构和行为虽然还有很多未解之谜，但我们已经开始以某种真正有趣和富有创造力的方式，将近期的这些理论突破应用起来。

第9链

阿喀琉斯之踵

复杂网络的健壮性与脆弱性

人造的东西通常都会出现错误和故障，但生态系统具有令人惊叹的对错误和故障的容忍性，即便面临诸如造成恐龙等数万种物种灭绝的尤卡坦陨石冲击这样的极端事件，也能安然无恙。生态系统的高度容错性是由高度互联的复杂网络保障的。大自然似乎努力通过互联提高健壮性。对网络结构的这一普遍选择，或许不仅仅是巧合。

健壮性与脆弱性

健壮性与脆弱性都根源于无尺度网络的结构不均匀性。虽然无尺度网络面对故障时并不脆弱，因为故障更多地影响小节点，但这种前所未有的容错性也让它付出了代价，即面对攻击时的脆弱性，因为攻击更多地针对枢纽节点。因此，无尺度网络的结构背后隐藏着阿喀琉斯之踵，即面对故障的健壮性和面对攻击的脆弱性交织在一起。

美国西部大停电与互联导致的脆弱性

丹佛午后的气温飙升到了100华氏度以上，数以百计的上班族冲出写字楼，躲进有冷气的汽车里。加油站里排起长队，等待加油和加冰，交通灯全部停止工作，公共系统只剩下医院和空中交通管制依靠紧急供电系统维持运转，困在电梯里的人们只能徒劳地按着报警按钮。“在炎热的天气里，一座现代化的办公大厦瞬间就变成了暖箱。”一位上班族抱怨道，“没有任何通风装置，也打不开窗户。”

我们很容易忽视自己对现代科技的依赖，但偶尔的技术故障能让我们清楚意识到这一点，譬如1996年夏季的这次故障。当时，从洛矶山脉到太平洋岸边，依靠电力驱动的所有设备全部停机。事实上，在此之前的很长一段时间里，专家们一直在担心1965年导致3 000万人失去电力供应长达13小时的美国东北部大停电会再度重演。从金融影响的角度来看，1996年美国西部大停电带来的灾难要大很多。很多人担心电力工业的发展方向可能会导致比我们的预期更为频繁的停电事故，2001年加利福尼亚州的电力供应紧张使得这样的担心更加甚嚣尘上。

与今天的电力系统相比，1965年电网的连接紧密程度要低得多。当时，缅因州的电力系统几乎是一个孤岛，只有一些弱连接与停电的新英格兰其他地区相连，从而得以幸免于当年的大停电。然而，随着这些年来全美对电力的依赖程度越来越深，任何停电事故都会导致大面积的恐慌。阿兰·维斯曼（Alan Weisman）在《哈珀斯》（*Harper's*）杂志中写道，为了提高稳定性并降低成本，各电力公司逐渐共享厂房和设备，并在突发事故中彼此支援。结果，起初孤立的电力系统彼此连接成巨大的电力网络，形成了地球上最大的人造结构，其电线总长度足够从地球往返月球一次。

今天的电力系统拥有数千台发电机组、数百万公里的电线和超过十亿的负载，这个庞大的电力怪兽内部紧密连接而且非常敏感，一次电力扰动可以在数千公里外感受到。然而，1996 年大停电掀开了这个庞大系统的潜在软肋。“拥有一个紧密连接的系统确实能更有效地利用自然资源并降低成本，”负责监管太平洋沿岸西北部地区电力网络的邦威电力管理局女发言人里恩·贝克（Lynn Baker）说道，“但是，这意味着意外情况一旦发生，就会像雪崩一样席卷整个系统。”造成 15 亿美元损失的美国西部大停电凸显了复杂系统中常被忽视的一个特性：互联导致的脆弱性。

健壮性，保持系统高度可用

所有人造的东西通常都会出现错误和故障。实际上，汽车引擎里的一个元件出现故障，就能让你不得不叫拖车来帮忙。类似地，电脑里一个小小的电路绕线错误，就意味着整台电脑的报废。然而，自然系统却截然不同。在地球整个地质史上,每年有百万分之一的物种灭绝。据估计，当前地球上存活的物种大约有 300 万至 1 亿种，也就是说每年约有 3 至

100 种物种将灭绝。可是，这样的自然灭绝很少带来灾难性的后果。经过上百万年的发展，生态系统已经具有令人惊叹的对错误和故障的容忍性，即便面临诸如造成恐龙等数万种物种灭绝的尤卡坦陨石冲击这样的极端事件，也能安然无恙。可见，生态系统展示出了人造系统里罕见的容错性。

一般来说，自然系统具有在各种条件下保持运转的独特能力：虽然其行为会受到内部故障影响，却常常能够在非常高的故障率下维持基本功能。这在很大程度上不同于人造系统，后者常常因为单个元器件的故障导致整个设备停止运转。近来，各个领域的科学家们已经意识到自然系统的韧性，并希望能够将其引入到人造系统中。因此，很多领域越来越关注健壮性（robustness）——这个词源自拉丁语“橡树”（robus），是古文明中力量与长寿的象征。

生物学家想要理解细胞在极端条件和内部错误频发时是如何存活和运转的，因此非常关注健壮性。社会科学家和经济学家想要解决人类社会组织在面临饥荒、战争和社会经济政策变化时如何保持稳定的问题，因此非常关注健壮性。健壮性是生态学家和环境科学家的重要议题，由此催生了一系列全球范围内的保护性项目，帮助受到工业发展的破坏性影响威胁的生态系统保持可持续发展。**在越来越相互依存的通信系统领域，健壮性是专家们的终极目标。虽然系统组件的故障是难免的，但必须让系统保持高度的可用性。**

大多数具有高度容错性的系统有一个共性：其功能是由高度互联的复杂网络保障的。细胞的健壮性隐藏在精巧的调控和代谢网络中；社会的韧性源于错综复杂的社会关系网络；经济的稳定性依靠金融和监管机构构成的灵敏网络；生态系统的生命力来自巧妙设计的物种相互作用网络。大自然似乎努力通过互联获得健壮性。网络结构的这一普遍选择，或许不仅仅是巧合。

健壮网络的容错性

1999 年秋，美国国防部的国防高等研究计划署（简称 DARPA）立项研究容错性网络。立项指南中写道："本项目主要关注发展新的网络技术，使得未来的网络能够抵抗攻击并持续提供网络服务。"在我们关于万维网和无尺度网络的研究成果发表几个月后，我正在寻找基金支持我们在该领域的研究。DARPA 的立项指南在我们看来正是一个绝好的机会，该项目的目标和我们计划的研究方向完全一致。我们希望无尺度网络同样能在理解网络健壮性方面发挥作用。在 11 月 1 日申请截止前，我们准备好了项目申请书，我坐下来和雷卡·阿尔伯特及郑浩雄讨论，并建议大家开始着手研究申请书中提出的一些问题，而不必等待 DARPA 的反馈。

节点故障很容易让网络分裂成无法相互通信的孤立碎片。例如，同时关闭所有进出佛罗里达州杰克逊维尔市（Jacksonville）与莱克城（Lake City）的高速公路，不仅会让这两个城市变成孤岛，也切断了整个佛罗里达半岛与美国其他地区的高速公路联系。故障造成的网络碎片化是家喻户晓的网络性质，数学家和物理学家都对此进行过大量研究。这个问题的一般化描述是，如果我们随机删除节点，网络在多久之后会变成碎片？要从互联网上移除多少路由器，计算机之间才会无法互相通信？

很显然，删除的节点越多，我们越有可能把大片节点孤立开来。然而，过去数十年对随机网络的研究表明，网络分裂并不是一个渐进的过

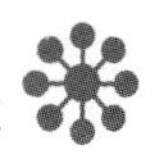

程。移除少量节点对网络完整性的影响极小，但当移除节点的数量达到某一临界点时，整个系统会忽然分裂成很多小孤岛。随机网络上的故障是一个逆相变的例子：存在一个临界的错误阈值，在阈值之下系统相对完整，在阈值之上网络就会分裂成碎片。

2000 年 1 月，在 DAPRA 申请书的鼓舞下，我们进行了一系列计算机实验来测试互联网对于路由器故障的容错性。从当时获得的最好的互联网地图开始，我们从网络中随机挑选节点进行删除。为了寻找临界阈值，我们逐渐增加删除节点的数目，等着互联网分裂成碎片的时刻。让我们非常惊讶的是，网络根本没有分裂的迹象。我们删除了多达 80% 的节点，余下 20% 的节点仍然连在一起，形成一个紧密互联的簇。这一发现验证了人们逐渐注意到的一个事实：**和许多人造系统不同，互联网对路由器故障表现出高度的健壮性**。事实上，密歇根大学安娜堡分校的一项研究表明，任何时刻互联网中都有数百个路由器失效。尽管这类无法避免的故障频繁发生，但用户几乎察觉不到互联网服务有明显不稳定。

链接洞察 LINKED

我们很快就发现，我们观察到的现象并不是互联网独有的。在无尺度模型生成的网络上进行的计算机模拟实验发现，任意无尺度网络都可以随机删除大部分节点而不会引发网络分裂。毋庸置疑，对故障的健壮性是无尺度网络不同于随机网络的特有属性。互联网、万维网、细胞和社会网络都已被证实是无尺度的，表明其广为人知的容错性正是其拓扑结构的固有属性——这对于依赖这些网络的人们来说是个好消息。

故障更多地影响小节点

这种奇妙的拓扑健壮性源自何处呢？无尺度网络的显著特征是存在枢纽节点，这些高连接度的节点将整个网络连接在一起。然而，故障并不区分节点，大的枢纽节点和小节点发生故障的概率是相同的。如果我闭着眼从装有 10 个红球和 9 990 个白球的口袋里拿出 10 个球，有 99% 的可能十个都是白球。因此，如果网络中所有节点以均等的概率发生故障，受影响的更有可能是小节点，因为小节点的数目比枢纽节点多很多。

小节点对网络完整性的贡献极小。如果随机挑选一个机场关闭，被选中的极有可能是大量小机场中的某一个，例如印第安纳的南本德机场。美国的其他地方几乎不会察觉到少了一个机场，因为没有这个小机场，你一样可以从纽约飞到洛杉矶，或者从圣菲飞到底特律。除了需要进出南本德机场的极少量旅客之外，没有人会感到不便。即便多达十个二十个小机场同时关闭，也只有很少一部分航空旅行会受到显著影响。

类似地，在无尺度网络中，故障主要影响大量的小节点。因此，故障不会导致网络分裂。即使随机删除的节点恰好是一个枢纽节点也不会造成毁灭性后果，因为若干个大的枢纽节点构成的连续层级仍然会保持网络的完整性。拓扑健壮性根源于无尺度网络的结构不均匀性：故障更多地影响小节点。

我们的计算机模拟实验留下了一个重要的问题有待解决：是不是所有的无尺度网络都具有同样程度的容错性呢？这个问题的答案并未让我们等待太久。在我们的论文发表前一个星期，我收到以色列拉马干巴伊兰大学的物理教授希洛姆·哈维林（Shlomo Havlin）发来的邮件，他给

出了这一问题的答案。作为以色列物理学会前主席，哈维林是渗流理论的世界级专家之一。渗流理论是物理学的一个领域，该领域发展出的一系列工具，今天已经广泛应用于随机网络的研究。事实上，埃尔德什和莱利取得的很多成果后来都曾被研究渗流的物理学家独立地发现。

哈维林很快意识到，无尺度网络对故障必然有独特的反应。他和自己的学生鲁文·柯恩（Reuven Cohen）、科伦·依莱兹（Keren Erez）以及已成为克拉克森大学物理教授的前学生丹尼尔·本–亚伯拉罕（Daniel ben-Avraham）一起，计算将任意网络——随机网络或者无尺度网络分裂成碎片所需要删除的节点比例。

- 一方面，他们的计算解释了一个广为人知的结果：随机网络在被删除的节点达到一个临界值后会分裂成碎片。
- 另一方面，他们发现，度指数小于或等于3的无尺度网络不存在这样一个临界值。

有趣的是，我们感兴趣的大部分网络，包括互联网和细胞网络在内，都是度指数小于 3 的无尺度网络。因此，这些网络只有在所有节点都被删除后才会崩溃，也就是说，实际上永远不会崩溃。

有效的攻击：攻击枢纽节点

在针对世贸中心和五角大楼的 9·11 恐怖分子袭击事件的第二天，网名为 MafiaBoy 的蒙特利尔少年被裁定为攻击雅虎、eBay 和亚马逊负责，判处在青少年拘留中心监禁 8 个月，并处以 250 美元的罚金用于慈善。在宣判前，基尔德·欧莱特法官（Judge Gilled Oullet）表示："这种攻击削弱了整个电子通信系统。”话虽如此，并且还有许多类似的论断，但MafiaBoy绝不可能对互联网构成威胁。虽然有时能让几个重要网站无法访问，但他的行为完全没有危害到互联网的基础设施。他的攻击所造成的后果根本无法和两年前进行的“操作合格接收机”（Operation Eligible Receiver）预演所预测的潜在影响相提并论。

1997年夏，一款由美国国家安全局开发的战争游戏开始为人们所知。开发这款游戏的目的是测试美国的电子基础设施的安全性能。自相矛盾的宣传稿透露出，国家安全局从各地招募了25至50名计算机专家来协同攻击全国的非保密系统，破坏电力网络、911报警系统等。据称，代号为“合格接收者”（Eligible Receiver）的演习证明，普通水平敌人采用现成的工具就可以发起协同攻击，其潜在破坏力完全能让美军通信系统和其他关键基础设置完全瘫痪。

MafiaBoy的负面效果顶多让人心烦，只不过是无法访问几个流行的在线网站。“合格接收者”的攻击却暴露出美国经济和安全系统的重要命脉遭遇令人担忧的脆弱性。这两种攻击的目标都不是随机选择的，而是直接选择攻击枢纽节点。

丢失枢纽节点，网络变成碎片

通过模拟骇客[①]逐一攻击互联网最大枢纽节点的行为，我们进行了一

① 近来，“骇客”（cracker）这个词常被用于指那些利用专业知识怀着恶意进入他人电脑系统的人，他们会关闭他人电脑或进行其他恶意活动。与之对比的是“黑客”（hacker），这个词更多地具有正面意义，他们具有高超的计算机技术，探索我们的在线空间的极限，但并不侵害其他计算机或干扰其他用户。

组新的实验。就像MafiaBoy和“合格接收者”的专家所做的那样，我们不再随机地挑选节点，而是针对网络中的枢纽节点进行攻击。首先，我们删除最大的枢纽节点，然后是第二大的枢纽节点，依此类推。我们的攻击效果非常明显。删除最大的枢纽节点并没有让整个系统瘫痪，因为剩下的枢纽节点依然能够把整个网络连接起来。然而，在删除若干个枢纽节点之后，分裂效果就很明显了。大片的节点从网络中剥离出来，不再与网络的主体相连通。继续这一过程，删除更多的枢纽节点，我们观察到网络大面积崩塌。当网络受到这类攻击时，在故障情况下明显不存在的临界点突然出现了。**删除少量枢纽节点就能让互联网分裂成微小的孤立碎片。**

虽然同时关闭圣菲机场和南本德机场很难引起人们的注意，但芝加哥奥黑尔国际机场哪怕只关闭几个小时也会成为报纸头条，因为那会使全国的空中运输受到影响。假如某些事件能导致亚特兰大、芝加哥、洛杉矶和纽约的机场同时关闭，即使其他所有的机场都正常运转，美国的空中运输也会在几小时内陷入停顿。我们的计算机模拟表明，互联网面临着同样的问题。**如果骇客成功地攻击了互联网最大的一些枢纽节点，其潜在破坏可能是难以估量的。这并不是互联网协议的错误设计或缺陷所造成的。这种面对攻击的脆弱性是所有无尺度网络的固有属性。**

事实上，我的研究组在酵母细胞的蛋白质作用网络上删除高度连接的蛋白质时也观察到了同样的大面积崩塌现象。生态学家在食物网络中删除高度连接的节点时也观察到同样的崩塌现象。两篇后续论文提供了对这一观察的分析支持，一篇来自哈维林教授的研究组，另一篇来自康奈尔大学的邓肯·加莱维（Duncan Callaway）、马克·纽曼、史蒂文·斯托加茨和邓肯·瓦茨。他们指出，逐个删除掉最大的枢纽节点时，存在一个临界点使网络分裂。因此，**无尺度网络在面临攻击时的反应类似于随机网络面临故障时的反应。但有一个重要的区别，在无尺度网络中并不需要删除很多节点才能达到这一临界点。让少数几个枢纽节点失效就可以使无尺度网络迅速分裂成碎片。**

健壮性与脆弱性并存

在我们将描述复杂网络对故障和攻击的容忍性的论文提交后没几天，DARPA 拒绝了我们的申请。但是，论文很快发表在《自然》杂志上并作为优秀论文登上了杂志封面。虽然对 DARPA 的决定感到很失望，但我并不能指责他们。在 2000 年年初，没有人能预见到，无尺度网络在我们理解攻击脆弱性和故障容忍性方面的重要作用。在那个时候，只有少数几个科学家知道互联网是无尺度网络这一发现，更没有人去研究该发现所带来的影响。只有在今天，在数十个研究项目的基础上，我们才刚刚开始理解这些发现的结果。

链接洞察 LINKED

综上所述，这些发现表明无尺度网络面对故障时并不脆弱。然而，这种前所未有的容错性也让它付出了代价，即面对攻击时的脆弱性。删除一些连通性最好的节点就能够使网络迅速瓦解成较小的互不连通的孤岛。因此，无尺度网络的结构背后隐藏着人们意料不到的阿喀琉斯之踵，即面对故障的健壮性和面对攻击的脆弱性交织在一起。

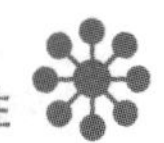

健壮性与脆弱性的并存，对于理解大多数复杂系统行为具有重要意义。模拟实验表明,蛋白质网络在发生随机遗传变异时不会崩溃。事实上，我们可以安全地从重要的细胞网络中删除大量的节点，而不会对器官造成致命伤害。然而，如果某种药物或疾病关闭了细胞中某个基因，而这一基因恰好用于指导合成连通性最强的蛋白质，那么这个细胞就将坏死。类似地，巴塞罗那的加泰罗尼亚理工大学的理查德·V·索莱（Ricard V. Solé）、何塞·M·蒙托亚（José M. Montoya）对食物网络所做的模拟实验也表明，生物系统可以很容易地挺过随机物种灭绝的环境。然而，如果高度连通的关键物种灭绝，生物系统就会迅速崩塌。

加利福尼亚州的海獭是一个经常用于研究的例子。19世纪，人们为了获取毛皮过度捕猎海獭，以致海獭几乎灭绝。1911年，联邦监管机构禁止捕猎这种可爱的生物，随后海獭数量奇迹般地回升。由于海獭以海胆为食，所以海獭的回归导致海胆数量减少。而海胆又嗜食海藻，于是海藻的数量也奇迹般地上升。这使得鱼类获得了更多的食物供给，也避免了加州海岸的退化。可见，保护一个处于枢纽位置的物种，可以显著地改变海岸的经济和生态。事实上，曾以贝类为主的海岸渔业后来被鳍鱼占据了主导地位。

虽然无尺度网络面对攻击表现得很脆弱，但要真正击溃这样的网络，需要同时删除多个最大的枢纽节点，通常要求同时删除多达5%~15%的枢纽节点。因此，骇客可能需要同时攻击并停用数百个路由器，这是非常耗费时间的。虽然互联网看似拥有阿喀琉斯之踵，但其拓扑结构似乎依然蕴含着强劲的抵抗能力，无论面对的是随机故障还是有预谋的恶意攻击。不幸的是，在仔细分析后我们发现，事实并非如此。接下来我们会看到，依靠网络稳定性来抵抗攻击并不保险。

级联故障，复杂系统的动态属性

1996年大停电发生后的初期，人们对其成因有各种猜测，从外星飞船到恐怖袭击，凡此种种不一而足，但最终证实这一事故并非来自有组织的攻击。电线受热膨胀，热量可能来自于少见的炎热天气，也可能来自于过多的电流负载。1996年8月10日15点42分37秒，气温创纪录的一天，俄勒冈州的奥尔斯顿–基勒电线发热膨胀，跌落在一棵树的附近。在一道闪光之后，这条1 300兆瓦的线路就瘫痪了。因为电能无法存储，所以这么大量的电流必须立即切换到邻近的电线上。这一切换是自动进行的，电流被吸收到卡斯克德山脉东边的两条电压分别为115千伏和230千伏的低压电线上。

然而，这两条电线在设计时并不是用于长时间负载过剩电流的，高达115%的热功率定额让这两条电线也瘫痪了。在115千伏电线瘫痪后，巨大的电流让过载的罗斯–莱克星顿电线发生了过热，也跌落在一棵树上。从这一刻开始，局面已经无法挽回。麦克纳里大坝的13台发电机组全部瘫痪，导致电流和电压波动，立即在加利福尼亚州和俄勒冈州边界附近将南北太平洋联络线切断。于是，西部互联电网被分割成了孤立的碎片，导致了这场波及美国11个州和加拿大两个省的大停电。

1996年大停电是科学家所说的级联故障的典型案例。在作为传输系统的网络中，局部故障会导致故障所在节点的负载被切换给其他节点。如果切换出的负载小得可以忽略，则可被系统的其他部分无缝承担，故

障不会被察觉。但如果切换出的负载过大，超出了邻近节点的容量，这些节点要么也跟着故障，要么继续把负载切换给它们的邻居。无论是哪种情况，我们都将面临雪崩一样的级联事件，其最终破坏程度和范围取决于最初故障的节点的容量和中心度。

级联故障并不是电力网络特有的。一个失灵的路由器会自动提示互联网传输协议将数据包传输给其他路由器以便跳过缺失节点。如果这个失灵的路由器承载了很大的流量，它的缺失将给邻近的节点带来巨大的压力。路由器并不会仅仅因为流量过大而瘫痪，它会简单地让到来的数据包排成一个队列，处理它能处理的数据包，扔掉其余的。因此，给一个路由器发送过多的数据包会形成拒绝服务攻击，只有很少一部分数据包能被这个路由器处理。对于那些丢失的数据包，其发送方由于没有收到数据包抵达的确认信息，只能重新发送这些数据包，这使得网络拥塞进一步升级。因此，删除几个大节点很容易导致互联网出现灾难性故障，就像俄勒冈州跌落的电线导致整个电网故障那样。

级联故障是经济中的常见现象。事实上，很多人将1997年的东亚经济危机（我们将在第14链详细讨论）归咎于国际货币基金组织施加给一些太平洋国家中央银行的压力。货币基金组织限制中央银行向出现问题的银行提供紧急信用担保，这些银行转而向公司施压要求收回贷款。国际货币基金组织，这一金融业最大的枢纽节点的决定最终引发了银行和公司的级联式崩溃。

级联故障在生物系统中同样常见。大到生态环境，小到细胞结构，都可能出现级联故障。事实上，正如我们在海獭的例子中已经看到的，某些物种的消失会导致连锁事件，使得整个生态系统发生大规模重组。类似地，分子浓度的忽然改变可能引发级联事件并最终导致细胞坏死。

显然，如果被扰乱的节点是高度连接的节点，这一局部故障使整个系统瘫痪的可能性会更高。哥伦比亚大学的邓肯·瓦茨的发现支持了这一说法。他研究了一个模型，该模型用于刻画级联故障的一般特征。这类级联故障都可以用同一个框架来描述，既包括电力故障，也包括相反的现象，如书籍、电影和音乐专辑的级联式畅销。他的模拟实验表明，**绝大多数级联事件都不是瞬间爆发的，故障可以在毫无察觉的情况下“潜伏”很长一段时间才开始爆发。然而，尝试降低这些级联事件的发生频率会导致不可避免的结果，发生的级联反应将会有更大的破坏性**。

除了以上几点，我们对级联故障的理解是非常有限的。拓扑健壮性是网络的结构特性，而级联故障是复杂系统的动态属性，这是一个尚未探索的领域。如果说还有一些尚未发现的定律在控制着级联故障，我也毫不惊讶。这些定律的发现将对互联网、市场营销等很多领域产生深远影响。

将对网络的认识转化为实践

本章讨论的容错性无疑是个好消息。网络健壮性表明，当我们身体里的某些化学物质失灵，导致皮疹或其他轻度不适时，我们仍然能保持正常的机能。网络健壮性解释了为什么我们很少察觉到路由器故障的影响，以及为什么一些物种灭亡并不会导致环境灾难。

然而，拓扑健壮性的代价是面临攻击时的脆弱性。拿走一系列高度连接的枢纽节点会使任何系统崩溃。这对于互联网而言是个坏消息，因为骇客可以据此设计出能危害整个基础结构的策略。这对于我们的经济制度而言同样是个坏消息，因为只要专注于经济背后的网络，任何人都可以设计出让经济瘫痪的策略。因此，本章讲述的研究成果迫使我们承认，拓扑、健壮性和脆弱性无法完全分开。**所有复杂系统都有阿喀琉斯之踵。了解到拓扑的重要意义，我们可以更好地认识枢纽节点的作用，这是保护它们的第一步。**

2001 年 9 月 11 日的恐怖袭击同时展现了枢纽节点的重要作用和网络的容错性。袭击目标显然不是随机选择的：那是全美最显而易见的经济和安全象征。恐怖分子希望袭击能够扰乱全球资本主义的枢纽节点。虽然这一袭击导致了美国过去二十年最惨痛的人类悲剧，但恐怖分子最大的目标却并未如愿：击溃整个网络。他们引发的“故障”像雪崩一样持续波及全世界，但除了世贸中心双子塔被摧毁之外，所有的网络都完好地运转——无论是互联网还是交错的经济网络。这形象地展示了中心化的人类设计的脆弱性和自组织网络设计的容错性之间的本质区别。

如果说我们能从“9·11”事件中得到一些科学启示的话，那就是我们仍然远远没有理解健壮性和脆弱性之间的作用。毫无疑问，科学家们最近已经揭示了健壮性的基本原理，我们现在理解了网络在确保系统容错性方面的基础性作用，这是一个重要突破。然而最关键的一步，如何将这一认识转化为实践，迄今仍不为我们所知。没有人能预先估计恐怖袭击引发的连锁损失的程度。事件发生后，人们在惊恐中对视，心中思索着同一个问题：接下来会发生什么？我们究竟有多么不堪一击？所幸，科学家们对攻击和故障的理解让我们能够用科学的语言描述连锁故障和局部瘫痪。因此，只需要将研究资源集中在合适的问题上，我们就能理解这些问题。“9·11”事件让越来越多的人开始关注健壮性和攻击问题，我们对这些问题的理解程度无疑会大幅提高。

第三部分

复杂网络的影响

第10链 病毒和时尚

之前，人们一直把枢纽节点视为特殊现象，并不清楚它们为什么存在、究竟有多少。社会网络模型也并不支持枢纽节点的存在。但无尺度网络的框架首次为枢纽节点的存在提供了理论依据。我们即将看到，枢纽节点几乎改变了我们对思想、创新和病毒的传播所知道的一切。

艾滋病“零号病人”

盖坦·杜加斯（Gaetan Dugas）知道，自己已经拥有了想要的一切。他的衣橱里堆满了来自伦敦和巴黎最时髦商店的精品服装，他的体形健美却不会显得肌肉过于发达，无论在哪个俱乐部里，他都是出类拔萃的。他只需用那迷人的略带加拿大口音的法语说上几句，就能吸引任何他看上的人。“我是最帅的”，他以前经常这么说，而他的朋友们也都同意这一点。但是，他最近不再去那些热闹的迪斯科舞厅和夜总会了，他开始出入雾气弥漫的湾区公共浴室。杜加斯虽然很自恋，但他现在开始喜欢黑暗的场所，因为那里可以藏起他迷人的外表。浴室隔间的长长走廊成了他感觉最舒服的地方。1982年的一个晚上，当他准备从浴室隔间离开时，他打开灯，缓缓转向几分钟前刚认识就立刻发生了性关系的男人，指着自己脸上微微发紫的斑点和疙瘩说：“我得了同性恋癌，就要死了，你也一样。”

杜加斯是一名法裔加拿大人，曾经是飞机乘务员，他通常被称为艾滋病“零号患者”。这并不是因为他是第一个诊断出得了艾滋病的人，而是因为在1982年4月之前诊断出患有艾滋病的248个人中，至少有40人曾经和他发生过性关系，或是与曾和他有过性关系的人发生过性关系。

男同性恋之间形成了一个复杂的性关系网络，而杜加斯就处于这个网络的中心。这个网络横跨北美洲的东西海岸，覆盖旧金山、纽约、佛罗里达和洛杉矶。

杜加斯处于中心地位绝非偶然。他是北美地区首批被诊断出患有卡波西肿瘤的男同性恋之一。到 1983 年，事情越来越清楚了，杜加斯和其他数百名男同性恋染上的这种病具有传染性，而杜加斯是第一批知道这件事的人之一。但是，他仍然坚持认为自己只是得了皮肤癌，而癌症是不传染的，所以多年来他从不承认自己会给性伴侣带来任何危险。他对自己的吸引力和性方面的征服力感到非常自豪，后来他向医护人员透露了他性习惯的详尽细节。他说他每年有大约 250 个性伴侣。有人估计，他的性伴侣总数高达 20 000。在同性恋俱乐部和公共浴室混迹的十年间，他至少和 2 500 人有过性接触。

是不是杜加斯把艾滋病带到了北美，目前尚不清楚。他经常去法国旅行，那里有一些最早的艾滋病患者。但是，我们永远无法确切地知道，杜加斯是在法国感染的还是在美国感染的。但是我们知道，北美很多最早的病例都和他有关，他处于这个传染病的源头，而目前已有近 2 千万人死于这种传染病。

短短几年间，艾滋病从一个不起眼的、罕见的“同性恋癌”，变成危及北美健康体系的传染病，其间，杜加斯发挥了很大的作用。这个可怕的例子证明了经典的传染病模型不再适用，也证明了枢纽节点在高度流动和连通的社会中的威力。事实上，涉及病毒和传染病时，枢纽节点和普通节点截然不同。

互联网，让一夜成名的梦想变为现实

2000年11月8日晚，和数百万其他美国人一样，迈克·柯林斯（Mike Collins）在电视上看到了充满争议的佛罗里达州“蝴蝶选票”的画面。他的第一反应就是：“天哪，他们怎么会不按照箭头所指来点呢？也许我该画幅漫画，让选票更具迷惑性。”26岁的柯林斯来自纽约州的埃尔迈拉，他是一名市政用水的工程师，同时也是一位业余漫画家。他画了一幅只有四条线的漫画，通过电子邮件发送给了30个朋友（如图10—1所示）。

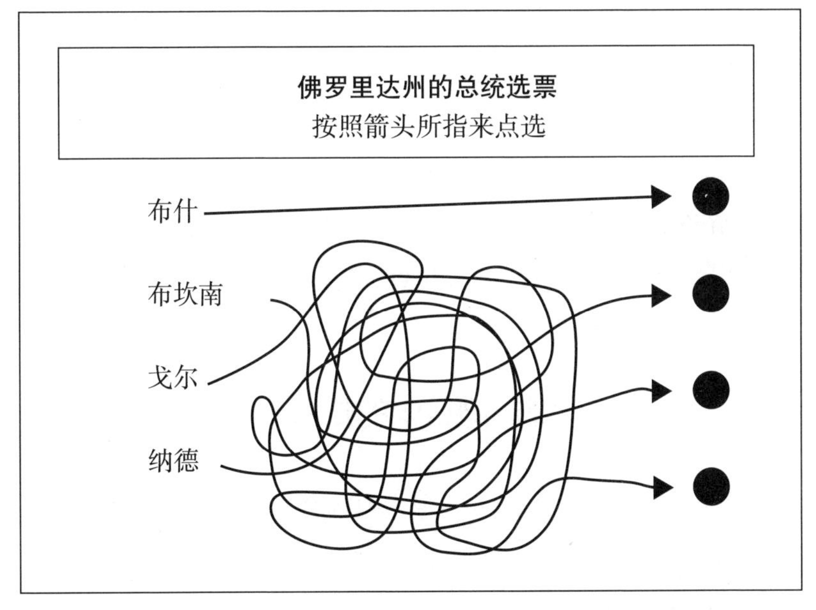

这是迈克·柯林斯的漫画，为了讽刺2000年总统选举时使用的让人迷惑的蝴蝶选票。

图10—1　佛罗里达州的总统选票

第二天是他的生日，他姐姐在那天生了个女儿，因此他一整天都不在家。当他晚上回到家时，等待他的是一份大礼：他的页面上有17 000

个新点击，他的邮箱里有几百封新邮件。他画的这幅漫画完美地表达了人们对 2000 年总统大选的失望。他出门在外的这一天，这幅漫画传遍了全世界。看到这幅漫画的人都想保存一个副本。从美国到日本，无数报纸和网站都请求他允许自己刊登这幅漫画。在短短的几个小时里，他不再是普通的“迈克”，他一举成名。无数的女孩追求他，无数的父母想要把女儿嫁给他。当总统大选尘埃落定时，柯林斯的漫画或许已经成为过去十年来最广为流传的漫画。他在个人网站上出售的所有物品，从 T 恤到贺卡，到处都印着他的这幅漫画。这可能是 2000 年佛罗里达州命运多舛的投票留下的唯一经久不衰的印象。

迈克·柯林斯的成名之路是经典美国梦的再现。但是，它的不寻常之处是它发生的速度。几十年前，即便是在美国也不会有人能在一夜间成为世界名人。如今情况不同了。我们通常会把这些变化归功于互联网，认为是互联网在酝酿和传播名声。但是，完全用技术来解释是不够的。我们正目睹一些全新的事物，它们可以让思想和时尚以光速传播到每个人。

复杂网络中的传播规律

表面上看，盖坦·杜加斯和迈克·柯林斯几乎没有共同之处。前者传播了一种致命的疾病；后者是小城镇的业余漫画家，因一个好想法而出名。艾滋病经过十年的时间从非洲蔓延到全世界，主要通过性行为从一个人传播到另一个人。柯林斯的漫画则是通过点击和电子邮件在一夜之间传遍了全世界。然而，他们有一个重要的相同点：他们都是在复杂网络中传播的例子。高度活跃的同性恋文化的出现，让艾滋病通过 20 世纪 80 年代复杂的性关系网络进行传播。我们能够通过电子邮件联系到我们的朋友，这种能力使得选票漫画通过复杂的计算机网络迅速传播。两者都遵循着同样的基本规律，这些规律支配着复杂网络中时尚、思想和疾病的传播。这些规律已经被广泛研究过：

- 市场营销主管们研究如何卖出他们的商品；
- 社会学家研究如何理解潮流、时尚和骚乱；
- 政治学家研究投票模式和政治机遇；
- 医生和传染病学家则希望能够抑制埃博拉病毒和周而复始的冬季流感；
- 编写计算机病毒的年轻人试图在一夜之间摧毁所有的微软产品；
- 系统管理员想方设法避免病毒摧毁他们的系统。

这些规律被认为是普适的，事实上也的确如此。但我们对复杂网络的新认识促使我们从一个新的视角重新研究这些规律。

创新者，传播钟形曲线的起点

1933年,杂交玉米在美国仅有162平方千米的种植面积,到了1939年,已经增至9.7万平方千米，达到全国玉米种植面积的四分之一。杂交玉米给美国种植业带来革命性改变，在不到十年的时间里席卷整个美国中西部地区。其中，艾奥瓦州是最早接受杂交玉米的州。这一新品种在1929年才出现，但艾奥瓦州在1939年已经有75%的玉米种植区在种植杂交玉米。这个快速的扩张过程，加上农场主们详细的种植记录，为研究创新如何传播提供了第一手资料。1943年，艾奥瓦州立大学的布赖斯·瑞恩（Bryce Ryan）和尼尔·克劳斯（Neal C. Cross）开始了这项研究。

在采用某种创新之前，我们一般会先问自己几个简单的问题：我应该花时间去评估这种新产品吗？应该为它花钱吗？我怎么知道它会不会像承诺的那样好用？这些问题在选择杂交玉米时也会遇到。要采用杂交玉米，农场主需要投资购买新种子以取代他们已经拥有的种子。虽然这种转换有可能会带来更好的收成，但是没人能够保证这些额外的收成能够抵消前期的投资。这种风险对早期采用者尤为重要。即便如此，还是有一些愿意承担风险的人，是他们让杂交玉米最终在艾奥瓦州扎下了根。今天，我们把这些人叫做“创新者”。

> 每个人都认识一些创新者。他们是我们身边第一时间购买苹果牛顿掌上电脑（Newton Handheld Computer）的熟人——不过后来发现这个新产品并没有厂商声称的那样好。几年后，他们是第一批在Palm Pilot灰乎乎的屏幕上玩手写输入的人——这一次，他们开启了掌上电脑革命的新纪元。他们是在流行时尚成为主流之前就开始尝试的年轻人，是在新想法通过书籍、电影和杂志传播给我们之前把这些想法构思出来的艺术家和知识分子。在艾奥瓦州，他们就是在与销售代表交谈以及阅读宣传册之后就能下定决心试种新种子的农场主。

瑞恩和克劳斯发现，如果把每年新增的采用新品种的农场主数量画成曲线，该曲线会先快速上升到极大值，然后又快速下降，形成一条钟形曲线。一种新产品如果通过了创新者的测试，借助他们的推荐，就会到达早期采用者的手中。接下来会有大量的早期追随者，直到达到最终采用者人数的一半为止。过了该时间点，新采用者的增长数量开始下降，那些做决定较慢却被大量有利证据说服的人开始采用。后期的追随者是那些看到四周全是杂交玉米而最终信服的人。该曲线最终以少数最磨蹭的人结尾，这些人在发现自己是明显的少数派时才加入进来。

瑞恩和克劳斯观察到的钟形曲线不仅可用于描绘艾奥瓦州的农场主，它还刻画了大多数创新的传播过程，为市场营销和规划专家预测产品需求提供了有力工具。不过，该曲线并不能回答当今的流行病学家和首席执行官们想知道的一个问题：如果有的话，社交网络在病毒和创新的传播中到底发挥了什么作用？

意见领袖的力量

1954年，哥伦比亚大学应用社会研究中心的研究人员艾利休·凯茨（Elihu Katz）发起了主题为"社交关系对行为的影响"的研究倡议。医药巨头辉瑞公司（Pfizer）的市场研究主任恰好是哥伦比亚大学的校友，他正迫切地想知道医师采纳一种新药的过程，于是为凯茨及他的同事詹姆斯·科尔曼（James Coleman）和赫伯特·门泽尔（Herbert Menzel）提供了40 000美元，资助他们追踪四环素（tetracycline）的传播过程——20世纪50年代中期推出的一种强力抗生素。

科尔曼、凯茨和门泽尔采访了伊利诺伊州一个小镇上的125名医生，让他们分别写下自己最经常与之讨论行医实践的三个人，自己最常向其询问用药建议的三个人，以及自己认为是朋友的三个人。借助这些名单，他们建立起一个医药圈社交关系与影响力的复杂网络。

结果表明，医生之间大有不同。被大部分同事认为对自己的日常决策有重要影响的医生只有少数几个。他们是医药圈里的枢纽节点。其余大多数人的作用都非常小。在四环素的推广过程中，和未被任何人提起的医生相比，那些被三个以上医生视为朋友的医生采用四环素这种新药的可能性要高出三倍。

利用药店的处方记录，研究人员能够追踪医药沿着社会关系传播的过程。结果表明，早期采用者和早期追随者都是拥有大量社会关系的知名医生。这些高度连接的医生更有可能接触到创新者，从而更快地了解这种新药。新药一旦被这些医生采纳，就可以从这些枢纽节点传播到连接度较低的医生那里，他们就是后期的追随者。最后才是那些顽固派，他们会拒绝使用新药直到最后。

辉瑞公司的研究表明，创新由创新者传播到枢纽节点，然后从枢纽节点将信息沿着大量的链接传播出去，传达给特定社会群体或职业圈子里的多数人。作为无尺度网络的重要组成部分，枢纽节点是数量少、连接度高的个体，他们将整个社会网络连接在一起。在艾滋病流行中，同性恋飞机乘务员盖坦·杜加斯显然是一个主要的枢纽节点。四处旅行、身边有一圈朋友与追随者的保罗，也是早期基督教最有影响力的枢纽节点。

链接洞察 LINKED

枢纽节点在营销中通常被称为“意见领袖”、“强力用户”或“有影响力的人”。和普通人相比，他们能够就某个产品和更多的人交流。借助大量的社会关系，他们能够最先觉察和应用那些创新者的经验。尽管他们自身未必是创新者，但是他们对创新的接受却是发起新想法或创新的关键。枢纽节点如果抵制新产品，就会形成一面无法穿透并深有影响的墙，创新只能以失败告终。如果枢纽节点接受新产品，他们会影响一大批人接受新产品。

社会学家和营销专家早就知道这些意见领袖的存在。然而，之前他们一直把枢纽节点视为特殊现象，并不清楚他们为什么存在、究竟有多少。社会网络模型并不支持枢纽节点的存在。无尺度网络的框架首次为枢纽节点的存在提供了理论依据。我们即将看到，枢纽节点几乎改变了我们对思想、创新和病毒的传播所知道的一切。

先发未必先至

1993年，苹果公司推出的牛顿掌上电脑是从百事可乐跳槽过来的首席执行官约翰·斯库利（John Sculley）的创意，虽经过公司努力的推广，但最终也没能热销。不过，它引领了一场革命。

如今，市面上流通着数百万部掌上设备。虽然数字已经很大，但很多人仍然认为我们尚处在市场占有率钟形曲线的前端。对于苹果公司而言，不幸的是这些掌上设备没有一个是牛顿掌上电脑。Palm，Handspring，各种型号的Pocket PC，以及数不清的类似产品已经占领了苹果曾梦想占领的领地，这一事实有力地证明了先来者未必有先发优势。牛顿掌上电脑融合了多种新技术，是一种前所未有的产品，曾被寄予厚望。然而，事实证明，获得成功并没有那么容易。厄运开始于讥讽其糟糕的手写识别能力的一系列报道。随后，又有人指出它的电池只能使用20分钟。失望接踵而至，牛顿掌上电脑的重新设计版本MessagePad的销量在1995年仅达到85 000部，令人大失所望。三年后，史蒂夫·乔布斯重任苹果首席执行官。为了减少亏损，这个产品被放弃了。

牛顿掌上电脑和其他许多产品的失败需要一个解释。为什么某些发明、流言和病毒能够蔓延全球,而其他的却只能局部扩散或者干脆消失呢?这些赢家和输家之间为什么会有区别，而区别又在何处呢？显然，其中的缘由并不能简单地归结于广告宣传。毕竟，在苹果强大的营销机构支持下，牛顿掌上电脑还是倒下了。一个价值十亿的问题是：我们如何预先判断一个产品的成败?

传播速率与关键阈值

为了解释时尚和病毒的流行与消失，社会学家与流行病学家发明了一种非常有用的工具，叫做“阈值模型”。每个人接受创新的意愿有强有弱。一般而言，只要有足够充分的正面证据，每个人都能被说服接受一种新思想。不过，不同的人需要的证据的强弱程度不同。考虑到这种差异，扩散模型中为每个人赋予一个阈值，来量化这个人接受某个创新的可能性。例如，那些在牛顿掌上电脑发布之后就购买了产品的人，其阈值接近于零。不过，大多数人在刷信用卡之前都想先看看这种新产品是否好用，因此大多数人的阈值都高于零。

虽然不同的扩散模型在目的和细节上存在明显的不同，但所有模型都在预测同一个现象：每种创新都有一个确定的“传播率”，表示人们在接触到该创新之后采纳它的可能性。例如，传播率包括你在见到一种新型掌上设备后立即购买它的可能性。不过，只知道传播率并不足以决定一种创新的命运。因此，我们必须计算“临界阈值”，该值是由创新传播网络自身的性质决定的。**如果一个创新的传播率低于临界阈值，它很快就会消亡；如果传播率高于该阈值，接受该创新的人数将会呈指数增长，直到所有潜在接受者都接受为止。**

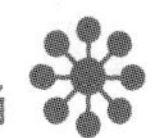

在对传播和扩散的理解方面，最重要的概念性进步可能是，认识到了时尚与病毒传播的必备条件是传播率要超过临界阈值。如今，临界阈值的概念出现在每一种扩散理论中。

- 流行病学家在建模一种新型疾病变成流行病的概率时使用了临界阈值，艾滋病就是一个例子。
- 营销学的教科书会在估计产品畅销的可能性以及解释产品滞销的原因时讲到临界阈值。
- 社会学家用临界阈值来解释节育方法在女性间的扩散。
- 政治学家用临界阈值来解释政党与运动的生命周期，并用它建模和平示威变成暴力冲突的概率。

几十年来，遇到传播问题时，我们基本都采用这种简单而有效的范式。如果要估计一种创新的传播可能性，我们只需要知道它的传播率和它面临的临界阈值。没有人对这种方法提出过质疑。不过，最近我们了解到，某些病毒和创新无视这种范式。

爱虫病毒的扩散

迄今为止最有破坏力的病毒——爱虫病毒（Love Bug）从菲律宾出发，数小时内就到达全世界所有使用计算机的角落。2000 年 5 月 8 日，随着太阳的升起，一块大陆接着一块大陆上的计算机接连中招——这是一场席卷东西方的全球多米诺骨牌效应。香港的第一批受害者还没有得到计算机安全专家的协助，德国一家知名报社的系统管理员就眼睁睁地看着 2 000 多张电子照片被病毒吞噬了。在比利时，ATM 机系统被破坏，焦急的客户取不出钱。一小时后醒来的伦敦市民发现议会被迫关门了。从欧洲再度出发之前，这种病毒已经让瑞典、德国和荷兰多达70%的计算机瘫痪。惨剧继续在美国上演，病毒钻进了华盛顿的国会大楼，感染了80%的联邦部门，包括国防和政府机构，并且关闭了布什竞选总统使用的电子邮件系统。

爱虫病毒破坏了全球4 500万台计算机，造成了100亿美元的损失。爱虫病毒是一个精心设计的、无人能抗拒的心理陷阱。看到一个标题为“致你的情书”的邮件，你怎么会不立即打开呢？如果你向这种冲动妥协了，那么被激活的病毒将从你的硬盘上删除一堆文档，尤其是含有数字图片和音乐的jpeg和mp3文件。接下来它会寻找微软的Outlook Express电子邮件程序。如果找到了，它将把新复制的情书发给你通信录里保存的朋友和熟人。

菲律宾的理查德·程（Richard Cheng）和马里尔·索里亚诺（Maricel Soriano）编写了阻挡爱虫病毒入侵计算机的反病毒程序之后，惨剧得以缓和。但爱虫的神奇之处在于，虽然反病毒程序到处都能免费获得，这种病毒仍然存活着。记录病毒出没信息的网站Virus Bulletin显示，在2001年4月，爱虫仍然在最活跃的病毒排行榜上名列第七——这已经是针对它的杀毒程序发布一年之后了。我在2001年7月还收到一封含有爱虫病毒的邮件。

对此，人们倾向于认为是爱虫过于凶险，所以才无法完全清除。然而，凶险并不足以解释它的持续存在。物理学家罗莫尔多·帕斯特-萨托雷斯（Romualdo Pastor-Satorras）和亚历山德罗·维斯皮那尼（Alessandro Vespignani）证明了，和阈值模型的预测不同，**在真实网络中，高度凶险并不能保证病毒传播开来。**

无尺度网络中的传播规律

的里雅斯特（Trieste）是独具特色的意大利北部小镇，历史复杂而纷乱，这里坐落着著名的国际理论物理中心。该中心由诺贝尔奖得主，巴基斯坦物理学家阿卜杜勒·萨拉姆（Abdus Salam）创立并经营数十年，为第三世界的物理学家提供安定并有智力挑战性的研究场所，让他们在这里和全世界的同行建立联系。1999年，西班牙物理学家罗莫尔多·帕斯特–萨托雷斯在回到巴塞罗那任教授之前，曾在该中心进行了为期两年的博士后研究。2000年夏，他回到的里雅斯特进行为期两个月的访问，并计划完成他上次在这里没有做完的几个研究项目。这些研究项目是他和他当时的指导老师亚历山德罗·维斯皮那尼一起发起的。在整理一篇新论文的参考文献时，他们偶然发现了一篇题为《计算机病毒研究中的开放问题》（*Open Problems in Computer Virus Research*）的论文，该论文的作者是IBM的计算机病毒专家史蒂夫·怀特（Steve R. White）。这篇论文论述了受生物学启发而提出的流行病模型并不能很好地描述爱虫病毒和其他计算机病毒的传播。

受该发现的吸引，研究人员决定更仔细地研究病毒传播问题。利用计算机病毒预防网站“病毒公告板实验室”（Virus Bulletin）的记录，他们确定了病毒在出现之后若干个月仍然存活的概率。结果令人惊讶：大多数病毒的生命期在6到14个月之间。也就是说，病毒在首次出现一年多之后，还在感染新的计算机，这要比预期的消亡时间长很多。正如帕斯特–萨托雷斯和维斯皮那尼所说：“病毒典型的活跃时间相比杀毒软件出现的时间（一般在第一例病毒感染被报告之后的几天或几周内）要长很多。”就像木乃伊那样，病毒会从石棺中反复醒来，永不停息。

研究者常用标准阈值模型的各种版本描述计算机病毒的传播。在这些模型中，每台计算机要么健康，要么被感染。在每个时间段里，一台健康的计算机如果和一台被感染的计算机有接触，就有可能感染病毒。被感染的计算机被“治愈”之后，依然能够被再次感染。假定计算机是随机连接在一起的，这种模型刻画了病毒传播的经典情形：传染性超过临界阈值的凶恶病毒能够传播给大多数计算机。相反，如果病毒的传染性低于该阈值，新感染的计算机数量将迅速减少，直到病毒消失。

2000 年 8 月，帕斯特–萨托雷斯和维斯皮那尼得出了结论：怀特是正确的，计算机病毒并不服从经典流行病模型的预测。不过，他们还不了解这种差异出现的原因。也许是运气使然，我的研究组关于“互联网的阿喀琉斯之踵”的论文恰好在那一周登上了《自然》杂志的封面。在读过该论文之后，他们豁然开朗，找出了缺失的环节：互联网上的计算机并不是随机连接在一起的。承载病毒传播的网络具有无尺度拓扑。因此，计算机病毒应该在无尺度网络上进行建模，而不是像先前的研究那样在随机网络上建模。帕斯特–萨托雷斯和维斯皮那尼立即进行了尝试，他们第一次在真实的无尺度网络上研究扩散现象。结果非常让人吃惊：**在无尺度网络上，传染阈值奇迹般地消失了！这就是说，即便病毒不那么具有传染性，仍然能够传播和存活。**这颠覆了过去五十年关于扩散的研究积累下的所有结论，无尺度网络上传播的病毒根本没有碰到任何阈值，它们是不可阻挡的。

链接洞察 LINKED

这种高度异常的行为源自互联网不均匀的拓扑。无尺度网络是由枢纽节点主导的。由于枢纽节点连接着数量巨大的其他计算机，所以被其中一台计算机感染的机会很大。而枢纽节点一旦被感染，就会把病毒传染给所有与它连接的计算机。因此，高度连接的枢纽节点为病毒的持续存活和传播提供了独一无二的便利。虽然凶恶的病毒在任何网络中都能快速到达所有节点，但相对温和的病毒在无尺度环境下也有很大的概率存活下来。

这些结果不仅适用于计算机病毒。对帕斯特–萨托雷斯和维斯皮那尼所用的模型进行一些修改，就可将之用于描述思想、创新和新产品的传播以及流行病的扩散。近似来看，该模型同样刻画了宗教传播的过程：作为高度连接且四处活动的枢纽节点，保罗在将早期基督教的信仰传播给尽可能多的人时发挥了重要作用。思想和创新沿着社会网络中的链接在人与人之间传播。由于社会网络具有无尺度拓扑，在计算机病毒那里观察到的异常也会出现在这些系统中。

无尺度拓扑，病毒得以传播和存活的基础

在我们每个人所拥有的数百个社会链接中，只有少数几个能达到可以传播性病的亲密程度。因此，艾滋病是在高度互联的社交网络中一个非常稀疏的子网络上传播的。再加上这种疾病相对较低的传染性，按常理来说，这种流行病早就应该消失了。但实际上，艾滋病已经感染了大

约5 000万人，而且这个数字还在不断增加。我们很容易会想到的里雅斯特的研究成果，把艾滋病的快速传播归因于社会网络的无尺度拓扑。但是，并非所有的社会关系都对应着性链接，于是我们会问，承载这种致命疾病的性关系网络的拓扑是什么样的呢？

2000年11月下旬的某一天，瑞典斯德哥尔摩大学的社会学博士生卡丽娜·穆德·罗曼（Carina Mood Roman）在不断尝试着理解她在课后作业中观测到的极端不对称的误差。她对一组瑞典人进行研究，预测他们的性伴侣数量。瑞典是第一批在法律上允许未婚夫妇同居的国家，那里的性观念相对开放。同时，瑞典还有着优良而覆盖面很广的医疗和社会保障。艾滋病在北欧出现之后，瑞典研究人员开始了关于性接触的广泛研究，希望找出能有效减缓其传播的手段。

获取人们之间的性关系网络几乎是不可能的。如果我问你跟哪些人发生过性关系，而且你知道我还会找到他们再接着问下去，你会愿意告诉我吗？幸运的是，我们不需要完整的性关系网络就能判定其是无尺度的还是随机的。我们需要知道的只是度分布，这可以通过向有代表性的社会子集询问他们各自有几个性伴侣来完成。这样，就不必让受访对象讲明每个性伴侣的身份，任务的难度也大大降低了。1996年，瑞典科学家对4 781个年龄在18到74岁的随机个体发放了数千张调查问卷，收集他们的性习惯信息，最后收回了59%的问卷。这样，他们得到了瑞典性关系网络上2 810个节点的链接数量。

如今，这份数据经常用于让学生测试各种统计方法。罗曼当时就有这份数据，她请室友弗雷德里克·里耶罗斯（Fredrik Liljeros）帮她解读误差曲线。

> 里耶罗斯当时刚开始进行社会学研究，他被一系列数学社会学的讲座深深吸引，投身到数学社会学领域，专注于研究社会组织的演化。这样的研究让他掌握了很多数学工具和概念，包括自组织和幂律。

虽然是典型的北欧人，但研究热情一旦迸发，二十来岁的里耶罗斯就没有了他的同胞所具有的沉默和保守。“这看起来像幂律！”他看到罗曼屏幕上的曲线之后，冲着室友喊道。他没有继续帮她完成作业，而是要走了数据去验证他的猜测。然后，他把数据通过电子邮件发给了曾与他合作的波士顿大学的路易斯·阿马拉尔（Luis Amral）。阿马拉尔当时刚开始关注复杂网络的研究，并发表了一些有关无尺度网络建模的开创性论文。阿玛拉尔立刻就发现，里耶罗斯发给他的数据包含了关键的信息，能够回答我们先前提出的问题：性关系网络的拓扑是什么样的？

性习惯的相关研究都面临着严重的记忆偏差问题，相比而言，男人似乎能记住更多的性伴侣。因此，瑞典这次研究中的受访者首先被问道的问题是：上一年内他们有多少个性伴侣。这个问题的答案可能会准确一些。很显然，如果问他们整个人生中的性伴侣总数，每个人的回答都会受到破碎的记忆与期望的影响。虽然存在潜在的偏差，结果却是一致的：大多数受访者一生中的性伴侣个数介于1和10之间，有些人则有几十个或更多，少数人甚至有几百个。无论是只考虑一年之内的还是考虑一生的，无论是男人还是女人，分布都服从幂律。综上所述，这些数据强有力地证明：性关系网络具有无尺度拓扑。后来，以美国人为对象的调查验证了这一结论。

表面上看，盖坦·杜加斯保持着每年250个性伴侣的纪录。然而，威尔特·张伯伦声称他和20 000个女性发生过性关系，这个让人惊愕的数字远远超出了杜加斯的纪录。

> “没错，的确如此，是20 000个不同的女性，”他写道，“如果从我15岁开始算起，到我现在的年龄，相当于每天和1.2个女人发生过性关系。”这位NBA名人堂里的名人因混乱的性生活招致了很多人的批评。

不过，斯德哥尔摩–波士顿的合作研究发现，张伯伦并不是唯一的。无尺度拓扑意味着，虽然大多数人只有少数几个性链接，但整张性接触网是通过一系列高度连接的枢纽节点连接在一起的。他们都是威尔特·张伯伦和盖坦·杜加斯，拥有数目惊人的性伴侣。

链接洞察 LINKED

考虑到这些结果，的里雅斯特的预测提供了关于艾滋病流行的新观点。这种致命的病毒必然走了一条新事物与计算机病毒传播过程中已经走过的路：枢纽节点因其大量的性接触成为最早被感染的那一批；一旦被感染，他们迅速再度感染其他成百上千人。如果我们的性网络是同构的、随机的网络，艾滋病或许早就消亡了。艾滋病面对的无尺度拓扑使得该病毒可以传播和存活。

优先治疗枢纽节点，优先对付“毒王”

1997年，艾滋病死亡人数首次下降，我们以为最坏的时候已经过去。

但是，我们错了。现在，全球每天都有 15 000 人感染艾滋病。他们中的大多数都会在十年内死去。如今，如果你是博茨瓦纳（Botswana）一名 15 岁的年轻人，你今生因感染艾滋病而死去的可能性接近 90%。事实上，从这里或其他撒哈拉以南的非洲国家找出一个将来不会被艾滋病夺去生命的年轻人实在是太难了。虽然市面上已经出现了一些相对有效的艾滋病治疗办法，但这种情形的确是事实。实际上，这些治疗办法中，没有哪一个能根治这种疾病。但是，每个治疗办法都确实能够让艾滋病变成慢性病，从而让大多数病人可以活到自然死亡。最大的问题在于，每年 15 000 美元的治疗费用对于欧洲和北美以外的大多数国家来说太昂贵了。

非洲遭遇的危机最严重。问题不仅仅是大多数非洲国家负担不起昂贵的药物。即便药物价格下降，这些国家也缺乏分发药品和监督治疗的基础设施。在 20 世纪，艾滋病已经成为令人恐怖的著名杀手。通过宣传以及比尔·盖茨和众多公众人物的支持，抵抗艾滋病运动已经得到了关注，大型医药厂商被迫以成本价向贫穷国家提供药品。然而，这只是第一步。很显然，即便有多达几十亿美元的国际援助，即便只需要支付成本价，还是没有足够的费用为每个人购买治疗药物。那么，先治疗哪些人呢？

艾滋病早期的传播方式主要是同性性交，如今的主要传播方式则是异性性交。正如我们前面所言，枢纽节点在传播过程中发挥着关键作用。**枢纽节点的独特作用为我们提供了一个大胆而冷酷的解决方案：由于资源有限，应该只治疗枢纽节点。**也就是说，如果存在治疗方案，但没有足够的钱提供给每一个需要的人，那就应该主要提供给枢纽节点。这是最近两项研究得出的结论，一项研究来自帕斯特-萨托雷斯和维斯皮那尼，另一项研究来自我研究组的研究生佐尔丹·戴索（Zoltán Dezsö）。这些研究结果表明，如果我们为度大于某个预设值的所有节点提供治疗，无论我们将预设值设定成多少，传播阈值都会变成一个有限的值。**我们治疗的枢纽节点越多，传播阈值就越高，病毒消亡的可能性就越大。**

问题是我们无法确切地知道谁是枢纽节点。因此，佐尔丹·戴索和我开始着手解决一个更为困难的问题。虽然我们不知道如何准确找出枢纽节点，但是几十年的社会学研究为我们提供了有效的方法，来识别给定社区里的高危群体以及最可能是传染源的个体。社会地位、年龄、职业和许多其他因素都发挥着作用。因此，我们能以一定的概率找到枢纽节点。确实有很多枢纽节点会被漏掉，也会有一些非枢纽节点被误当成枢纽节点。但是，我们仍然需要知道这种不完美的方法是否有用。无法准确地识别出枢纽节点，我们是否仍能找出传播阈值呢？为回答该问题，我们假定，节点并不是随机治疗的，而是让医疗机构按照有偏的策略选择节点进行治疗：让那些性关系链接数多的节点比链接少的节点有更高的概率得到治疗。这种基于概率的方法让我们可以将“有针对性地识别和治疗高度连接的节点”的治疗方案和“随机选择节点进行治疗”的治疗方案进行对比。佐尔丹·戴索对比之后发现了让人意外的结果。没错，随机治疗方案具有零阈值，病毒无法阻止。不过，**任何偏向于选择链接数高的节点进行治疗的策略，哪怕略微偏向一些，都能得到一个有限的传播阈值。也就是说，即便我们找不到所有的枢纽节点，只要我们偏向于选择枢纽节点进行治疗，一样能降低疾病的传播率。**

任何选择性策略都会引发重要的伦理问题。实际上，我们的研究结果表明，当面临有限的资源时，有选择的治疗策略最终是鼓励混乱的性生活：一个人的性伴侣越多，被我们选出来进行治疗的可能性就越大。我们在选择和治疗性生活混乱的个体方面做得越好，会感染这种疾病的人越少。我们准备好为了整体的利益而放弃那些链接数少的病人了吗？我们准备好把药物提供给链接数高的贫穷妓女，而不是更富裕但链接数少的中产阶层了吗？

有一种解决方案让这种伦理争论变得更学术一些：疫苗。现在，整个世界在艾滋病疫苗研究上的投入仅为3.5亿美元。相比于美国和欧洲每天花费在艾滋病药物上的30亿美元以及单个战斗机就价值十几亿美元的军费，这点钱实在算不上什么。在我们不断与优先权角力的同时，我的感觉是，我们还需要竭尽所能去阻止这种疾病的传播，哪怕是要鼓励混乱的性生活。

社会网络的变化影响传播与扩散规律

自从艾奥瓦州的开创性研究以来，我们对产品成败、流行病和时尚的理解有了明显的进步。在最近几十年，这个课题有了非常高的多元化趋势。我们已经知道了，研究新玉米品种的采纳有助于理解艾滋病的传播和畅销产品的出现。我们已经知道了，虽然每个扩散过程都有随机性，但是它们都服从精确的数学语言描述的规律。而且，我们已经开始理解，社会网络在这些过程中发挥的重要作用。

不过，最近50年发生了许多变化。随着传真机、电子邮件等高速通信设备的普及，世界范围的社会网络得到了爆炸式发展，将我们以史无前例的程度联系在一起。我们迫切地想知道，社会网络的这种变化会如何影响扩散的规律。在这个持续运动的世界中，随着生化恐怖主义的威胁扩大以及艾滋病的持续扩散，我们非常需要预测和跟踪致命病毒的行踪，因为感染的个体可以登上一架飞机，迅速将局部流行病变成全球瘟疫。在这个对计算机的依赖不断扩大的世界里，已经有人造出不受国界束缚的新型病毒。爱虫的各种变形体不仅是令人讨厌的破玩意儿，还代表着对我们人身安全和生活方式的巨大威胁，很容易造成致命的危险。由于它们的滋生，一类新的流行病学家出现了，他们就是时刻关注着网上空间健康状态的计算机安全专家。

创新以及生物或计算机病毒在枢纽节点主导的异质网络上传播。的里雅斯特的研究意味着，有关传播和扩散的知识我们还知之甚少。我相信，迄今得到的结论只是冰山一角。尽管传播和扩散具有普适性质，同时单个系统也具有一些独特性质，而且这些性质的重要性不亚于普适规律，但如果有人说计算机病毒的传播模型可以直接用于刻画艾滋病的流行，那一定是在自欺欺人。要对疾病的传播做出精细的预测，模型就必须含有关于流行病的具体细节。这仍然是个未实现的遥远梦想。不过，清楚理解传播和扩散所服从的基本规律是迈向成功的必要一步。最近，该领域的突破刺激着我们重新审视从营销到流感传播的老问题，并且严谨地检查原有的假设。沿着这一路径，我确信我们将收获更多的惊喜和潜在的突破。

最近，互联网提供的丰富数据，使得传播和流行病的研究范式有可能发生变革。作为讨论最多的网络，互联网帮助我们首次找到了无尺度网络。沿着互联网蔓延的病毒，为我们提供了具有启发性和必要的数据，使得的里雅斯特的研究成为可能，让我们可以揭示出某些流行病的“无阈值”特性。这些研究得出的结论，促使我们重新审视从时尚到艾滋病传播的方方面面。现在，让我们退后一步，仔细看看这个让所有这些发现成为可能的复杂媒介，勾勒出互联网背后的网络。

第11链 觉醒中的互联网

❋ 虽然互联网是人造系统，但从结构上来看，却更像是一个生态系统。多种观念、多种动机汇聚到一起，在互联网的结构上留下了各自的印记，创造出这个混杂的信息集合。互联网的复杂性恐怕只有人脑才能与之媲美。不过，人类大脑的容量几个世纪以来就稳定不变了，而互联网的大小却一直在以指数级增长，并且丝毫没有减慢的迹象。

保罗·巴兰与最优的抗击打系统

保罗·巴兰（Paul Baran）在宾夕法尼亚大学注册学习他的第一门计算机科学课程时，该课程已经开始一周了。他知道自己错过了第一节课，但并没有过于担忧，反正第一节课也不会讲太多内容。第二次上课的时候他去了，那堂课讲的是布尔代数，这是计算机逻辑背后的数学运算基础。他回忆道："当时，老师走到黑板前，写下了'1+1=0'。我环顾整个教室,等着有人来纠正他的这个低级运算错误。结果没有人那么做。于是，我觉得自己可能错过了什么内容。不过,我后来也没有去补课。"但十年后，他重温了该课程。那时他已经做起了毕业后的第四份工作。这次他遇到了另外一个问题：来得太早了。

那时，巴兰不到30岁，刚刚在兰德公司（RAND Corporation）工作了几个月。公司交给巴兰一个艰巨的任务，让他负责开发一个能够在遭受核攻击时继续使用的通信系统。在1959年，如果说苏联的核弹头会从天而降，这绝不只是科幻片，而是确实存在的一种战争威胁。巴兰的雇主是加利福尼亚的一个智囊团体，成立于1946年，主要是为军方的核武器建设提供知识技能服务，在预演战争场景和潜在灾难后果方面拥有大量的专业技术。该公司从事的工作，如预计和详述数百万人会死于核攻击，让公司的媒体形象不是很好，公司通常被冠以核战争狂的头衔。巴兰的任务是开发一个能经受核攻击的通信系统，这和兰德公司的宗旨是吻合的。巴兰对待这份工作非常认真，在十二卷的“兰德公司备忘录”中，他详细描述了当时通信基础设施的脆弱性，并提出了一个更好的方案——互联网。

巴兰看到了20世纪50年代指令系统的脆弱性，这类指令系统隐藏在现有通信网络的拓扑中。考虑到核攻击会破坏掉其爆炸范围内的所有设备，巴兰希望设计出一个系统，使核爆炸范围之外的用户仍然能够保持联系。在考察当时的通信系统时，巴兰看到了三种类型的网络（见图11—1）。巴兰放弃了星形拓扑，他认为：“中心式网络显然是脆弱的，摧毁单个枢纽节点就能破坏终端之间的通信。”巴兰将当时的系统视为“由一组星形网络以更大的星型方式形成的层级结构”，这是对无尺度网络的早期描述。他以惊人的洞察力发现，这种拓扑过于中心化，面对攻击时无法存活。在巴兰的脑子里，理想的架构是一种分布式的网状结构，类似于高速公路系统。这种网状结构中存在足够多的冗余，在某些节点失效后还有替代的路径，使其他节点之间保持联系。

长期以来，关于互联网有一个神话：互联网的设计能够经受苏联的核攻击。没错，巴兰的主要初衷就是要设计出一个能够经受苏联核攻击的系统。但是，他的观点和创见最终被军方完全忽视。如此一来，如今互联网的拓扑和巴兰的愿景几乎就没有什么关系了。不过，从军方到工业界都激烈反对其设计的原因，并不是因为巴兰提倡进行拓扑改变。反对主要针对他的一项提议：将信息分成大小相同，能够独立在网络上传输的数据包。当时的模拟通信系统无法做到这一点。

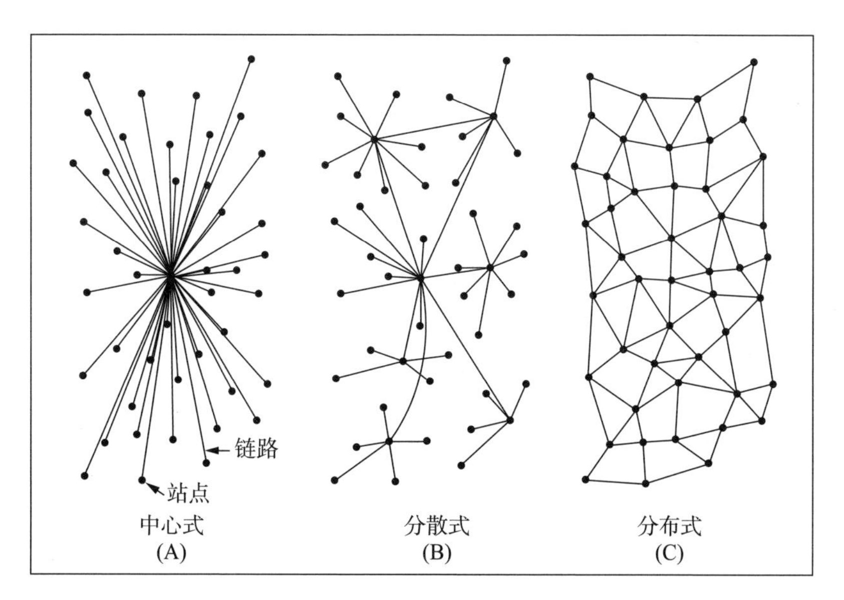

1964年，保罗·巴兰开始思考互联网的最优结构。他建议了三种可能的网络架构——中心式、分散式和分布式，并同时给出了警示：主宰当时通信系统的中心式结构和分散式结构，在面临攻击时是非常脆弱的。他提出，互联网应该设计成分布式网格状架构。

图 11—1　保罗·巴兰的网络

因此，他提议将通信系统换成数字系统。对于当时的通信垄断企业美国电话电报公司来说，这种替换是难以接受的。美国电话电报公司的杰克·奥斯特曼（Jack Osterman）一听到巴兰的提议就驳斥道："首先，这个系统不可能运行起来；其次，即使它能运行，我们也不会傻到去创建一个跟自己竞争的系统。"巴兰的观点，每一步都遭到军方和工业界的反对。直到数年之后，美国国防部高级研究计划署（简称 ARPA），在不知道巴兰研究结果的情况下独立地提出了同样的构想，人们才重新认识到当初巴兰提出的建议的价值。不过，这时互联网的发展已经蒸蒸日上了。

链接洞察 LINKED

理解互联网的拓扑，是开发能够提供快速可靠通信基础设施所需工具和服务的前提。虽然互联网也是人造系统，但却没有中心化的设计。从结构上来看，互联网更像是一个生态系统，而不像瑞士手表。因此，理解互联网不仅仅是工程或数学的问题。在塑造互联网的拓扑中，历史力量发挥了重要作用。多种观念、多种动机汇聚到一起，在互联网的结构上留下了各自的印记，创造出这个混杂的信息集合，留给历史学家和计算机科学家去解读。

将互不兼容的机器连起来——互联网的诞生

ARPA 是艾森豪威尔总统为回应苏联发射人类第一颗人造卫星而创立的。最初，ARPA 掌控着大多数高级军事研究和开发项目，尤其是反弹道导弹计划和卫星计划。但在美国国家航空航天局接管太空计划后，ARPA 的实力大减。

为了竭力争取新的研究项目，ARPA 对自身定位进行了调整，转而致力于军事相关的长期研究项目，与由不同的军方机构自己组织的短期开发项目相区别。互联网进入 ARPA 的视野大约是在 1965 年或 1966 年。当时，ARPA 的计算项目部主任鲍勃·泰勒（Bob Taylor）突然意识到，联邦政府的资金存在巨大的浪费。

20 世纪 60 年代，ARPA 已经开始大量资助计算机研究。计算机研究

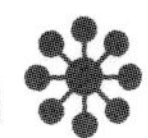

确实需要大量的投资——当时个人电脑的时代还未到来，每台电脑的价钱动辄几十万，甚至数百万美元。ARPA 遍布全国的研究机构拥有数台这样的巨兽。问题是，即使是放置在同一房间中的电脑，也无法相互通信，更不用说利用其他 ARPA 研究机构的计算能力了。鲍勃·泰勒当时想出了一个绝妙的主意：为了避免浪费，为什么不把这些互不兼容的机器连接起来呢？1966 年 2 月，泰勒将这一想法汇报给 ARPA 的主任查理·赫尔茨菲尔德（Charlie Herzfeld），主任给他批了 100 万美元，让他启动这一新的计划。

英国国家物理研究所（Britain's National Physical Laboratory）位于离伦敦不远的特丁顿（Teddington）。该研究所的计算机科学部主任唐纳德·戴维斯（Donald Davies）也想到了计算机互联的主意。戴维斯努力想把自己的想法变成现实，在不知道巴兰早已做过先期研究的情况下，他重新发明了数据包和数据包交换等概念。1967 年，在得克萨斯州加特林堡（Gatlinburg）召开的一次学术会议上，他的研究小组向 ARPA 支持的一个研究项目展示了这些概念。大家突然间都清楚地意识到，通过更高速的线路传输数据包，是创建真正高效通信网络所必不可少的技术。最终，巴兰在 10 年前提出的想法付诸实践了。从此就有了我们现在所熟知的互联网。

互联网这个词经常用来描述与在线世界有关的一切东西，包括计算机、路由器、光缆甚至万维网。但在本书中，我们仅用它来代表连接计算机的物理基础设施。互联网的出现多亏了 ARPA 的雄厚资金支持，它是由相互通信的路由器构成的网络，路由器之间的通信依靠保罗·巴兰设想的网络协议来实现。具有讽刺意味的是，当今互联网的每项设计原则几乎都和巴兰最初的设想一致，却不包括那个最根本的指导原则：削弱面对攻击时的脆弱性。只有在军事部门的控制和维持下，巴兰预想的高速公路网似的分布式网络才得以实现。不过，互联网随后便自发地成长起来了。

无法绘制的互联网地图

在计算机科学界，朗讯/贝尔公司（Lucent/Bell）分离出来的Lumeta公司的研究员比尔·切斯维克（Bill Cheswick）是防火墙和计算机安全方面的著名专家。但是公众对他日益熟悉，是因为他和Lumeta公司的哈尔·伯克（Hal Burch）一起绘制了彩色的互联网地图，并通过Peacockmaps.com网站销售。互联网的千禧年地图，描绘了2000年1月1日的互联网拓扑。该地图显示了由路由器和链接构成的密林，是一幅非常优美的网络图，其复杂性恐怕只有人脑才能与之媲美。不过，两者之间有着重大区别：人类大脑的容量几个世纪以来就稳定不变了，但互联网的大小一直在呈指数级增长，并且丝毫没有减慢的迹象。

切斯维克绝不是富有激情的孤独科学家，他任职于一家著名的公司。作为ARPA的继承者，DARPA目前耗资数百万美元资助美国的许多研究组织，进行和切斯维克类似的工作：绘制互联网地图。其中最著名的是互联网数据分析合作协会（the Cooperative Association for Internet Data Analysis; CAIDA），它是加利福尼亚大学圣迭戈分校下属的互联网成像合作组织，其主要目标就是监视互联网方方面面的特性，从流量到拓扑等。在大西洋对岸，英国伦敦大学学院（University College London）高级空间分析中心（the Center for Advanced Spatial Analysis）的研究员马丁·道奇（Martin Dodge）创办了Cybermaps.com网站，这个丰富多彩的网站搜集了大量的互联网可视化地图。

你是否想过给自己的手表、计算机奔腾芯片或每天驾驶去工作的汽车详细地画上一幅图呢？恐怕不会。如果你真的想知道汽车引擎罩下面到底是什么样子，你会与汽车制造商联系，索取汽车的设计蓝图。工程师在制造手表、芯片或汽车的时候，会绘制数百张设计图纸，不仅要将每个部件都详细绘制出来，而且还要将每个部件的位置和相互关系绘制出来。然而，虽然互联网现在已经成为推动美国经济发展的原动力，但我们到现在还没有绘制出互联网的详细地图。自从1995年年初美国国家科学基金会（简称NSF）放弃了对互联网的管理权之后，就没有任何官方机构控制或记录互联网的增长和设计了。

今天，互联网根据需求按照局部的分布式决策演化。从企业到教育机构的任何人，无需得到官方机构的许可，都可以向互联网添加节点和链接。互联网也不是单一的网络，而是多个独立而互联的网络共存运营，包括WNET、vBNS或Abilene。

如果你认为有人能够在必要的时候关闭整个互联网，那你就大错特错了。虽然我们能够说服某个机构关闭其管理的那部分网络，但是任何公司或个人所掌控的网络都只是互联网微不足道的一部分。**互联网背后的网络已经变得极其分布式、非中心化和本地化，以至于像绘制互联网地图这样普通的任务都变得不可能完成了。**

人类创造的互联网有了自己的生命

绘制互联网的全局图具有重要的现实意义。不知道互联网的拓扑，就不可能设计出更好的工具和服务。在设计目前的互联网协议时，互联网还只是一个小网络,设计时考虑的也只是20世纪70年代的技术和需求。随着网络的增长和新应用的出现，这些协议已经无法满足我们的期望了。事实上，当今互联网的大多数应用，对于当初设计互联网基础设施的人来说，都是无法想象的。例如，电子邮件的产生。

> 当时，富有冒险精神的黑客雷·汤姆林森（Rag Tomlinson）在马萨诸塞州坎布里奇市一家名为BBN的小咨询公司工作，他尝试修改文件传输协议以传输邮件消息。很长一段时间，他都对自己的突破守口如瓶。后来，在第一次向同事展示时，他警告对方："不要告诉任何人！因为这不是我们分内的工作。"不过，电子邮件的秘密还是泄露出去，并成为早期互联网上的主要应用之一。

万维网的产生也是如此。互联网的基础设施并不是为万维网准备的，万维网是"成功灾难"的绝佳例子。在设计完全到位之前，新功能的设计就已经进入了现实世界并以空前的速度普及。如今，互联网几乎主要用于访问万维网和收发电子邮件。假如互联网最初的创造者能预见到这些，他们肯定会设计一套完全不同的基础设施，让人们的上网体验更加流畅。然而，我们现在受困于互联网最初的设计，只好克服很大的困难进行技术改造，以适应日新月异的多样性应用和互联网创造性使用带来的需求。

20世纪90年代中期之前，所有的研究都集中于设计新的协议和组件。然而，随后越来越多的研究人员开始问一个出人意料的问题：我们到底创造了什么？虽然完全是人类设计的，但互联网现在有了自己的生命。互联网具有复杂演化系统的所有特性，这使它更像细胞，而不是计算机芯片。许多独立开发的不同组件，共同实现这个复杂系统的功能，系统不仅仅是所有组件的总和。因此，互联网研究人员越来越像探险家，而不是设计师。他们就像是生物学家或生态学家，面对着一个实际上独立于他们而存在的非常复杂的系统。然而，互联网的神秘之处还不止这些。生物学家花了数十年时间才弄清楚蛋白质看起来像什么以及它们之间是如何交互的，但互联网各个组件的细节对于互联网的绘图师而言是一清二楚的。计算机科学家和生物学家都不知道：当我们把各个部分放到一起时，大规模结构是如何出现的?

互联网遵从幂律

加利福尼亚大学伯克利分校研究互联网的国际计算机科学研究中心的计算机科学家维恩·帕克森（Vern Paxon）和莎莉·弗洛伊德（Sally Floyd）在 1997 年发表了一篇非常有影响力并被大量引用的论文。他们在论文中指出，我们的网络拓扑方面的知识非常有限，这是限制我们更好地理解互联网整体的主要障碍。两年后，同为计算机科学家的希腊三兄弟发表了一项惊人的发现。他们分别是加利福尼亚大学河滨分校的米凯利斯·法鲁托斯（Michalis Faloutsos），多伦多大学的佩特罗斯·法鲁托斯（Petros Faloutsos）和卡内基·梅隆大学的克里斯托斯·法鲁托斯（Christos Faloutsos）。他们发现，互联网路由器的连通性遵循幂律分布。他们在题为《互联网拓扑的幂律关系》（*On Power-Law Relationship of the Internet Topology*）的研讨会论文中指出，由各种路由器通过物理线路连接起来的互联网，是一个无尺度网络。他们的发现传递了一个简单的信息，这个信息很快传遍了整个学术界：1999 年之前用以建模互联网结构的所有工具都是错误的，因为这些工具都是基于随机网络的。

法鲁托斯兄弟并不知道，人们在万维网的拓扑中也发现了同样的幂律分布。将这些发现综合起来看，法鲁托斯兄弟的发现具有了新的意义：**把互联网从随机网络世界中剥离出来，放到无尺度拓扑的缤纷世界里。**这非常出乎人们的意料。互联网毕竟是由物理链路和路由器构成的，而它们都是硬件。这些价格昂贵且笨重的铜线和光缆遵循的规律，怎么会和人们建立社会联系或者在网页中添加 URL 一样呢？

互联网中的“权力制衡”

1969 年 10 月，查理·克兰（Charley Kline）接到任务，首次通过普通电话线在计算机之间传递信息。他当时是莱昂纳多·科莱恩若克（Lenard Kleinrock）的加州大学洛杉矶分校实验室的一名程序员。他参与了一个项目，尝试连接到位于斯坦福大学的，当时唯一的互联网节点。建立连接后，克莱恩开始输入“login”。他输入字母“l”并收到了斯坦福那边确认收到该字母的反馈。他接着输入“o”，同样收到了正确的反馈。随后，他继续输入“g”。然而，这个新系统还应对不了如此多的信息，计算机死机了，连接也中断了。

连接很快就重新建立。当加州大学洛杉矶分校和斯坦福的计算机节点之间建立起稳定的连接后，许多其他节点加入了进来。

据《互联网：从神话到现实》（*A Brief History of the Future*）

> 的作者约翰·诺顿（John Naughton）所说，加利福尼亚大学圣巴巴拉分校和犹他大学分别在1969年11月和12月建成了第3个和第4个节点。1970年年初，马萨诸塞州的一家咨询公司BBN拥有了第5个节点，同时建成了第一条跨越全国的回路——这是洛杉矶的计算机和波士顿BBN的计算机之间的第二条线路。截至1970年夏天，第6、第7、第8、第9个节点分别部署在麻省理工学院、兰德公司、系统开发公司（System Development Corporation）和哈佛大学。截至1971年年底，互联网上共有15个节点；到1972年年底，共有37个节点。

诺顿这样描述道："互联网展开了羽翼——或者，假如你是个本性多疑的人，会说它张开了魔爪。"

你可能已经注意到，互联网遵循着生长网络所具有的经典模式。如今，互联网在诞生20余年后，依然在逐个节点地扩张着——这是无尺度拓扑出现的第一个必要条件。然而，第二个条件，即偏好连接，却显得更加微妙和难以琢磨。为什么人们会将计算机连接到任意路由器上，而不是只连接到最近的路由器上呢？毕竟，铺设更长的电缆需要更高的成本。

事实证明，电缆长度并不是决定互联网增长或停滞的限制性因素。当某个机构决定将它的计算机连接到互联网时，他们只考虑一个问题：通信成本。带宽是指链路每秒钟能传输的比特数，考虑到带宽，距离最近的节点往往不是最佳选择。多走几公里，有可能连接到更快的路由器。

路由器的带宽越大，越有可能拥有更多的链接。因此，在选择一个好位置进行连接时，网络工程师不免会倾向于选择连接度更大的接入点。这个简单的效应便是偏好连接的可能来源之一。我们虽然不确定这是否是唯一的原因，但是互联网中毋庸置疑地出现了偏好连接。在我的研究组工作的宋勋毓（Soon-Hyung Yook）和郑浩雄，在对比有几个月时间间隔的互联网地图时率先发现了这一现象。通过展示互联网如何逐个节点生长，他们找到了定量的证据：**和只有少数链接的节点相比，链接数多的节点将来会得到更多的链接。**

生长机制和偏好连接应该足以解释法罗托斯兄弟发现的无尺度拓扑了。然而，在互联网上，情况还要稍微复杂一些。距离虽然不是首要考虑的因素，但它确实会产生影响。毫无疑问，铺设 2 公里光缆要比铺设半公里光缆昂贵。我们还要考虑到，在互联网上，节点出现的位置也不是随机的。路由器只会添加在有需求的地方，而这种需求取决于想要使用互联网的人数。因此，人口密度和互联网节点的密度之间存在着很强的关联性。在北美的互联网地图上，路由器的分布形成一个分形集合，这是 20 世纪 70 年代伯努瓦·曼德尔布罗（Benoit Mandelbrot）发现的一种自相似的数学对象。因此，在建模互联网时，我们必须同时考虑生长机制、偏好连接、距离依赖和潜在分形结构的相互作用。

链接洞察 LINKED

每个因素在极端情况下都会破坏无尺度拓扑。例如，在决定连接到哪里时，如果线路长度是首要考虑，最终形成的网络会具有指数度分布，和高速公路系统的拓扑非常相似。但令人吃惊的是，这些共存的机制巧妙地相互平衡，维系着互联网的无尺度特性。这种平衡正是互联网的阿喀琉斯之踵。

无法预料的危险和脆弱威胁互联世界

总部位于弗吉尼亚州麦克莱恩（McLean）的小网络服务提供商 MAI 网络服务公司（MAI Network Services）通过它拥有的一些高速互联网路由器，连接到斯普林特（Sprint）和 UUNet 的巨大网络中。1997 年 4 月 25 日是一个星期五，这天早上 MAI 更新了路由器的路由表。路由器通过将数据包上的地址与路由表进行匹配，将接收到的数据包发送到目的地。这些路由表就是互联网上的路线图。由于网络拓扑在持续变化，路由表也会周期性地更新。早上 8：30，MAI 向自己的路由器广播了更新后的路由信息。由于一个不正确的配置，更新超出了 MAI 所拥有的路由器范围，重写了斯普林特和 UUNet 大量路由器的路由表。这意味着，这些路由器会将所有的数据流量发送到 MAI 的几个路由器上。

这就像水从垮掉的大坝中涌出，大水所经之处横扫一切。MAI 惊恐地看着所有的互联网流量都重新定向到了 MAI。由于根本不具备处理这种信息洪流的能力，MAI 变成了信息黑洞，以惊人的速率吞噬着数据包。45 分钟后，MAI 公司被迫停止服务以避免灾难。与此同时，互联网服务提供商无助地看着它们的数据流量流向因 MAI 错误重置而产生的黑洞。在人工修改了所有的路由表之后，斯普林特公司才恢复正常。受该问题影响的很多其他大大小小的互联网服务提供商也是通过人工修改路由表的方式恢复正常的。

由于问题得到了迅速解决，而互联网当时的规模还不大，整个世界对这个事件的关注度并不高。然而，这一事件向我们生动地展示了错误在网络上传输的速度：错误配置的路由表在发布数分钟后，就已经传播到了几个大型网络上，触发了级联失效的一个经典案例。

在设计互联网原型时，保罗·巴兰脑海里有着非常明确的假想敌。他预计苏联的核弹头会集中打击情报和军事总部，从而造成信息和通信能力的完全丧失。无论是他还是互联网的缔造者们，都没有预料到有朝一日全世界任何国家的人都可以访问互联网这一基础设施。许多年来，美国一直拒绝和敌对国共享这项技术。对这一点，我有亲身体会。广遭诟病的 CO–COM 名单将匈牙利官方地排除在互联网之外，这种局面一直持续到柏林墙倒塌才得以改变。然而，互联网的传染性太强，人为设置的障碍根本阻碍不了它的传播。早在禁令解除之前，许多东欧大学里的老师就开始使用电子邮件和西方同行进行联络，这多亏了本地系统管理员的智慧。如今，地球上几乎所有的国家都连接到了互联网。这种公开访问政策同时也给互联网带来了无法预料的危险和脆弱，日益威胁到我们这个互联的世界。

美国电话电报公司拥有美国最繁忙的其中一个节点，是一个高度戒备的秘密机构，位于伊利诺伊州的绍姆堡（Schaumburg），在芝加哥郊区。这个节点和一些同样严加保护的关键节点，给人们造成一种错误的印象，即互联网不会因外来的攻击而瘫痪。然而，随着对网络架构和协议之间相互作用的日益理解，我们的面前出现了一幅完全不同的图景。少数几个训练有素的骇客，在半小时之内，就能从世界任何地方破坏该网络。有很多方式可以做到这一点，或者侵入运行关键路由器的计算机，或者对最繁忙的节点发起拒绝服务攻击。

2001 年夏天，红色代码（Code Red）蠕虫像病毒一样广为传播，感染了数十万台计算机。这个例子很好地说明了，利用技术可以达到很大程度的破坏。刚开始，红色代码看上去似乎是一种无害的病毒，因为它根本不危害宿主。但是在休眠多日之后，它会突然将所有被感染的电脑

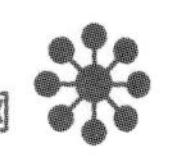

变为僵尸，同时向白宫网站发送大量的数据包。红色代码证明了自动激活病毒可以具有何等的破坏力。更为复杂的病毒变种则可能造成史无前例的破坏。**破坏少数主要节点不足以让整个网络变成碎片，但是，将流量重定向到较小的节点造成的路由器级联失效，会造成网络的瘫痪。**

大多数掌握攻击技术的黑客，都不愿意让互联网整体出局。一次成功的攻击就会让他们失去钟爱的“玩具”，让他们自己也无法上网了。因此，针对整个互联网采取的大规模攻击绝不会来自真正的黑客。但是，互联网很容易成为邪恶国家和恐怖分子的目标，而理解互联网的拓扑将有助于我们保护它。

寄生计算，让所有的计算机都为你工作

2001 年 8 月 30 日，就在我们的最新研究成果发表在《自然》杂志上的这一天，美国国家公共广播电台（National Public Radio）播出了一个 5 分钟的节目，介绍了我们的最新研究。虽然我们的研究成果受到大众媒体的宣传已经不是第一次了，然而，第二天早上看到我们项目网站的访问量计数器时，我们仍感到难以置信。一夜之间，我们网站的访问量就突破了 10 000。我开始意识到，这次的情况不同寻常。我的电子邮箱也塞满了邮件，大多数邮件的语气都是正面的。不过，也有一些比较吓人。

> “离我电脑远点！”防御程序开发公司的高级管理人员这样写道。另一个人说道：“我不愿意看到又一个东欧的计算机科学家被美国联邦政府投入大牢。”他提醒我注意，最近有一个俄罗斯黑客被美国当局抓获了。“（我）要求你向我们保证，我们

> 的网络中没有任何电脑曾经或正在被你所指的软件当做攻击目标。”挪威一家公司的首席执行官这么说道。“我提醒阁下，任何人未经授权使用以下IP地址都是非法的，并可能导致相应的法律行动和索求赔偿。”

一篇原本是写给研究人员看的，而且是发表在最高等级的科学期刊上的学术论文，为什么会带来如此激烈和迅速的反应呢?

2000年年初，圣母大学政府及国际研究系的系主任詹姆斯·麦克亚当斯（James McAdams）想到一个好主意。他召集了来自经济、物理、法律、化学工程、计算机科学和亚洲语言学等不同院系的七名教授，在一个非正式的场合探讨互联网对人类生活各个方面的影响，话题涉及民主、教学等方面。我们这些人每个月聚在一起吃一次午饭或早饭，大家轮流定题目、布置阅读材料，内容从电子法律到万维网上的社会运动等。在一次聚会上，计算机科学家杰伊·布罗克曼提到整个万维网可以视为一台大计算机。他的说法让我一时间迷惑不解。没错，互联网的确是由计算机构成的，计算机之间可以交换网页和电子邮件。但是，这种有限的、由用户驱动的通信还不能使万维网变成一台独立的电脑。

要想改变这一点，我们能做些什么呢?我们是否能让一台计算机驱动其他计算机的行动呢?作为开始，我们是否能让网络上的所有计算机都为我而计算呢?这个问题很有意思，我非常愿意参与探讨。最后，我们组成了一个研究小组来解决这一问题。除了我和布罗克曼之外，文森特·弗里（Vincent Freeh）和郑浩雄也加入了进来。弗里是互联网协议专家，而郑浩雄是我的长期合作者。在对计算机如何通信进行了多次讨论和调研之后，我们提出了一个简单但颇有争议的观点：寄生计算。

通过互联网发送信息是一个复杂的过程，需要多层复杂协议进行管理。例如，在点击了网页上的URL地址后，你的请求会被分成很小的数据包，传送给存储该网页的电脑。到达那台电脑后，数据包被重构和解释，并让远程电脑发送你所请求的网页给你。因此，像单击URL地址这样简单动作的背后，其实包含了一连串复杂的计算。寄生计算就是基于这一原理，宿主计算机利用计算机之间的通信让其他计算机参与计算。为了实现这一目标，我们把复杂的计算问题伪装成合法的互联网请求。计算机接收到数据包后会执行例行检查，确认数据包在传输过程中没有遭到破坏。在进行这些运算的同时，这些计算机也解决了我们感兴趣的问题，因为这些问题编码在数据包内。

寄生计算的实现表明，我们能够让千里之外的计算机为我们进行计算。互联网这一根本上的脆弱性，带来了一连串的计算、伦理和法律问题。要是有人改进了我们的寄生计算方法，使其变得足够高效，并开始大规模使用这种计算，后果会怎样呢？谁拥有这种通过互联网让所有人使用的计算资源呢？这是否意味着互联网电脑的诞生？沿着这条路走下去，会不会形成新的智能生命呢？

寄生计算发展到极端，就意味着未来的电脑可以按需交换信息和服务。目前，芯片内部的通信速度大大高于互联网上信息的传送速度。随着宽带的发展，它们之间的差距会缩小。很快，想办法利用其他电脑的剩余计算资源来解决单个电脑或研究小组无法解决的复杂问题就显得顺理成章了。加州大学伯克里分校的SETI@home（在家中进行外星智能探索）项目组正在进行小规模的网络计算实验。该项目利用上百万台个人电脑的剩余时间和资源来搜索外星人。

SETI 项目要求人们自愿参加。大多数人都太懒了，不愿意持之以恒地进行下去。但如果网络协议允许这种服务和信息交换成为常态，那么大量的闲置资源就能得以利用。沿着这条路走下去，互联网就有可能脱离人类的监管，因为它变得能够管理大多数的信息和资源，来解决待定的问题。这也会对互联网的拓扑结构产生无法预料的影响，使得自组织结构有可能发挥更大的作用。可以想象，未来某个时候，大家通过浏览器得到某个问题的答案时，无论是你还是你的计算机，都不知道答案是从哪里来的。其实这也很容易理解：你知道字母 A 存储在大脑的哪个位置吗？

互联网何时会拥有自我意识

人类的皮肤是一项工程杰作。它能够感知温度变化和空气流动；它可以识别物体的大小和材质。想要具备这些能力，需要大量有机组织在一起的化学传感器通过神经系统交换信息。尼尔·格罗斯（Neil Gross）在《商务周刊》（*Business Week*）中撰文指出，地球表面也在形成一层具有类似灵敏度的皮肤。数以百万计的测量设备，包括摄像头、话筒、自动调温器、温度计量器、光线和流量传感器、环境污染检测仪等，在各个地方冒出来，并将信息传送到越来越快、越来越复杂的计算机中。专家预言，到 2010 年，地球上平均每个人将拥有约 10 000 个遥感装置。这个数字本身并不是特别大——我们毕竟已经使用传感器很久了，从超市的监控摄像头，到人行道上控制十字路口交通信号灯的汽车监测器等。真正的变革是，各种传感器第一次把信息传送给单个集成系统进行处理。联网手机很快将超过 30 亿部，联网计算机则会接近 160 亿台，这其中包括嵌入

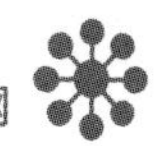

电烤箱、服装设计中的计算机。地球表面的微型传感器会监视一切，从环境到公路甚至人的身体。更重要的是，它们都是连在一起的。我们的星球正在演变成一个由数十亿台联网的处理器和传感器构成的巨型计算机。许多人关心的问题是，这台计算机何时会具有自我意识？一台思维速度大大超过人脑的思维机器，何时会自发地从数十亿个互相连接的模块中产生？

我们无法预言互联网何时会具有自我意识，但是它显然已经具有了自己的生命。它遵循着自然界创建自身网络时同样的规则，以空前的速度成长和演化。事实上，互联网和生物体有许多相似之处。正如细胞中发生的数百万次化学反应一样，每天有数十亿字节的信息沿着互联网上的链接传输。让我们感到惊讶的是，有些信息很难被找到。这把我们带到了另一个网络：万维网。

第12链

分裂的万维网

万维网远非由节点和链接组成的一个匀质的海洋，它分裂成四块大陆，其中每块大陆上又有许多的村庄和城市，它们以重叠社区的形式出现。目前，我们还远不了解万维网的这种精细结构。但有许多的动力，如商业利益、科学上的好奇等，它们不断激励着我们去更好地了解万维网。

万维网的结构影响一切

小时候我常读科幻作品，它们使我相信在世纪之交，类似人类的机器人将能够处理所有普通任务。然而，进入新的千禧年时，这样谦卑的机器人服务并没有出现。或者，机器人服务已经悄悄地出现了。但它们没有 C-3PO[①] 那样闪亮耀眼的外表，也不能够发出像 R2-D2[②] 的愉悦哨声。它们明智地避开了与我们争抢这个拥挤的欧几里得空间——在这个空间里，真实的物质财产是非常短缺的。21 世纪的机器人是非物质的，无形的。它们存在于虚拟的世界里，这使得它们能够轻易地从一块大陆跨越到另一块大陆。盯着电脑屏幕是无法发现这些机器人的。但是，如果你花些时间去仔细检查记录你页面访问情况的电脑日志，你就能发现它们的踪迹。你将会看到，它们不知疲倦地执行着人们设计的最不讨喜且最无聊的一种工作：阅读并索引上百万的网页。

设计这些机器人的初衷在于获得速度与效率——它们像万维网上的

① C-3PO 是电影《星球大战》中的角色，是一个 9 岁的天才小孩用废弃零件制造的机器人。——编者注

② R2-D2 也是电影《星球大战》中的角色，是一个机智、勇敢，而又有些鲁莽的机器人。——编者注

跑车，迅速地扫描着一个个链接，嗅着它们经过的路径上的一切事物。这些万维网络上的战士们使得郑浩雄编写的用于绘制万维网的小甲虫黯然失色，但我依旧很喜欢它，就像一个人对第一辆买得起的汽车的喜欢。尽管它基本上每隔一天就死机，还经常大意地去抓取拒绝机器人抓取的网页，并因此造成麻烦。

我们很快意识到，绘制整个万维网的地图超过了我们小小的搜索引擎的能力范围，是一个不可能实现的梦。但经过不断的潜行，尽管时常中断，它采回来的近 300 000 个网页，足以让我们发现一个无尺度网络。我们在这个时候就关闭它可能为时过早，如果让它继续带回更多的网络样本，我们可能会发现复杂网络的其他特征，而这些特征在小的样本中并不明显。相比实验所得结果，搜索引擎能够看到万维网更多的部分。

研究这些巨大的样本的学者们有一些令人着迷的发现。他们发现万维网是碎片化分成多块大陆和社区的，这限制且决定了我们在网络世界中的行为。但自相矛盾的是，他们也告诉我们这里有未曾被发现的区域，万维网中有大片的区域从未有机器人访问过 。最重要的是，我们认识到，万维网的结构对任何东西都有影响——从网上冲浪到民主政治。

颠覆人们对万维网上可达信息的认识

几年前，我们以为自己知道关于万维网的一切，经常会听到诸如

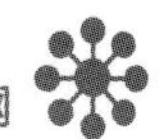

“如果你不能用 Alta Vista 找到它，那它很可能不在这里”，或“HotBot 是首个能够索引和搜索整个万维网的搜索机器人”的评论。我们相信搜索引擎能够覆盖和传递万维网。然而这一切在 1998 年 4 月突然改变了。一家大搜索引擎公司的发言人表示：“我们倾向于索引高质量的站点，而不是索引一大堆的站点。”还有一些公司更进一步声明：“有许多网页不值得索引。”发生了什么事情？这个突然的模式转移是 1998 年 4 月 3 日发表在《科学》杂志上的一篇研究论文激起的。它仅有的 3 页彻底颠覆了我们对万维网上可达信息的认识。

史蒂夫·劳伦斯和李·贾伦斯（Lee Giles）从来没想过去破坏搜索引擎的可信性。他们在新泽西州普林斯顿的 NEC 研究机构工作，他们对机器学习感兴趣——计算机科学下面的一个新兴热门子领域。他们构建了一个元搜索引擎，即一个名叫 Inquirus 的机器人，它能够查询所有的主搜索引擎上拥有某一给定查询串的文档。在研究过程中他们意识到，他们的机器人能做更多的事情，它可以帮助他们估计万维网的规模。

Inquirus 询问数个搜索引擎并列出所有包含某个给定单词的文档，如“水晶”。如果每个搜索引擎都访问和索引了整个万维网，那它们肯定会返回相同的文档列表。但在实际中，不同搜索引擎返回的列表极少有完全相同的。尽管如此，列表内容总是有显著的重叠。

比如说，AltaVista 发现的包括“水晶”的 1 000 个文档中，有 343 个也出现在 HotBot 的列表中。用重叠的文档数除以 AltaVista 返回的文档总数就可以得到 HotBot 在万维网络中覆盖到的范围。由于 HotBot 号称索引了 1.1 亿个页面，所以在 1997 年 12 月时，NEC 小组估计万维网有近 110 000 000/0.343，即大约 3.2 亿个文档。这个数量放在今天来看并不大，但在1997年，这个值是当时对万维网规模最精确估计的两倍以上。

链接洞察 LINKED

1998年以前，搜索引擎告诉我们的有关万维网大小的一切我们都信以为真。毕竟，它们应该知道这一点。劳伦斯和贾伦斯的研究具有里程碑意义，它将万维网变成科学查询的目标—— 一个能够而且必须采用系统性的、可重现的方法进行研究的东西。但他们有关搜索引擎映射万维网能力的发现却令我们无法为此欢呼。

最多不一定最好

NEC1997年的研究工作表明，HotBot搜集了数量最多的文档，是覆盖最全面的引擎。这对该公司而言是个大好消息。HotBot的市场总监戴维·普里查德（David Pritchard）自豪地说："我们是最大的索引，我们看到这个报告毫不吃惊。"好吧，其实他们有些吃惊。坏消息是HotBot仅覆盖了整个互联网的34%。这也就是说，有66%的网页是它看不到的。当时最流行的搜索引擎AltaVista被排在第2位，因为它的机器人只能够索引到28%。还有一些搜索引擎，比如Lycos, 只抓取到了少得可怜的2%，它们的反应是可以预测的。"坦白地说，我对这类报告并没有太多的信心。我们关注的不是数量，而是质量。"拉吉夫·马瑟（Rajive Mathur），Lycos公司的资深产品经理这样说道。

人们本以为，NEC的研究结果会促使这些搜索引擎增加它们的覆盖

率，但实际上并没有。一年过去了，1999 年 2 月，劳伦斯和贾伦斯再次测量并且发现，万维网的规模增长了一倍还多，膨胀到 8 亿文档，但搜索引擎却跟不上这个增长速度。实际上，它们的覆盖率更低了。这次 Northern Light 排在首位，但仅覆盖了 16% 的万维网。HotBot 和 AltaVista 丢失了重要的领地：它们的覆盖率分别下降至 11% 和 15%。Google 仅索引了 7.8%。加在一起，在 1999 年，搜索引擎覆盖了全部万维网的约 40%。这意味着，与你的查询相关的 10 个页面中有 6 个从来不会被任何搜索引擎返回。简单来说，这些搜索引擎从来就没见过它们。

最终，NEC 的研究引发了搜索引擎之间一场激烈的竞争。规模突然变得有意义了。AltaVista 和 FAST 运行的新搜索引擎（网址是 Alltheweb.com，公司的目标显而易见）之间展开了一场有关领地开发的竞争。2000 年 1 月，Alltheweb.com 打破了 3 亿个页面的目标。AltaVista 紧跟其后。到了 2000 年 6 月，乳臭未干的 Google 成为一个重要的竞争者，它打破了 5 亿的目标。Inktomi 不久后也达到了该目标，同时还有另一个新人，WebTop.com。2001 年 6 月，Google 又创造了一个新纪录，第一次达到了令人惊讶的覆盖 10 亿个文档的目标。

直到现在 Google 仍保持领先。致力于覆盖整个万维网的网站 Alltheweb.com 排在第二，索引了超过 6 亿的文档，随后的是 AltaVista，5.5 亿。搜索引擎做得越来越好。这是个非常好的新闻，只是存在一个问题：万维网增长得更快了。

绝大部分搜索引擎并不试图去索引整个万维网。原因很简单：覆盖最多文档的搜索引擎不一定是最好的。可以确信的是，如果你在寻找最难找到的信息，具有最大覆盖率的搜索引擎是你最好的选择。但如果你想搜索时下最流行的话题，一个更大的索引并不一定能提供更好的结果。大部分人已经被进行简单查询时，搜索引擎返回的成千上万的页面所淹没，他们当然不希望日后还要面对上百万个结果。因此，**在一个确定的点上，提高算法性能以从搜索引擎现有的巨大数据库中找到最好的页面，比进一步网罗万维网更为有利。**

无论是个人还是机器人浏览互联网，经济刺激（或缺乏此类刺激）都不是唯一的限制。万维网的拓扑限制了我们的能力，使我们无法看到其上所有事物。万维网是一个无尺度网络，由一些拥有大量链接的交换机和节点主宰。但是，我们将会看到，这个无尺度的拓扑与大量的小尺度结构并存，这些小尺度结构严重地限制了我们仅通过简单点击链接就能够探索到的范围。

万维网上的四块“大陆”

尽管万维网上有 10 亿个文档，但十九度分隔说明万维网是易导航的。它既大又小。不过，万维网背后的小世界网络有点让人产生误解。如果两个文档之间存在一条路径，那么这条路径往往很短。但在实际中，并非所有页面之间都是互通的。从任意页面出发，我们仅能浏览全部文档的 24%。剩余的部分我们看不到，也无法通过浏览到达。

出现这一结果主要是因为万维网是有向网络，而这是由一些技术方

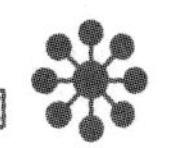

面的原因决定的。换句话说，对于一个给定的URL，我们只能朝一个方向前进。**如果有向网络中的两个节点间不存在有向路径，那你就不能通过其他节点使这两个节点相连。**

> 例如，如果你想从节点A到达节点D，你可以从节点A出发，然后走到节点B，节点B能链接到节点C，而节点C又有指向节点D的链接。但你不能够倒回来走。在无向网络中，一条边上可以双向跳转，存在一条A→B→C→D的路径意味着从节点D到节点A的最短路径正是倒过来的那条，即D→C→B→A。但在有向网络中，逆向路径却不一定存在。更可能出现的情况是，你需要沿着一条不同的路径才能返回节点A：从节点D出发，你可能要访问许多中间节点才能回到节点A。

万维网中到处都是这类不相交的有向路径。它们本质上决定了万维网的导航性能。

有向网络并非一种全新的网络类型：不管网络是无尺度的还是随机的，链接都既可以是有向的，也可以是无向的。到目前为止，我们涉及的网络大部分都是无向的。实际上，大部分网络都是无向的，如社会网络、蛋白质作用网络等。但也有一些网络是有向的，如万维网、食物链网络等。这种有向性对网络的拓扑结构产生了影响。在万维网中，远景公司(AltaVista)的安德烈·布罗德(Andrei Broder)以及来自IBM和康柏的合作者们首次分析了这些影响。他们研究了一个2亿节点的样本，这一数量约为1999年全部互联网页面的1/5。他们的测量表明，**有向性最重要的影响结果是万维网并非一个单一匀质的网络。实际上，万维网分裂成四块主要的大陆（见图12—1），若想实现导航，我们要在每块大陆上遵循不同的交通规则。**

第一块大陆包括了全部万维网页面的1/4。该部分通常被称为中央核心(central core)，囊括了所有的主流网站，如雅虎、美国有线电视新闻网等。它最突出的特点是极易导航，因为隶属于它的任意两个文档之间都存在一条路径。这并不是说任意两个节点间都有一条直接的链接，而是指任意两个节点之间都存在一条路径，允许你浏览至任意节点。

第二块和第三块大陆被称为IN大陆和OUT大陆，这两块大陆的规模与中央核心一样，但导航很困难。从IN大陆中的页面出发你能够到达中央核心，但从中央核心没有路径能让你返回IN陆地。与这种情况相反，从中央核心出发很容易就能到达属于OUT大陆的节点，但一旦离开了中央核心，就不存在让你返回去的链接。OUT大陆上主要是公司网站，它们能方便地从外部进入，然而一旦你进入了，就没有路径退出去。第四块大陆由卷须（tendrils）和分散的岛屿组成。这些岛屿是由仅存在内部链接的网页组成的孤立组，无法从中央核心到达，也没有到达中央核心的链接。有一些孤立组包含成千上万个网络文档。近四分之一的万维网文档都存在于这样的孤岛或卷须上。通常来说，一个页面在万维网上的位置与该页面的内容并无多少关系，主要取决于它的关系，即与其他文档之间的出、入链接情况。

这四块大陆严重地限制了万维网的可导航性。我们能够浏览到多远取决于我们从哪里出发。从一个属于中央核心的节点出发，我们能够到达所有属于这个主要大陆的页面。然而，无论我们点击多少次，始终有近一半的万维网无法看到，因为IN大陆和孤岛不能由中央核心到达。如果走到中央核心之外，到达了OUT大陆，我们不久就会走进一条死胡同。如果从一个卷须或孤岛出发，万维网将显得很微小，因为我们仅能够到达同一个岛屿上的其他文档。如果你的网页在一个孤岛上，搜索引擎永

远都不能发现它，除非你把你的 URL 地址提交给它们。

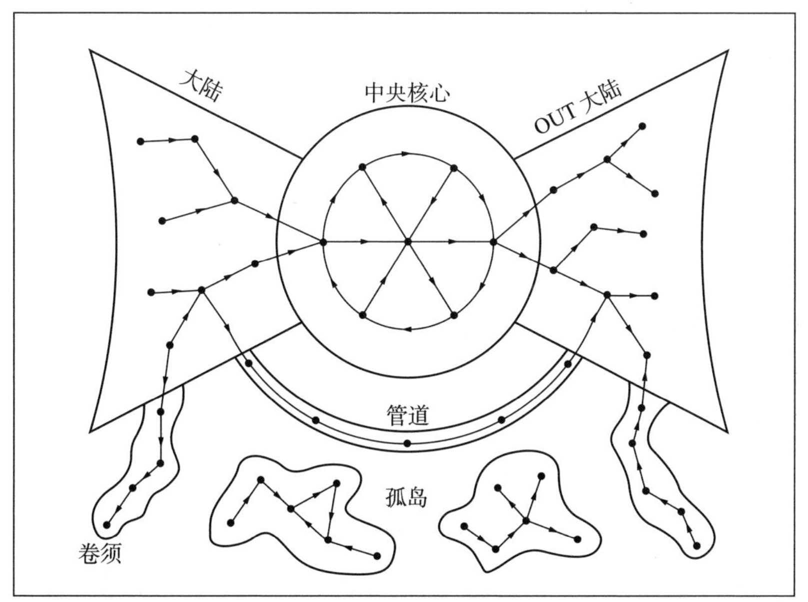

像万维网这样的有向网络会自然地分隔成几块易识别的大陆区域。在中央核心，任意两节点间均可达。对 IN 大陆中的节点，跟随它们的链接最终会让你回到中央核心，但从中央核心出发你无法回到 IN 大陆。正好相反的是，OUT 大陆中的所有节点都能够从中央核心区域到达，但你一旦到达了，就无法回到中央核心。最后，有管道直接连接了 IN 大陆至 OUT 大陆，还有些节点形成了卷须，仅与 IN 大陆和 OUT 大陆相连，还有少量节点形成了孤岛，它们无法通过其他节点访问到。

图 12—1 有向网络图中的大陆

因此，我们绘制整个万维网的能力并不仅受资源或经济动机的影响。链接的有向性创造了一个由四块主要大陆主导的极度碎片化的万维网。搜索引擎能很容易地绘制出近一半的内容，即互相通连的区域和 OUT 大陆，因为只要从人们经常访问的中央核心的任意节点出发，就能很容易地定位到属于它们的所有节点。然而，由孤岛和 IN 大陆组成的万维网的另一半，则无助地孤立着。无论机器人多么努力，都找不到其上的文档。

这也正是大部分搜索引擎允许你提交自己网站的地址的原因。如果你这么做了，它们就能从该地址抓取网页，并潜在地发现链向它们从未到达过的万维网区域的链接。但如果你不愿提供这个信息，你的网页将继续在网络上隐姓埋名。

这个分散的结构会一直存在下去吗？还是随着万维网的演化和增长，四块大陆最终会融合成一个任意节点都相互连通的核心？答案很简单：只要链接仍是有向的，这样的同质化就永远不会发生。这些大陆的存在并不是万维网独有的特点，它们存在于所有的有向网络中。有助于我们获取科学知识的引文网络就是一个例子。一篇科学论文往往引用与工作相关的其他论文。某篇数学论文往往会引用数学领域研究类似问题的其他文章，极偶然的，也可能会引用一篇生物或物理论文，用于说明所获得结果的应用性。因此，所有的科学出版物都是科学论文引用网的一部分。这些链接都是有向的。实际上，根据本书后面的参考文献你能找到所有被引用的文章，但这些文章中没有一篇能使你找到这本书，因为它们没有引用这本书。引文网络是一个非常特殊的有向网络，它的 IN 大陆和 OUT 大陆反映了文章的历史顺序，而且中央区域即便存在也非常小。自然界中还存在一些有向网络。食物链网络中，物种之间由捕食关系链接在一起。这些网络的链接极少是双向的：比如狮子吃羚羊，但反之则不行。

最后的结果是，所有的有向网络都会分裂为相同的四块大陆。它们的存在并没有反映万维网的任何组织规律。不管网络是随机的

还是无尺度的，只要链接是有向的，大陆就会存在。最近，葡萄牙波尔图大学的谢尔盖·多洛戈切夫(Sergey Dorogovstev), 约瑟·门德斯 (Jose Mendes) 和 A. N. 萨姆金 (A. N. Samukhin) 证明了这一点。他们指出，这些大陆的规模和结构能够解析地预测出来。显然，这些大陆的相对规模会随着网络的实际属性而变化。然而，这些结果表明，无论万维网变得多么复杂和庞大，这些大陆都会继续存在。

万维网上的社区

2000 年 6 月，芝加哥的一位法律教授卡斯·桑斯坦（Cass Sustein）随机调查了 60 个政治网站，发现其中仅有 15% 的站点链接到与它们观点对立的站点。反之，有多达 60% 的站点拥有指向观点相似的网页的链接。一项关注万维网上民主言论的研究得到了一个相似的结论：仅有约 15% 的网页提供了指向对立观点网页的链接。桑斯坦担心，通过限制到达对立观点，正在涌现的网络世界鼓励了隔离和社会分化。但实际上，万维网上的社会和政治孤立背后的机制是自我加强的，它们还会改变万维网的拓扑结构，隔离网络世界。因此，四块大陆并不是万维网上唯一的孤立结构。在一个更小的尺度上，这些大陆上存在许多活跃的村庄和城市。它们是因某个共同的想法、爱好或习惯而形成的基于共同兴趣的社区。爵士爱好者就形成了一个良好的网络社区，观鸟爱好者也一样，东欧的宗教基本教义派和美国的与他们思想类似的人们共享虚拟空间，欧洲的反全球化活动人士和他们在日本的同伴一起联合进行战略协调和活动。

社区是人类社会历史发展的重要组件。格兰诺维特提出的“朋友圈”指出了这一事实，这类朋友圈正是社区构建的基石。然而，社区成员没有意识到的是，这类社区越来越多地被记录在万维网拓扑结构中。数字化生活带来的一个副作用是我们的信仰和从属关系是公开可获得的。每一次链接到一个网页，我们都指出了它与我们求知欲的关联。因此，一个热心的观鸟爱好者能带我们去其他类似的网站，从而使我们能绘制出观鸟爱好者的社区。

识别出这样的基于网络的社区具有巨大的潜在应用价值：

- 找到跑车爱好者的社区，汽车公司就能最有效地推销他们的新车型，如通过在这个社区的数个枢纽节点上放置广告。
- 艾滋病活动人士能够利用社区知识来组织调动起那些关心疾病的人，把他们塑造成强有力的游说人士和活动团体。
- 民族节日的组织者可以利用网络上种族相关的社区信息来宣传最近的活动，以及发展基层组织。

但问题是，网上有超过10亿个页面，我们能在这么巨大的万维网上准确找到社区吗？

1964年，美国联邦最高法院大法官波特·斯图加特（Potter Stewart）说了一句非常著名的话：“我现在并不能给色情下一个定义，而且可能我以后都无法成功给出一个明确的定义。但我看到了它们时，就会知道那是色情的。”试图给“网上社区”找一个合适的定义时，我们也面临类似的问题。一旦看到了，我们都知道它们就是社区，但每个人对此都有略微不同的评价准则。其中一个原因就在于不同社区间不存在明显的界限划分。实际上，同一站点能同时属于不同的组。比如，一个物理学家的网页上可能混合有指向物理、音乐和爬山的链接，包括了职业兴趣及爱好。我们应该把这样一个页面划分到哪个社区呢？另外，社区规模的差别也很大。比如说，“密码学”方向的兴趣社区规模偏小并且相对容易识别，而由“英语文化”的爱好者组成的社区则很难识别，并且常分化成许多子社区，比如莎士比亚爱好者组成的子社区，或是库尔特·冯内古特（Kurt Vonnegut）的粉丝组成的子社区。

最近，NEC 的盖瑞·弗雷克（Gary Flake）、史蒂夫·劳伦斯和李·贾尔斯建议，如果某些文档之间存在的链接多于指向它以外的其他文档的链接，则认为它们属于一个社区。这个定义很精确，人们能够根据这个定义设计算法以识别万维网结构上的各种社区。但结果表明，在实际中去寻找这些社区是非常困难的。这类搜索属于 NP 完全问题，这意味着，虽然原则上社区能够被准确定位，但不存在有效的算法来解决这个问题。因此，在万维网上寻找社区的困难程度类似于求解旅行商问题——该问题要求寻找能到达一组给定城市的最短路由策略，前提是每一个城市仅能访问一次。确保找到社区或是给出旅行商路由策略的唯一算法是穷举所有可能的组合。对于社区发现问题，执行这样的搜索所需的时间随着万维网规模的增加呈指数级增长。若计算机运算速度足够快，我们应该能在 100 个文档的样本中识别出社区。然而，想从 10 亿个网页中找到它们则根本不可能。

如果把内容和拓扑相结合，这个问题的挑战性会稍微降低些。举例而言，我们可以专门寻找那些包含一个或两个关键字的文档。来自斯坦福大学的拉达·阿达米克（Lada Adamic）最近调查了根据搜索短语“堕胎-选择优先”（即支持堕胎）和“堕胎-生命优先”（即反对堕胎）发现的社区。生命优先的查询结果是以 41 个文档组成的一个核心集，其中任意两个页面均可互达。相反，选择优先行动则分裂成许多分散的站点。

竞争的社区在结构上的这种差异会对它们宣传以及组织活动的能力产生重要的影响。正如阿达米克指出的，生命优先聚团中发起的反对堕胎法案的消息很容易到达其他生命优先网站，因为它们相互之间有许多链接。此外，由于选择优先网站有链向生命优先网站的链接，选择优点网站的访问者也能够接收到该消息。然而，要是想达到等价的宣传效果，需要在数个分散的选择优先网站上进行宣传。因此，生命优先社区在网上得以更好地展示，组织得也更为良好——因为此类网站更加关注彼此。

万维网远非由节点和链接组成的一个匀质的海洋，它分裂成四块大陆，其中每块大陆上又有许多的村庄和城市，它们以重叠社区的形式出现。我们每个人都愿意用一个虚拟的身份加入其中的一个或多个社区。确定无疑的是，我们还远不了解万维网的这种精细结构。但有许多的动力，如商业利益、科学上的好奇等，它们不断激励着我们去更好地了解万维网。随着我们更深入地挖掘，我确信我们将会遇到许多令人惊讶的东西，而它们将会让我们对这个复杂的、无定形的、时刻变化的网络世界有更加清晰的看法。

代码与架构

2000 年 11 月 20 日，法国的吉恩-雅克·戈梅斯 (Jean-Jacques Gomes)

法官裁定雅虎应拒绝法国消费者访问其网站上拍卖纳粹纪念品的页面。该判决依据法国的一条禁止此类物品在法国销售的法律。法院的这一裁决在全球范围内至今仍存有争议。雅虎辩解称，互联网本质上与地理及国家界限无关，让在美国的公司去遵从世界各国的法律是对互联网基本哲学的严重破坏。其他人则对此不以为然，他们认为互联网没有任何特别的创新之处，应该和其他国际商业活动遵守相同的国际贸易协定。

除了法律上的分歧，更深层次的问题在于代码——万维网背后的软件。法国法院承认，考虑到万维网的性质，没有方法让法国与世界完全分离。但是他们被一些专家说服，那些专家表示雅虎可以通过增加过滤机制来禁止至少70%～80%法国人民尝试访问雅虎纳粹相关站点的行为。因此，法院裁决雅虎去修改代码。斯坦福法律教授劳伦斯·莱西格(Lawrence Lessig)在他的著作《代码和其他网络空间法律》(*Code and Other Laws of Cyberspace*)中准确地预见了这一举动。莱西格认为："若允许网络空间自由发展，它将变为一个完美的控制工具。"网络空间看不见的手正在构建着一个与其诞生时彻底相反的架构。

莱西格用单词"架构"来表示运行在万维网背后的所有软件，并总结得出，影响网络空间行为的唯一办法就是调整代码。他建议要合两方面之力一起做这件事。政府在监管万维网上的行为时会感到很棘手。制定法律禁止访问色情文学或窃取密码是很容易的，但要在无边界的网络空间落实这些法律却几乎是不可能的。如果政府错过规范万维网的机会，商业领域将会接手。许多公司出于安全或市场营销等不同目的，会寻找更为安全的商业环境以对用户进行鉴别。它们将促使代码往可控的方向发展。**由于技术始终朝着商人希望的方向发展，普通网民将完全失去他们的匿名性以及不受空间限制的存在。**

一方面，雅虎的案例和其他案例都证实了莱西格的一些黯淡的预言都已成真。另一方面，在我看来，我们需要把代码和架构两者仔细区分开来才能真实地了解网络空间。代码或软件是网络空间的砖和泥浆；架构则是我们使用代码构建出的事物。人类历史上伟大的建筑师们，从米开朗基罗到弗兰克·劳埃德·赖特(Frank Lloyd Wright)，都证明了一点，纵使原材料有限，建筑的可能性却是无限的。代码能够约束行为，并且确实能影响架构，但代码不是确定架构的唯一因素。

链接洞察 LINKED

和建筑师设计的建筑一样，万维网架构是两个同等重要的因素共同作用的产物：代码和人类作用于代码的集体行为。第一个因素能够受到法院、政府和公司等的规范。而第二个因素却无法由任何个人或机构来管制，因为万维网不是中心设计模式——它是自组织的。它的演化是由数百万用户的个体行动造成的。因此，它的架构远丰富于自身组成部分的简单加总。万维网的众多真实的重要特性和涌现属性都来源于其大规模自组织拓扑结构。

万维网上的民主就是一个好例子。我们已经看到，无尺度拓扑结构意味着绝大多数文档很难被看到，因为少数流行度高的文档拥有几乎所有的链接。在万维网上，我们确实拥有言论自由。尽管如此，很可能出现的情况是，我们的声音太微弱了，根本无法被其他人听到。仅拥有少量导入链接的网页在随意浏览中不可能被找到。相反，我们会一遍又一遍地被导向枢纽节点。相信机器人能避免这种流行驱动引发的陷阱是一种非常美好的想法。它们应该能，但它们并不这样做。相反，一个文档被一个搜索引擎索引的可能性强依赖于它拥有的导入链接数量。仅拥有一条导入链接的文档只有不到 10% 的机会被搜索引擎索引。与此相反，机器人找到并索引拥有 21 至 100 条导入链接的页面的可能性则接近 90%。

莱西格是对的：**万维网的架构几乎控制了一切，从获得消费者到在浏览时被访问到的可能性**。但是万维网的科学越来越证明了，这个架构代表了比代码更高的组织层次。你能否找到我的页面仅取决于一个因素：该页面在万维网上的位置。如果许多人发现我的页面有趣并且链接到我的页面，那么它就会慢慢地变成一个较小的枢纽节点，搜索引擎必然会注意到它。如果所有人都忽略我的网站，搜索引擎必然也将会忽略它，我的页面将会加入到不可见站点的行列中。毕竟，不可见的站点占大多数。因此，**万维网的大规模拓扑结构——即它真实的架构，给万维网上我们的行为和可见性施加了更严重的限制，远超过政府或产业仅通过更改代码所能达到的程度**。规则来了又走，但管控万维网的拓扑结构和基本的自然法则是不变的。只要我们继续让个体拥有自行设置链接的权力，我们就不能显著地改变万维网的大尺度拓扑结构，而且我们必须接受这样带来的结果。

记录互联网的历史

互联网的一大好处在于我们的网页和我们一起成熟。一旦我们修改了个人主页，我们将不再因几十年前持有的与现在相反的观点而受到别人的困扰。你还记得几年前分手的男朋友吗？你当然记得，但你可能希望别人都不记得。他的所有照片确实都已从你的页面移除，但那些至今仍使你脸红的中学宣言呢？或是在你转向共和党的两年前，自己在页面上添加的那些指向民主党网站的链接？这些都已无迹可寻。至少我们倾向于这么认为。这是因为大部分网民从来没有听说过布鲁斯特·卡利（Brewster Kahle）。事实上，卡利能够轻易获得你曾从网站上小心移除的，甚至都自己都已忘记的所有图片和文档。

> 卡利是万维网上的一名资深人士，他是广域信息服务器的发明者，同时还是主流搜索引擎之一 Alexa 互联网的创办者。他在 1999 年把 Alexa 网站卖给亚马逊，并在此后用这笔收入创建了互联网档案馆 (Internet Archives)，一个位于普雷西迪奥 (Presidio) 的非营利性组织。互联网档案馆坐落在旧金山市中心，由一个军事基地改造而成。他的目标很简单：避免万维网上的内容随时间消失。

2000 年 3 月，我因为要在第一届互联网档案研讨会上做报告，所以访问了这个档案馆。卡利跟我提及亚历山大 (Alexandria) 的古图书馆——那个图书馆被认为保存了所有的古代书籍，但它们随着图书馆被烧毁一并消失殆尽。他还告诉我，许多珍贵的电影收藏胶片由于里面含银而被回收。没有文化遗产，人类就没有记忆，而没有了记忆，人类就不能从成功与失败中学习。对于万维网，我们依旧没有记录好它的历史。为避免重蹈覆辙，卡利创建的互联网档案馆仔细保存了 Alexa 自 1996 年来抓取到的所有文档。这个收集已增长到 1 000 亿个网页，信息量约 100TB。对比而言，美国国会图书馆收藏的所有的书和文档仅有 20TB。

这个档案馆的收藏对于历史学家、社会科学家，以及万维网地志学者等都具有无与伦比的价值。如果你想撰写关于 2000 年总统竞选的文章，就应当从这个档案馆入手。他们有一个时间机器，你可以看到当年候选人的站点，选民指南，以及各党派的网站，精确得如同身处于那段竞选期。你是否想追踪2001年9月11日恐怖袭击时在线世界的反应？在事件后的1个月里，这个档案库搜集了2亿个相关文档。如果你是一个致力于理解万维网架构的万维网地志学者，这个档案馆是一个极好的出发点。它让你能追踪网页和链接在何时何地被添加和移除，后来节点如何一夜蹿红，以往的枢纽节点如何失去光彩。对比不同时间间隔得到的网络地图，你能够追踪虚拟社区的涌现和结晶。档案馆拥有能够重建节点和链接的混沌演化的数据，有助于揭露万维网当前架构的形成机制。

档案馆拥有来自不同学科的众多粉丝，但大部分能够从中获益的研究者要么不知道它的存在，要么缺乏编程技巧来访问和有效地利用它。因此它的全部潜能仍然未被研究者和公众利用起来。尽管如此，我希望互联网档案管只是一个开始，更希望它能够唤起我们对网上世界的历史使命感。档案管还远不能够抓取发生在万维网上的所有一切。它的主要收集来自于卡利和布鲁·吉利亚特（Bruce Gilliat）在1996年创立的搜索引擎Alexa。正如我们所知道的，搜索引擎仅覆盖了万维网的一小部分，而Alexa的覆盖面就更少了。因此，尽管互联网档案库的规模巨大，目前的这些收集也仅是万维网中很微小的一部分，绝大多数是流行的页面。Alexa采集到了网络中的枢纽节点，而其余那些数量巨大的只有很少链接的页面都被它的机器人忽略了，这类页面正在以百万级每天的速率被遗漏掉。

不断扩大的互联网黑洞

对于一个正在接近我们太阳系的外星人而言，地球就只是一个圆球。

再靠近一些，这个外星人可能会注意到地球上的陆地。巴黎、纽约、伦敦和东京等发出的亮光还给出了智能生命存在的线索。再靠近一些，外星人就能辨别出小的社区，以及由高速公路和道路交织成的精细结构。然而，这个外星人需要靠得非常近，才能看到造就了太空可见的大尺度秩序的人类。

我们对万维网的探索也遵循着相同的路线。首先，我们发现了非匀质的大尺度拓扑，并且知道了这和绝大多数行星是球形一样不可避免。再细看，我们注意到有四块主要大陆，各自遵循着不同的规律。进一步关注更多的细节，我们开始看到社区，即由相同兴趣聚合在一起的一组网页。这些向未知领域的探索已极大地改变了我们对万维网的理解。我们了解到网上世界比任何人预计的都要大得多，并且它的增长速度也比我们所愿相信的更快。令人失望的是，我们还发现它极少被绘制下来，少到远低于我们能接受的程度。两年前，6/10 的页面不能被任何搜索引擎访问到。如果这个趋势可信，如今搜索引擎能看到的万维网的范围就更小了。不过，好的一面是竞争迫使搜索引擎工作得越来越好。但我们绝不能只看到小枝小节，而忽视全局：不管搜索引擎之间竞争程度如何，万维网只会更大。

然而，我们也不能低估搜索引擎和它们的机器人提供给我们的大量服务。我们经常绝望地叹息，称万维网为“丛林”。事实上，没有了机器人，它将是一个黑洞。空间会在它的周围弯曲，任何事物一旦进入其中就再也逃逸不出来。机器人使得万维网在其复杂性持续增加的情况下仍不会塌陷。它们支撑了这个空间，维持着节点和链接在混沌之中的秩序。

我们的生活越来越受万维网主宰。然而，我们只投入很少的注意力

和资源用于理解它。实际上，只需要相对较少的努力就能为信息获取带来新的革命。这一定会发生。但问题是，与此同时我们会失去什么？

在这样一个互联网主导程度日益增强的社会里，理解万维网对其自身具有巨大的价值。不过，对我而言，价值远大于此。这一探索中最令人兴奋的一个方面是揭示了一些规则在赛博空间[①]中依旧有效。这些规则同样适用于细胞和生态系统，这也证明了自然规则是不可避免的，以及自组织对我们周围世界的深刻塑造。由于具有数字化的优点，并且规模巨大，万维网提供了一个模型系统，其中所有细节都能够被揭露。对于以往的其他任何网络，我们都未能如此接近。对于想抓住与万维网类似的世界的属性的任何人来说，万维网仍然是灵感和想法的源泉。

① 赛博空间是哲学和计算机领域中的一个抽象概念，指在计算机以及计算机网络里的虚拟现实。——编者注

第13链 生命的地图

虽然所有的生物体都具有同样的枢纽节点，但不同生物体中连通度较小的分子却各不相同。生命就像是城市的某个郊区，所有的房子都是同一个设计师设计的，但各个房子具有不同的特点，包括地板的材料、窗子的大小等。从空中看，所有房子都是一样的。然而，我们靠得越近，就越能看出它们的不同。

寻找“躁郁症”基因的竞赛

1987年2月,《自然》杂志报道了一个划时代的发现：躁郁症（manic depression或bipolar disorder）的基因。在美国，躁郁症影响着1%~5%的成年人，其中多达25%~50%的人至少有过一次自杀尝试。如果某人的直系亲属中有人患有躁郁症,那么他患该病的可能性比普通人高5~10倍。因此，人们普遍认为，躁郁症是一种基因紊乱。在能够将疾病和基因关联起来的方法出现之后，寻找躁郁症基因的竞赛就随之展开。在这个竞赛中，令人向往的“第一”似乎属于1987年《自然》杂志上这篇论文的作者。对宾夕法尼亚州兰开斯特的一个阿米什大家族进行研究后，他们将躁郁症基因锁定在11号染色体上。然而，两年后，该研究组公开承认他们的研究结果是错误的。不过，这次错误并没有使其他基因研究人员灰心，反而激励他们努力寻找真正的基因。1996年，在第一个研究成果发表大约10年后，三个独立的研究小组发表了他们的研究成果，找到的却是其他染色体上的基因。

- 针对阿米什家族的再次研究表明，躁郁症基因的相关染色体是6号、13号和15号；

- 另一项研究的对象是哥斯达黎加中央峡谷的孤立人群，确定的是18号染色体；
- 对一个苏格兰大家族的研究结果表明，相关的染色体是4号。

针对另外一种常见的精神紊乱——精神分裂症的研究遵循着类似的模式。研究人员最初将该疾病和1号染色体的两个不同区域关联在一起，而另一个研究小组在几年后提出该疾病和5号染色体有关。

是这些科学家都心不在焉，还是他们的研究水平不行？都不是。这些结果其实并不矛盾。它们只是说明了，从躁郁症到癌症，大多数疾病都不是由单个致病基因引起的。相反，多个基因通过细胞内的复杂网络彼此关联，它们共同作用导致某些疾病。面对找出基因和蛋白质等细胞构件的巨大任务，科学家们一直在关注生物学的问题，没有去考虑网络。不过，现在我们已经掌握了这些基本的构件，后基因组生物学也开始关注全局问题。令人振奋的新发现正在给生物学和医学带来变革，这些发现一清二楚地告诉我们：如果想理解生命并最终战胜疾病，我们必须从网络的角度思考问题。

破译人类基因组，打造生命之书

“今天，我们正在掌握上帝创造生命所使用的语言。”这是比尔·克林顿总统于2000年6月26日，在白宫宣布人类破译了人类基因组的30亿个化学字符时所说的话。当真如此吗？人类真的得到了“生命之书”吗？站在总统两边的弗兰西斯·科林斯（Francis Collins）和克雷格·文特尔（Craig Venter）会是21世纪的预言家吗？毕竟，科林斯和文特尔分别代表公开资助的人类基因组项目和私人资助的Celera Genomics项目，这两个项目分别破译了人类基因组，给我们带来了这本“生命之书”。

打开“生命之书”，你会看到有大约30亿个字符的“文本”，篇幅相当于10 000份周日版的《纽约时报》。每行看上去都大致如此：

TCTAGAAACA ATTGCCATTG TTTCTTCTCA TTTTCTTTTC AC-GGGCAGCC

这些字母是构成DNA的分子的缩写，用来表示基因序列。根据这个匿名捐献者的基因序列，可以很容易判断出，他到50岁时会秃顶，或是他在70岁时会患老年痴呆症。我们被反复告知，从我们的个性到未来的病史，所有这些都记录在这部“生命之书”里。你能读懂它吗？我表示怀疑。告诉大家一个秘密：生物学家和医生也读不懂。

当然，人类基因组计划是一个巨大的成功，反映了现代分子生物学将复杂生命系统分解为最小组成部分的能力。这无疑是医药学和生物学开创新时代的催化剂。同时，基因组计划带来了新的认识：**生命系统的行为不能分解为各个组成分子的行为。**

链接洞察 LINKED

寻找躁郁症基因的失败就是最好的例证。列出一组可疑的基因还不够。要想治愈大多数疾病，我们需要从整体上理解生命系统。我们需要知道：不同的基因何时以及如何一起工作？细胞内的消息如何传递？在任意给定时刻哪些反应是否正在进行？某个反应的影响是如何在复杂细胞网络中传播的？要想做到这些，我们需要绘制出细胞内部网络的地图。生命地图决定着一个细胞是成为皮肤细胞还是心脏细胞，决定着细胞对外界扰动的反应，掌握着细胞在持续变化的外部环境中生存的关键，告诉细胞何时分裂何时死亡，并对从癌症到精神紊乱等各种疾病负有责任。《科学》杂志上的一篇划时代的文章对人类基因组计划总结如下："不存在'好'基因或'坏'基因，只存在不同水平的网络。"

研究细胞网络，绘制生命地图

人类基因组的破译使我们能够详细地了解细胞的组成部分。我们现在就像在后院里摆满了汽车零件。如果想让汽车重新跑起来，就必须找到汽车的设计图，它能告诉我们如何把汽车零件组装成汽车。对于大多数细胞而言，类似的设计图在今天依然难以琢磨，这个情形和15年前人类基因组计划开始之初是一样的。缺少细胞搜索引擎只是问题的一部分。最大的困难在于，每个细胞内部包含多个层次的组织，每个层次的组织都可以看成一个复杂网络。要想理解生命地图，我们需要熟悉这些网络。

在对体重特别敏感的当今社会，大家都知道，细胞通过分解复杂的分子来消耗食物，以构造细胞的组成部分，并提供维持细胞生命所需要的能量。这是通过细胞内部数百个多级生物化学反应形成的网络来实现的，这个网络被称为新陈代谢网络。该网络的节点可以是简单的化学物质，比如水或二氧化碳；也可以是由几十个原子组成的复杂分子，如ATP（三磷酸腺苷）。网络中的链接，是分子间发生的生物化学反应。如果分子A和B相互反应生成了C和D，那么，这四个分子所对应的节点在细胞复杂的新陈代谢网络中彼此相连。

我们可以把细胞的新陈代谢想象成汽车里的引擎。但是，仅仅拥有引擎是不够的。你还需要轮子、悬挂装置、制动装置、车灯和许多其他部件，才能保证汽车能够安全行驶在路上。类似地，细胞也具有精巧的调控网络，控制着从新陈代谢到细胞死亡的所有一切。调控网络中，节点是巨大DNA分子编码而成的基因和蛋白质，链接是基因和蛋白质之间的生物化学反应。基因首先将遗传信息转录到信使RNA上，再以信使RNA为模板指导蛋白质的合成。有些蛋白质和DNA相互作用，启动或抑制基因突变，修补意外受损的DNA，并在细胞分裂时复制两条DNA链，等等。其他蛋白质相互作用，形成大的蛋白质复合体。

> 最典型的例子是血红蛋白，它是由4个蛋白质形成的蛋白质复合体，这四个蛋白质结合在一起负责在血液中运输氧气。

因此，蛋白质可以视为复杂的蛋白质–蛋白质交互网络中的节点。在蛋白质–蛋白质交互网络中，如果两个蛋白质可以进行物理拼接，它们之间就存在一条链接。细胞的整个网状分子架构被编码在细胞网络（cellular network）中，这个网络包含细胞内的所有组成部分（基因，蛋白质和其他分子），它们通过包括生物化学反应和物理拼接在内的生理作用相互连接。这一生命网络中包括细胞内所有的新陈代谢、蛋白质–蛋白质相互作用，以及蛋白质和DNA之间的相互作用。

不久前人们还普遍认为，和生物体的生物进化相关的重要信息都编码在基因中。后基因组生物学虽然刚刚起步，就已经面临一场重要的战斗，其目标就是消除历史上人们赋予单个基因的全能作用。基因发挥着结构性作用，决定着蛋白质的功能和构造，并将这一信息通过遗传传递给下一代。但是，科学家最近发现，**作为复杂细胞网络的成员，基因同样发挥着功能性作用。这些功能性作用只有在基因和细胞中许多其他组成部分相互作用的动态环境中才能显现出来。**目前，我们已经掌握了好几种重要生物的完整基因序列，包括大肠杆菌和人类自己。但是，对于第二个具有同等革命性意义的科学实践——揭示基因的功能性作用，我们才刚刚开始。为了达到这个目标，我们需要第二个基因组计划——绘制细胞内部的地图。我们已经有了“生命之书”，现在我们需要的是生命的地图。

细胞网络的无尺度拓扑，少数分子参与多数反应

1988年，我遇见了细胞生物学家佐尔坦·欧尔特沃伊（Zoltan Oltvai）。他来自芝加哥的西北大学医学院，那时已经做出了一些重要的发现，并被学术界广为引用。当时，我们两个都住在芝加哥郊区的橡树园（Oak Park），那里有很多弗兰克·劳埃德·赖特（Frank Floyd Wright）的建筑作品。由于两家的孩子年龄相近，我们逐渐开始相互走动。在聊完了文化政治相关的所有话题之后，我们开始谈起有关科学和生物学方面的话题。当时我的小组正在努力研究与万维网和互联网相关的问题，自然而然地，我们就聊到了生命网络和其他复杂网络的相似性和差异性。很快我们就展开了争论。万维网和演员网络都是无尺度的，这是由于两个网络的出现遵循着生长机制和偏好连接过程。细胞网络却与之不同。远古时代，在有机分子的“原始汤”中形成的细胞原型，可能形成了一个不断生长的网络。但是，在过去的30亿年中，进化和自然选择开始发挥作用。在这段时间内，生长大大放缓，主要的活动是细胞网络内部的

修修补补和优化改良。因此，一方面，无机分子在迈出走向生命的第一步时即便形成过无尺度拓扑，这种拓扑在生命进化过程中也消失了。另一方面，我们也很难弄清楚，细胞内的复杂生物化学网络是不是完全随机的。如此一来，生命地图，是和埃尔德什-莱利网络一样是随机的，还是和万维网一样是无尺度的？我们如何刻画细胞的复杂拓扑呢？

我们想尽办法，最终却都无法说服对方。于是，我和欧尔特沃伊决定暂时停止争论，转而寻找生命网络的真实数据。幸运的是，在 20 世纪的大部分时间内，生物学家和生物化学家们都致力于辨识细胞中的各种分子，并识别分子间的关联关系。DNA 双螺旋结构的共同发现者詹姆斯·沃森（James Watson）在 1970 年撰写了现已成为经典之作的《分子生物学》(*Molecular Biology*)。他在书中写道："在大肠杆菌的所有新陈代谢反应中，我们至少已经弄清楚了其中的 1/5，甚至可能已经超过了 1/3"，这说明"在接下来的 10 年或 20 年里，我们或许能够描述大肠杆菌的所有新陈代谢反应"。沃森的预见已经成为现实。现在，细菌学家认为，这个由 700 多个节点和近 1 000 个链接组成的复杂网络，几乎涵盖了大肠杆菌的全部新陈代谢反应。在 1970 年沃森还无法预见到，30 年后，在线数据库搜集了数百种生物体的新陈代谢网络。对于高度复杂的人类细胞，我们还没有弄清楚它的新陈代谢网络，但是对于一些简单的生物体，我们的认识已经趋于完善了。

因此，我和欧尔特沃伊的探讨正当其时。如果是在几年前，我的实验室对细胞拓扑的研究势必会因为缺乏数据而停止。不过，在 1999 年年末，已经有一些网站能够提供我们所需要的数据。在调研了现有的数据库后，我们最终锁定了一个新出现的数据库——由芝加哥郊外的阿尔贡国家实验室编制的数据库，昵称是"What is there？"。这个数据库里有

43种不同生物体的新陈代谢网络。郑浩雄又一次展现了他的电脑天赋，他编写了一个程序，下载了这个数据库网站上的每一个新陈代谢反应式。欧尔特沃伊和我站在他的身后，看着这个年轻人把43个生物体的新陈代谢网络逐个拼接起来。做完之后，他继续研究这些网络的特性，计算每个分子参与的反应数目。计算结果的稳定性令人吃惊。无论是哪种生物体，都有一个清晰的无尺度拓扑。**每个细胞就像一个小网络，这些网络非常不均衡：少数几个分子参与了大多数反应——它们是新陈代谢网络的枢纽节点，而大多数分子只参与了一两个反应。**

生命网络中三度分隔的分子

和我们前面讨论的社会网络类似，在生命网络中，如果两个分子参与了同一个反应，它们的分隔为一度。如果需要两个连续的反应才能把它们联系起来，那么它们之间的分隔就是两度。如果将所有的节点和链接一起考虑，细胞内的复杂网络是否也具有小世界性质呢？

测量分子间的间隔，并不是因为我们对六度分隔情有独钟，而是因为网络直径或节点间的分隔度具有重要的生物学意义。例如，如果我们发现两个分子间的最短化学路径是100，那么，第1个分子的化学物质浓度变化需要经过100个中间反应才能传递到第2个分子。在这么长的路径上，任何扰动都会衰减或停止在半路上。

令我们大为惊讶的是：测量结果表明，典型的路径长度远远小于100。实际上，细胞组成的是一个三度分隔的小世界。也就是说，大多数分子都可以通过长度为3的路径联系起来。因此，扰动绝不会局限于原

地，一个分子的化学浓度变化，很快就能传递到大多数分子。新墨西哥大学的安德里亚斯·瓦格纳（Andreas Wagner）和牛津布鲁斯大学的戴维·A·费勒（David A. Feller）的研究支持了我们的这一发现。他们独立得出了同样的结论：大肠杆菌的新陈代谢网络是无尺度的，并且具有小世界特性。

虽然三度分隔小得出乎我们的意料，但这并不是我们的发现中最有趣的部分。由于43种生物体的大小各不相同，我们期望，分隔会随着生物体大小的增加而增加，如同万维网的直径会随着文档数量的增加而变大一样。令人惊讶的是，测量结果表明，无论是寄生细菌内的微型网络，还是多细胞生物（例如花）内的发达网络，网络间隔都是一样的。原始细菌和多细胞生物在细胞架构上的差异非常大，就像小村庄和纽约之间的差异一样，但是从细胞内的新陈代谢网络来看，所有细胞看上去都像是一个小城镇。进一步挖掘，**我们发现，大多数细胞的枢纽节点都是一样的。也就是说，大多数生物体中，连接度最高的前十个分子都是一样的。**ATP（Adenosine Triphosphate: 三磷酸腺苷）在几乎所有生物体中都是最大的枢纽节点，紧随其后的是ADP（Adenosine Diphosphate: 二磷酸腺苷）和水。

当然，ATP、ADP和水是枢纽节点，这一点也不让人惊讶。在细胞中，ATP是多功能、便捷的能量存储库，驱动着数百种生物化学反应。在给这些反应提供能量时，ATP会失去一个磷酸基变成ADP。因此，在新陈代谢网络中，ATP和ADP都和大批分子相连，它们一起参与耗费能量的反应。将连接度最高的前10种分子合在一起，我们便能从中看出一些端倪。**无尺度模型的一个关键预言是：拥有大量链接的节点，往往都是早期加入网络的节点。对于新陈代谢网络而言，连接度最高的分子应该是**

细胞中最“老”的分子。的确如此，瓦格纳和费勒的分析表明，连接度最高的分子，其进化历史也最早。这些分子中，有一些被认为是所谓的RNA世界的遗留物，这是DNA出现前的进化步骤；其他的分子是最古老新陈代谢过程的组成部分。因此，先发优势似乎也遍布于生命出现的过程中。

如果所有的生物体都具有同样的无尺度拓扑、同样的节点分隔、同样的枢纽节点，那么不同生物体的细胞该如何区分呢？细菌细胞与人体细胞在化学结构上有差别吗？实际上，它们之间的差异非常之大。对比一下43种生物体的新陈代谢网络，我们发现只有4%的分子在所有的生物体中都存在。**虽然枢纽节点是一样的，但不同生物体中连接度较小的分子却各不相同。**

生命就像是城市的某个郊区，所有的房子都是同一个设计师设计的，但是房子的建筑工人和内部装修人员却不同，从而使各个房子具有不同的特点，包括地板的材料、窗子的大小等。从空中看，所有房子都是一样的。然而，我们靠得越近，就越能看出它们的不同。

新陈代谢网络虽然很重要，却也只是细胞网络的一部分而已。在调控网络——即负责细胞运转的网络中，是否也存在同样的无尺度架构呢？实际上，我们最终感兴趣的还是生物体整体的网状分子架构。问题是，生命网络的不同组成部分是否遵循着同样的规律和结构特性？或者，各个组成部分在进化过程中是否形成了不同的规律？我们渴望了解细胞架构的根本特征，同时，理解调控细胞也具有重要的实用价值。实际上，遗传紊乱就是由于调控网络的节点故障引起的。因此，调控网络面对节点故障所表现出的健壮性，决定着我们抵抗多种疾病的能力，也决定着研究人员研制出治疗药物的能力。

细胞是真正的小世界

贝母菌（Baker's yeast）是一种最简单的真核细胞，拥有大约6 300个基因，这些基因编码了同样数量的蛋白质。虽然这只是人类细胞所包含的30 000个基因的1/5，但数字已经很大了。通常，蛋白质有充分的理由通过彼此依附进行相互作用。大多数的相互作用在细胞生命中发挥着某种重要的功能性作用。因此，要想理解细胞的工作原理，我们必须识别出所有能够相互作用的蛋白质对。对于酵母菌，这就意味着要检查6 300×6 300个蛋白质对——接近4 000万个潜在的相互作用。使用标准的分子生物学工具，这一工作需要数百人花费数十年的时间才能完成。虽然工作量很大，还是有两个研究小组独立得到了酵母蛋白质的详细结构图。他们的成功得益于一项重要的技术突破，即所谓的双向杂交法。该方法是斯坦利·菲尔兹（Stanley Fields）于1989年发明的，是一种能够较快地检测蛋白质–蛋白质相互作用的半自动技术。虽然这一方法具有很高的误报率和漏报率，但还是为人们提供了研究细胞控制网络的机会。

受细胞新陈代谢网络拓扑分析的启发，2000年秋，欧尔特沃伊、郑浩雄和我，还有一位年轻的学生希恩·梅森（Sean Mason）开始关注蛋白质相互作用网络的结构。几个月前发表的双向杂交法的数据，给我们的研究提供了绝佳的机会。下载到所有的已知蛋白质–蛋白质相互作用数据后，我们重新绘制了酵母蛋白质网络，以研究其具有的大尺度特性。结果再次清晰地表明：蛋白质相互作用网络具有无尺度拓扑。也就是说，细胞中的大多数蛋白质具有特定的功能，它们只和一两个其他蛋白质发生相互作用。然而，有少数蛋白质却能够和很多其他蛋白质发生相互作用。这些枢纽节点对细胞的功能和生存起着决定性的作用。实际上，我们能够证明：**改变某个枢纽蛋白质的基因，在60%~70%的情况下会导致细胞的死亡。相比之下，改变低连接度蛋白质的基因，导致细胞死亡的可能性小于20%。**

一系列同期进行的研究也支持这一发现。安德里亚斯·瓦格纳独立地证明了，酵母蛋白质网络具有无尺度拓扑。欧洲媒体实验室（European Media Laboratories）的年轻研究人员斯蒂芬·乌切提（Stefan Wuchty）在细胞内部一种明显不同的网络中发现了类似的结构。在所谓的蛋白质域网络（protein domain network）中，节点是连接蛋白质的“面”。两个“面”相连，是指它们同时出现在同一个蛋白质中。来自英国的欧洲生物信息学研究所（European Bioinformatics Institute）的荣·帕克（Jong Park）和合作者一起，在使用蛋白质数据库（the Protein Data Bank）搜集的蛋白质相互作用数据重建酵母网络时，发现了无尺度的拓扑。在与酵母非常不同的生物体幽门螺杆菌（Helicobacter pylori）中，我们的研究小组也发现了同样的结构。这一发现表明，**蛋白质相互作用网络的无尺度性质是所有生物体的共同属性。**

链接洞察 LINKED

结合起来看，新陈代谢网络和蛋白质相互作用网络具有相似的大尺度拓扑。这表明，细胞架构中存在着高度一致的规律：不论研究其哪个层次的组织，都会发现无尺度拓扑。在细胞内部进行的这些探索说明，好莱坞演员网络和万维网只是重现了生命活动在30亿年前发展出的拓扑。细胞是真正的小世界，具有和其他非生物网络相似的拓扑。似乎，生命的架构只能如此设计。

生命是如何形成这种架构的呢？几乎在我们提出这个问题的同时，我们就得到了答案。我们关于蛋白质相互作用网络的拓扑研究发表大约半年后，我在一个月内收到了3封电子邮件，是由不同的研究小组撰写的论文稿件。令人惊讶的是，每个研究小组都独立地提出了同样简单而美妙的解释，说明细胞的无尺度拓扑是源于细胞繁殖过程中的一个常见错误。

基因复制带来进化上的优势

细胞繁殖是通过复制自身物质，再进行分裂而实现的。在繁殖的细节方面，简单的细菌和复杂的人体细胞当然有所不同，不过某些步骤却都是一样的。首先，要想制造出基因相同的下一代细胞，就必须忠实地复制DNA信息。然而，这一过程并不是完全不会出错。虽然细胞具有精巧的复制机制，能够保证DNA序列忠实地继承下去，但是大约每200 000年，会有1/1 000的信息发生随机变化。另一个常见的错误是基因复制。在DNA复制过程，断裂DNA分子的末端会偶尔拼接在一起，此时基因复制就发生了。其结果是，上一代DNA的不同长度的片断，会在后代的基因组中出现两次。这种重复在某些时候会让细胞死亡。但是在其他一些情况下，拥有同一基因的多个副本可能会带来进化上的优势，并传递给未来的后代。血色素就是一个很好的例子。

> 起初，细胞只有1个血红蛋白基因。大约5亿年前，在高等鱼类的进化过程中，出现了一系列的基因复制，使基因组中出现了4个血红蛋白基因。现在，每个血红蛋白基因分别编码血红蛋白中4种珠蛋白。

基因复制对细胞网络有重大影响。它制造出了两个同样的基因，它们又制造出同样的蛋白质，反过来又和同样的蛋白质相互作用。这样就创建出了新的节点，即重复基因所产生的蛋白质。其相邻的蛋白质——即重复蛋白质与之相互作用的蛋白质，既会同上一代蛋白质发生相互作用，又会和同样的下一代蛋白质发生相互作用。因此，每一个与重复蛋白质有联系的蛋白质，都获得了一条额外的链接。**在这场博弈中，高度连接的蛋白质获得了属性优势：和连接度较差的伙伴相比，它们更有可能和重复蛋白质拥有链接。**并不是枢纽节点经常复制，而是由于枢纽节点和更多的蛋白质之间有链接，所以它们有可能和重复节点之间具有链接，这样它们就有了一条额外的链接，这也是一种偏好连接。

这个解释最重要的特点，就是它将无尺度拓扑的来源归结为众所周知的生物机制——基因复制。在这个解释中，基因复制能够添加一种额外的蛋白质使蛋白质网络增长；同时，以较高的速度为连接度高的蛋白质添加新的链接，从而导致优先连接的产生。判断这是否是唯一的解释还为时尚早，不同的机制也有可能产生同样的拓扑，只不过我们尚未对其进行探索。这究竟能否解释新陈代谢网络中的无尺度结构也还不清楚。但无论如何，这一解释说明了细胞的现存机制可以生成无尺度拓扑结构。因此，此时我们已经做好准备转到下一个重要的问题：生命地图是否会帮助我们更好地理解致病机制，并使我们最终能够治愈所有疾病?

细胞网络，对抗疾病的新思路

癌症是人们研究最多的一种疾病。医学界对癌症投入的大量精力，的确带来了几项重大的突破。其中，最重要的成果可能就是 p53 基因的发现。早在 1979 年，戴维·莱恩（David Lane）和阿诺德·莱文（Amold J. Levine）就发现了这一基因。不过，直到 20 世纪 80 年代末期，随着伯特·沃格尔斯坦（Bert Vogelstein）的研究，这一基因和癌症的关系才被人们所认识。沃格尔斯坦发现，p53 基因编码的 p53 蛋白质是一种肿瘤抑制物质。与车上的刹车装置的作用类似，肿瘤抑制基因的作用就是减缓甚至停止 DNA 的复制和细胞的分裂。健康细胞只有少量的 p53 分子。但如果放射线或其他伤害损害了细胞，就会产生更多的 p53 基因，阻止细胞分裂从而避免这种细胞的扩散。这使功能异常的细胞在进一步复制自己之前有时间进行自我修复。如果损害无法修复，p53 蛋白质会激活一组基因杀死这个异常细胞。

如果细胞的“刹车”p53 蛋白质出了问题，这个细胞就会失去控制，异常生长。癌症细胞和健康细胞的不同之处就在于它们能够异常生长。事实上，人类所患的癌症中，有 50% 都和 p53 基因突变有关。这一发现带来了一股研究热潮，从 1989 年起，相关论文超过了 17 000 篇。为了纪念 p53 在癌症研究中的核心地位，1993 年，《科学》杂志将 p53 分子称为“年度分子”。鉴于 p53 分子受到的广泛关注，大家可能以为人们现在一定已经找到了治愈癌症的办法。毕竟，我们只需开发出保证 p53 分子总能正常工作的药物就行了。那么，为什么这么大规模的研究，一直没能带来治疗癌症的通用药物呢？

虽然 p53 基因对于治疗癌症具有重要作用，但是仅仅修复 p53 基因却无法治愈癌症。其中的缘由直到最近才被弄清楚，发现这一原因的正是将 p53 置于癌症研究中心地位的那组研究人员。2000 年 11 月，沃格尔斯坦、莱恩和莱文共同在《自然》杂志发表了一篇论文，确定了网络才是问题的关键。他们三人解释道，**我们之所以无法彻底理解癌症，是因为细胞像互联网一样，是个网络。**

三位研究者说道，我们必须摆脱对 p53 分子的迷信，而应关注他们所说的“p53 网络”，即与 p53 相互作用的分子和基因的集合。他们写道：

> 了解 p53 网络的一个方法，是将其和互联网进行对比。细胞和互联网类似，都是‘无尺度网络’：一小组蛋白质高度连通，控制着大量其他蛋白质的活动，同时大多数蛋白质只和少数其他的蛋白质相互作用。在这个网络中，蛋白质就是节点，连通性最强的节点是网络的枢纽节点。在这个网络中，随机去除某些节点，几乎不会影响网络的性能。但这样的系统也有阿喀琉斯之踵。

大家应该记得,网络的“阿喀琉斯之踵”指的是其枢纽节点的脆弱性。细胞中连通性不强的分子失去作用，不会造成严重的影响，但如果是细胞网络的枢纽节点 p53 分子发生了突变，就会让细胞癌变，最终导致生物体死亡。这就说明了为什么使用药物联合攻击与 p53 相互作用的分子，会对细胞逐渐造成更严重的影响，其效果和直接攻击 p53 一样。

沃格尔斯坦、莱恩和莱文在《自然》杂志发表的论文证明了，从网络的角度思考问题具有普遍的意义。为了保护互联网、抵御黑客攻击等目的而想出的办法，对细胞生物学产生了积极的影响，因为细胞生物学考虑的是保护健康人体细胞不受致病生物体的威胁。互联网研究和细胞生物学研究的核心问题是相似的。第一步，绘制这些系统背后的网络地图。第二步,从这些地图出发,归纳出控制这些网络的规律。在这一点上，互联网地志学者、万维网绘图员以及癌症研究者是处在同一战壕中的。

p53 网络最重大的意义，已经超出了其对于细胞和互联网类比关系的启发。它指出了药物治疗和药品开发的新思路。研究 p53 网络的最终目的是寻求治愈癌症的方法。正如我们接下来将讨论的，这是一个反复筛选的过程。在大多数情况下，癌症疗法都是以破坏为目的：这些方法通过利用药物或放射线破坏癌细胞的细胞网络来杀死癌细胞。随着对 p53 网络理解的深入，我们看到了另一条道路：首先需要破译出 p53 网络的精确拓扑，彻底掌握该网络中的所有相互作用。有了这样的地图，我们就可以开始从正面着手，找到修复 p53 分子的药物，而无需破坏其周围的网络。

个性化药物瞄准问题细胞

直到最近，对于癌症、心脏病、精神疾病等疾病，我们还是只能治疗其症状。从化学实验室到热带雨林，我们到处寻找稀有的化学物质，希望它们对疾病起到神奇的作用。根据某些资料的估计，市场上现有的药物只能针对 30 000 种人体蛋白质中的 500 多种。虽然对于许多疾病都有多种药物，但往往需要通过反复的试验确定哪种药物对某个特定的病人有作用。

深入理解细胞内的所有生物化学网络，能够彻底改变这种猜测式的治疗方法。有了关于细胞网络的精确知识，加上一些能够测量出细胞内各种相互作用强度的诊断工具，未来的医生在无需病人服药的情况下就能够知道其对药物的反应。生命地图包含基因相互作用的全部信息，有了这些信息，我们能够在发病前就将躁郁症或癌症这样的疾病诊断出来。进而，我们可以开发出极为精细、准确的药物，这样的药物只对出现问题的细胞起作用，不会影响健康细胞。换句话说，这样的药物能够提供真正的治疗。

利用药物改变人体内某种化学物质的浓度，能够减轻某些疾病的症状。不过，由于细胞是由具有小世界特性的复杂网络控制的，药物导致的扰动将不可避免的影响许多其他的化学物质，很可能会导致一些人们不想要的副作用。用药物治疗躁郁症，可能会使病人死于并发的心脏病。让有些病人患上并发心脏病的药物，对其他病人可能没有任何副作用。毕竟，不同人的眼睛、头发颜色都不同，因此对于不同药物产生不同的新陈代谢反应也丝毫不奇怪。借助生命地图，以及最近开发出的能够监督基因间链接的 DNA 芯片，医生将能够准确地掌握某种药物对分子和基因的影响。确定药物是否会产生副作用，将不再完全靠主观臆断。到时候，我们将会有个性化的药物，市场将会出现只对 10% 的人有效而对其他人可能致命的药物。

DNA和蛋白质芯片改变医学的未来

如果你曾受到躁郁症的折磨，在你第一次去看医生时可能需要花 1 小时的时间，让医生仔细了解你的想法和情绪。最终医生会给你开一服药。或许你以前并不知道中枢神经系统里的化学物质和大脑活动、健康状况之间有什么关系，但服过药后，你就会有些了解。注射进你体内的化学物质很快就能控制你的行为和冲动，你会发现自己的行为、思考方式都是以前从未经历过的。在大多数情况下，第一种药没有效果，甚至可能使你变得更加躁狂，也有可能更加抑郁。几周后，为了获得更好的效果，你可能需要换药。病人通常需要在几个月的时间内换五六种药，才能找到效果最好的。这些药虽然能够减轻症状，却无法治愈疾病。它们只是暂时改变了中枢神经系统里化学物质的成分，抵消由基因网络故障带来的变化。一旦停药，中枢神经系统里化学物质的不平衡会立即恢复，症状便会重新出现。

不过，从现在起的 20 年后，情况或许会大为不同。面对同样的医生，你只需和他交谈 5 分钟，就像得了普通的流感那样。他的助手会帮你抽取几滴血样，然后你空手回家就行了。晚上，你可以到附近的药房去买药。第二天醒来的时候，你就会感到神清气爽，好像什么病都没有似的，曾经的躁狂和抑郁都烟消云散。

这种治疗上的突破是怎么发生的呢？首先，到那时候，人体细胞的整个生物化学网络已经绘制完成，我们能够细致了解不同的基因和分子是如何协同工作的。其次，目前正在开发的 DNA 和蛋白质芯片，到时候会成为每个医生办公室里的必备设备，使医生能够监视人体内哪些基因和蛋白质出了问题。绘制人类细胞网络也许要耗时十几年，但在某些实验室里，即时监视基因的活动却已成为可能。

到 2020 年，这样的改进将会改变医学。小孩子嗓子疼再也不用去看医生，妈妈只需要拿一个内置可更换芯片的掌上设备，就能测出名叫汤米的小男孩的嗓子疼是不是由链球菌感染引起的，同时还能测出细菌的株系。测试后将设备连上电脑，将结果通过电子邮件发送到医生的办公室。第二天汤米去上学，学校医院的护士就已经给他准备好药了。最重要的是，汤米吃的药大多数都不是药性猛烈的抗生素类——这种药往往不论好坏，把细菌统统杀灭。汤米吃的药都是个性化配置的，针对的只是导致他嗓子疼的微生物。这些药对其他细菌完全不起作用，将会最大限度地避免汤米对抗生素产生抗药性。

我认为这一天的到来不远了。实际上，这个预言相当保守，甚至有些眼光短浅。这只不过是现在世界上多数研究实验室已有工具的改进和组合而已。这些进步的根源在于，我们看待生命和疾病的方式发生了根本变化。因为，现在我们开始把细胞视为一个整体，即作为一个网络，而不是一堆独立的化学物质。

网络思维引发生物学大变革

基因组计划是基因科学的标志性胜利。直到最近我们才明白，人类完整的进化信息都编码在双螺旋 DNA 的 30 亿个字母序列中。可以肯定的是，人类基因组计划对生物研究产生了革命性的影响。但它同时也提醒我们，我们对于世界的了解是多么的少，等待我们去探索的又是多么的多。

1996 年，酵母基因组的破译令科学界震惊：它包含多达 6 300 个基因。在此之前，人们能够预计到并能模糊地阐述其功能的基因只占这些基因的 1/4。考虑到人类在生物进化中的重要地位，生物学家保守地估计，人类基因组中至少包含 100 000 个基因。人们认为，只有这么大的数字才能解释智人（现代人）的高度复杂性。2001 年 2 月，人类基因组计划成果公布了。结果是，人类的基因数量不到预计的 1/3——只有大约 30 000

个。考虑到线虫的 20 000 个基因只需编码 300 个神经细胞，而人类只多了 10 000 个基因，却要应对大脑中的 10 亿个神经细胞，因此，基因数量虽然只增长了 1/3，却也足以解释我们和简单的线虫之间的差别了。

简言之，基因的数量和人类的复杂性并不成正比。那么，复杂性意味着什么呢？网络给出了答案。从网络的角度考虑，我们的问题就成立了：具有同样数量基因的基因网络，能够显现出多少种不同的行为呢？原则上讲，两个相同的细胞，如果它们中的某个特定基因在一个细胞中一个是开启的，而在另一个细胞中是关闭的，两个细胞的表现就会不同。假设每个基因都能独立地开启或关闭，那么有 N 个基因的细胞，就能表现出 2^N 个不同的状态。如果我们把典型细胞表现出的潜在行为特性的数量视为复杂性的度量标准，那么蠕虫和人类的差异就是惊人的：人类的复杂性是蠕虫的 $10^{3\,000}$ 倍！

如果说 20 世纪是物理学的世纪，那么 21 世纪将是生物学的世纪。10 年前，人们甚至认为 21 世纪是基因的世纪。但现在，很少有人敢这样称呼我们刚进入的这个世纪了。21 世纪将极有可能是复杂性科学的世纪，同时它也一定会是生物网络的世纪。如果说网络思维模式会在某个领域引发革命的话，我相信一定是生物学领域。

第14链 网络新经济

从网络的角度去理解宏观经济的相互依赖性，能帮助我们预见和控制未来的危机。从网络的角度思考问题，能教会我们监督破坏的路径，通过识别出关键节点并进行加强来为网络添加防火墙，从而防止小故障变成烧毁宏观经济的熊熊烈火。由于链接和关系主导着一切，理解网络效应成为在快速发展的新经济下谋求生存的关键。

AOL吞并时代华纳

十年前，一家不怎么知名的互联网创业公司面临严重的资金短缺。时代华纳的一位经理当时是这家创业公司管理委员会的成员，他认为这对于娱乐巨头华纳公司而言是一个巨大的商机。于是，他建议华纳公司的高管帮助这家创业公司走出困境。当时，只需投入500万美元，华纳就能获得这家创业公司11%的股份。这笔钱对时代华纳而言简直不值一提，却能让它进军互联网，将互联网作为自己的发布渠道，而互联网在当时还是一种全新的发布渠道。“假如我们这样做，”华纳公司的高管回复道，“就等于把我们从1923年以来所做的一切都扔到窗外。”

华纳公司的这位高管无疑是一个糟糕的股票投资人：十年后，这500万美元投资的价值将超过150亿美元。这次投资原本可以改变历史，但他们却错过了。十年后，那家曾经不知名的互联网创业公司（即美国在线[AOL]）的CEO史蒂夫·凯斯（Steve Case）和时代华纳的主席杰瑞·莱文（Jerry Levin）在曼哈顿的一次发布会上宣布两家公司正式合并，然而这一次，却是这家十年前还鲜为人知的公司吞并了媒体巨头时代华纳。

时代华纳拥有用户需要的内容，而美国在线拥有将内容发布给用户的渠道。2000 年春，纳斯达克泡沫破灭前夕，杰瑞·莱文顶着巨大压力到华尔街去争取投资，而史蒂夫·凯斯则希望通过时代华纳的有线电视电缆，将服务接入千家万户。虽然这两家公司的企业文化截然不同，商业分析师们却迫切地想让人们相信两家公司的合并是天作之合。这些分析师曾经还说过，1998 年戴姆勒–奔驰收购克莱斯勒对双方而言也是绝配。1998 年，在英国石油公司收购了美国阿莫科（Amoco）石油公司 4 个月之后，石油工业巨头埃克森和美孚的合并也被认为是天作之合。然而，这一系列引人注目的合并和收购还远没有结束。仅 1998 年就发生了很多并购：贝尔大西洋公司（Bell Atlanic）与美国通用电话电子公司（GTE）合并，西南贝尔电信（SBS Communications）收购了美国科技（Ameritech），美国银行和万国银行联合，花旗集团和旅行家集团（Travelers Group）合并。

这样的合并有道理吗？反全球化分子肯定不这么认为，他们谴责大公司控制了从政治界到时尚领域的所有一切。然而，假如我们将经济视为一个复杂网络，节点代表公司，节点间的链接代表公司间各种经济和金融联系，那么这种合并是不可避免的。事实上，**在经济网络中，随着网络增长，枢纽节点必须变得越来越大。为了满足枢纽节点对链接的渴求，商业网络中的节点学会了吞并小节点，这是一种在其他网络中从未出现过的新方式。**全球化迫使节点变大，合并和收购便成为经济膨胀的自然结果。

受网络在物理学和数学领域复兴的驱动，最近的一批新发现记录了网络在公司架构和市场中的重要作用。我们已经知道：

- 少数几个强势经理人组成了一张稀疏的网络，他们控制着《财富》

1 000强企业的主要人事任命；
- 联盟关系网络决定着生物技术行业里的成功；
- 公司内部的网络结构决定着公司适应市场状况快速变化的能力；
- 利用消费者之间自然形成的网络来设计策略，在市场营销方面取得了巨大的成功。

由于链接和关系主导着一切，理解网络效应成为在快速发展的新经济下谋求生存的关键。

公司网络，从树形结构到网状结构

无论处于什么行业和领域，20 世纪所有企业背后的网络都具有相同的结构：那就是树型结构。CEO 是树根，枝枝杈杈代表着日益专业化、互不重叠的部门经理和员工。沿着树枝往下，责任越来越小，来自树根的命令在这里显得很微弱。

虽然这种树型结构非常普及，但也存在很多问题。首先，在这种层级结构里，信息在从根向叶子传递的过程中必须小心过滤。如果过滤不理想，在所有分支交汇的树根处，将会出现严重的信息过载。随着公司的扩张，树不断长大，树的最上层必然会出现信息爆炸。其次，整合会使整个组织变得僵化死板。

> 福特汽车制造公司就是一个非常典型的例子。这家世界顶尖的汽车制造公司完全实行层级组织结构。问题是，它的层级架构过于完美了。福特的生产线高度整合优化，哪怕是汽车设计上的小小变动，都需要将工厂关闭数

> 周或数月。优化导致了被称为“拜占庭石柱”（Byzantine monoliths）的问题：组织结构过于优化，导致其僵化呆板，难以应对商业环境的变化。

树型模型非常适合规模化生产，直到最近这都是获取经济成功的一种方式。不过，现在价值蕴含在思想和信息中。我们已经意识到，我们能够生产出我们能想象到的任何东西。所以现在的关键问题是：该生产什么？

公司面临着信息爆炸，亟须组织上的灵活性以应对快速变化的市场。因此，企业模式成为完全转型的焦点。这种转型并不是指少数员工工作性质上的微小变化，而是要求人们从根本上进行重新思考：伴随着信息经济时代的到来，该如何应对后工业时代的新商业环境。

这种重新思考带来的最显著的一点变化，就是从树型结构转换到网状结构。网状结构是一种扁平的结构，节点之间存在众多的交叉链接。随着有价值的资源从实物资产变成比特和信息，公司运作从垂直整合转变为虚拟整合；商业范围从国内逐步扩展到全球；库存周期从数月缩减到数小时；商业策略从自顶向下变成了自底向上；工人变成了雇员或自由经纪人。

新产品的生产需要公司内外同盟的支持，这要求公司具有新的拓扑。为了实现这一点，中层管理人员开始消失。之前处于从属地位的雇员开始负责主要产品的生产管理。项目组、公司内外的同盟和外包逐渐流行起来。因此，**为了在快速变化的市场保持竞争力，公司逐渐从静态优化的树型结构转变成动态变化的网状结构，并通过这种转型获得更具可塑性和灵活性的管理架构。拒绝做出转变的公司很容易被挤到市场**

边缘。

公司网络结构的改变只是网络经济带来的结果之一。另一个结果是，人们意识到企业不能再单独存在。企业会和其他机构进行合作，采纳在其他公司中已见成效的商业案例。这种和世界上其他企业保持高度联系的任务往往由CEO和董事会完成。接下来我们就会看到网络效应在企业间的这种交互中起着根本性的作用。

复杂董事网络中的完美“内部人士”

“我想明确地告诉各位，莱温斯基女士确定无疑地告诉我，她和总统没有发生过性关系。”在克林顿-莱温斯基丑闻事件期间，弗农·乔丹（Vernon Jordan）在一次紧急新闻发布会上这样说道。对此，《时代周刊》的埃里克·普利（Eric Pooley）评论道：这位新闻发言人很快就会“用他职业生涯的惯用伎俩，从自己给自己挖的坑里跳出来”。当时，公众要求乔丹给出一个满意的解释：为何他和这位前白宫实习生进行过四次会面，通过七次电话，还打算给她在几个大公司中安排工作？

对于乔丹在为莫妮卡·莱温斯基在大公司找工作一事中所起的作用，华盛顿的内部知情人士一点也不觉得惊讶。但是，乔丹未能将公众注意力从自己身上移开，倒是一件新鲜事。20世纪70年代，乔丹是一位民主权利领袖。1980年，一位白人主义者开枪打中他的后背。那人实际上想刺杀的是杰西·杰克逊，可他当时不在。从那以后，乔丹就竭力避开公众的注意，成了华盛顿最不被人熟知的权势，是很少能够通过华盛顿媒体听说或看到的顶级交易商和超级大律师。正如普利在《时代周刊》中写的，乔丹“每年可以从法律事务中赚到一百万美元，而他并不需要写辩护状，也不需要出庭。他赚钱的方式，就是出入高档酒店，手持大哥大，坐着真皮座椅的豪华轿车——在这儿做个简短介绍，到那儿谋个立法职位，在不光彩的事公之于世之前出手摆平。”

可1998年这一次不行了，乔丹发现自己成了全国媒体的焦点，他的会面和电话记录受到包括媒体和独立调查员肯尼思·史塔（Kenneth Starr）在内的所有人的审查。在错综复杂的克林顿-莱温斯基丑闻网络中，乔丹成了显著的节点。这一丑闻经常被称为“莫妮卡六度分隔”。

乔丹在小世界里并不是一个新人。他通过在美国经济中最有影响力的一个小世界网络中弄潮，成为华盛顿最完美的“内部人士”，这个小世界网络就是企业网络。在克林顿-莱温斯基丑闻事件之前的克林顿任期内，乔丹是当时《财富》1 000强企业精英人士中最核心的经理人。

董事会一般由十几个人组成，对公司的未来拥有莫大的决定权。董事会负责做出所有的重大决策，包括让业绩不佳的CEO走人以及批准重大的并购案等。因此，各个公司都不遗余力地聘请人脉畅通且经验丰富的董事。成功的CEO、律师以及政客往往是各公司竞相追逐的对象，会同时在好几个公司董事会担任职务。

虽然有人担心董事会成员同时在多个董事会任职，没有时间将每个职务都做好，但大多数公司还是希望他们的董事会成员有在其他董事会任职的经历。由于董事们会将在一个董事会中获得的知识和经验用于解决另一个董事会遇到的问题，所以这种由董事会成员组成的相互连接的网络，对企业经验的传播以及大公司政治经济影响力的保持，具有关键作用。

由于董事会对于美国企业的生命图景所起到的重要作用，商业文献经常研究董事网络。但是直到最近，随着分析复杂网络方法的出现，我们才开始认识到该网络的力量在多大程度上根源于其相互交织的拓扑。

在董事网络中，每个节点表示一位董事会成员，他和处于同一个董事会的其他董事之间有链接。公司有数千家，每个公司大约有十几个董事，因此董事网络是一个相当大的网络。最近，密歇根大学商学院的杰拉尔德·F·戴维斯（Gerald F. Davis）、米娜·柳（Mina Yoo），韦恩·E·贝克（Wayne E. Backer）研究了董事网络中最有影响力的一部分。他们关注的是《财富》1 000 强公司形成的董事网络，包括 7 682 个董事、10 100 个董事职位。如果每个董事只在一个董事会任职，这个网络就会分隔成一些内部完全连接的小圈子，每个小圈子对应一个董事会。但事实并非如此。只有 79% 的董事仅任职于一个董事会，14% 的董事任职于两个董事会，7% 的董事任职于三个或者更多的董事会。研究结果表明，**就是这些少数重叠任职的董事使董事网络成为一个五度分隔的小世界网络。**实际上，如果只考虑包含 6 724 个董事的最大连通分量，任意两个董事之间的平均距离是 4.6。

董事网络之所以有小世界特性，是因为该网络中有 21% 的董事任职于多个董事会，这些董事把复杂董事网络连接在一起。在这些人中，弗农·乔丹是非常特别的一个。他在 10 个董事会任职，经常和《财富》1 000 强企业的其他 106 个董事会面。乔丹是企业精英中最具核心地位的董事，他和大多数董事的距离是 3 次握手。

“老伙计网络”的巨大权力

乔丹的事业给我们提供了一个生动的实例，证明了公司主管组成的相互联系的小世界决定了企业的主要人事任命。事实上，在大多数情况下，当乔丹加入某个董事会时，他至少认识一个该董事会的成员，因为他们在其他董事会共同任职过。在20世纪70年代初期，乔丹是当时很有影响力的公民权利组织美国城市联盟（National Urban League）的主席，他反复呼吁应该将黑人吸纳到企业的精英阶层。1972年，化学产品制造商塞拉尼斯公司（Celanese Corporation）的总裁约翰·布鲁克斯（John Brooks）告诉乔丹：“我觉得你应该利用你的嘴巴去赚钱……你一直在说黑人加入董事会的事。你为什么不加入塞拉尼斯的董事会呢？”

加入塞拉尼斯董事会后不久，乔丹接到两个电话，邀请他加入美国海丰银行和美国信孚银行的董事会。乔丹不知道自己应该接受哪个邀请，于是他给约翰·布鲁克斯打电话咨询他的意见。约翰的回答很简洁：“你别无选择。当然是美国信孚银行。”当乔丹问及原因时，布鲁克斯的回答同样很简单：“你觉得你是怎么得到提名，被邀请加入信孚银行的董事会的呢？因为我在那个董事会里，是我提名你的。”在信孚银行董事会，乔丹和威廉·M·埃林豪斯（William M. Ellinghaus）共事，埃林豪斯同时还是美国杰西潘尼公司（JC Penny）的董事。一年以后，乔丹便接到了希望他加入杰西潘尼公司董事会的邀请。

三年后，乔丹邀请美国施乐公司执行总裁彼得·麦卡洛（Peter McCullough）担任美国城市联盟的总裁。后者提出一个条件：“如果你加入施乐公司的董事会，我就答应担任你公司的总裁。”乔丹同意了。三年后，乔丹应邀加入美国运通公司（American Express）的董事会，那时施乐公司的另外两个董事已经在美国邮政董事会任职了。这样看来，1980年乔丹加入雷诺公司董事会也就没有什么奇怪的了。实际上，塞拉尼斯的CEO和杰西潘尼公司的另一位董事会成员当时都在雷诺公司董事会任职，而乔丹也和雷诺公司的CEO有着密切联系，后者是塞拉尼斯董事会的理事。

早前的相识使得董事们更有可能被其他公司挖去。因此，这种小世界网络的演化方式创造了拥有巨大权力的"老伙计网络"，或称精英阶层。他们对经济和政治生活具有无可比拟的影响力。乔丹目前任职于华盛顿最大的一家律师事务所。他能获得这个职位也和"老伙计网络"有关系：拉乔丹进事务所的罗伯特·S·施特劳斯（Robert S. Strauss）是施乐公司董事会的理事。

链接洞察 LINKED

乔丹的职业道路并不是独一无二的。各个行业中都存在网络效应。例如，在硅谷，公司间大量的劳动力流动创造了公司间稠密的人际关系链接。这个微妙的社会网络被广泛应用于招募新雇员和吸引管理人员加盟。和董事们相互拉拢其他公司的董事一样，公司现有的雇员也可以通过他们的社会链接邀请其他雇员加入。通过社会关系网络招募的雇员离职不那么频繁，而且比通过其他方式招募的雇员有更好的工作表现。

董事会和硅谷雇员这两个网络中所呈现出的微妙的、相互连接的关系，很好地揭示了美国经济背后复杂的社会和权力网络。但是，想要真正理解经济究竟如何运作，我们还需要理解，由这些高度连通的董事们所运营的公司是如何与其他经济机构相互交互的。

所有公司无缝编织的无尺度经济体系

近年来，虽然大学及其衍生的小生物技术公司是新药开发的主要动力，但是对药品进行大规模临床试验所需的资金和经验，以及全球范围的营销渠道却仍然掌握在大型化学制药公司手中。由于新药的研发和市场营销需要花费大约1.5亿到5亿美元，所以该领域的参与方不得不结成战略同盟关系，包括大学、研究所、政府结构、化学制药公司和风险投资公司。这些同盟与相对年轻的生物技术产业相结合，给我们提供了详细记录的网络形成案例，使我们能够跟踪、理解经济系统中网络的出现。

生物技术产业在早期就显示出了生长型网络的基本特征。由沃尔特·鲍威尔（Walter W. Powell）、道格拉斯·怀特（Douglas White）和肯尼斯·科普特（Kenneth W. Koput）绘制的动态网络图描绘了这一生长过程。他们描绘了1988—1999年处于演化不同阶段的生物技术网络。1988年该产业尚处于早期阶段，当时网络中的节点的数量远远多于链接的数量：当时有79家企业组织，却只有31条链接。根据著名的埃尔德什-莱利预言，该网络会分隔成多个小簇。然而实际上，这些节点形成了两个主要连通分量，一个包括27家公司，另一个包括4家公司。也就是说，31条链接没有浪费一条，每条链接都出现在围绕少数几个生物技术公司形成的两个连通分量中，从而出现了随机网络中无法出现的高连通性。在初期阶段就出现了一些明显的枢纽节点，这些节点是成立较早的生物技术公司，如Centocor公司，健赞公司（Genzyme），Chiron公司，阿尔扎公司（Alza）和Genetech公司等。如果没有这些公司，生物技术网络会分隔为多个互不相连的小节点簇。

但是，存在少量拥有大量合作关系的公司——即枢纽节点，还不足以让我们对网络性质做出判断。为了做出判断，我们需要分析该网络的度分布。最近，三位研究人员研究了该网络的度分布。其中，两位是锡耶纳大学的经济学家马西莫·雷卡伯尼（Massimo Riccaboni）和法比奥·帕莫利（Fabio Pammolli），另一位是他们的合作者物理学家吉多·卡达雷利（Guido Cardarelli），他来自意大利罗马的La Sapienza大学。他们的研究数据是制药行业数据库（Pharmaceutical Industry Database）收集的，该数据库由锡耶纳大学管理，所存放的信息涉及1 709个公司和研究所之间签署的3 973项研究开发协议。分析结果表明，鲍威尔、怀特和科普特注意到的枢纽节点并非偶然，而是根源于制药行业背后的网络所具有的无尺度特性。实际上，与恰好k个其他机构有合作关系的公司——对应着网络中链接数为k的节点，其数量服从幂律分布，这说明该网络具有无尺度拓扑。**高度连通的大公司之间形成的层级，将大量小公司连接在一起，将所有公司无缝地编织进不断演化的无尺度经济体系中。**

随着研究、创新、产品开发和市场营销变得越发专业化和相互独立，经济逐渐变成网络经济。在网络经济中，战略合作和伙伴关系是所有行业的生存之道。

- 在德国西南部和意大利中北部，供应商与转包商之间的关系有很详细的记录；
- 日本商业界长期以来通过公司间的合作来分担技术创新的风险；
- 韩国商业模式是将一批多元化的小公司置于大型集团的保护伞下；

❋ 硅谷经常利用创业公司和大公司间的技术转移所带来的优势。

这些同盟关系会随着市场变换或伙伴变化而发生周期性地重组，使我们得以一窥世界商业环境的未来。

❋ 市场，带权有向网络

虽然这些公司间的同盟对于经济运行起着关键作用，但经济理论却一直漠视它，这令人十分惊讶。直到最近，经济学家仍将经济视为一组自治的、匿名的个体，它们仅通过价格系统进行交互，这种模型往往被称为经济学标准的形式化模型（standard formal model of economics）。该模型认为，企业和消费者的个体行为对整个市场的状态影响极小。相反，经济状况能够通过就业、产量、通货膨胀等总体量更好地刻画，与构成这些总体量的微观行为关系不大。该模型认为，公司、企业与“市场”进行交互，而不是彼此交互，市场这个神秘的实体，成为所有经济交互的媒介。

链接洞察 LINKED

现实中，市场只不过是一个有向网络。公司、企业、金融机构、政府以及所有潜在的经济参与者都是该网络中的节点。链接则量化了这些机构之间各种各样的交互关系，包括购买、销售、合作研究和市场营销项目等。链接的“权重”表示这些交易的价值，链接方向由供应商指向购买方。这一带权有向网络的结构和演化，决定了所有宏观经济过程的结果。

沃尔特·鲍威尔在《既非市场，亦非等级：组织的网络形式》(*Neither Market nor Hierarchy: Network Forms of Organization*）一文中写道："在市场中，标准策略用于推动直接交换中最难达成的交易。在网络中，从长远来看，首选项是建立债务关系和依赖关系。"因此，在网络经济中，买家和供应商并非竞争者而是合作者。他们之间的关系持久而稳定。

这些链接的稳定，使企业可以集中精力关注各自的核心业务。如果这些合作关系破裂，后果将非常严重。大多数情况下，关系的破裂只影响链接的双方。但有时候，这种关系的破裂会波及整个经济体系。我们接下来将会看到，宏观经济问题会将整个国家带入金融危机，而合作关系的破裂则会严重影响新经济中的明星产业。

从节点故障到体系动摇

1997 年 2 月 5 日，泰国房地产开发公司 Somprasong Land 无力偿还 310 万美元的欧元可转换债务。对于每天进行数万亿美元交易的全球经济而言，这些钱算不上什么。因此，这件事很快就被普通投资者淡忘了。虽然大多数人没注意到这一事件，但它却是导致全球金融体系崩毁的导火索。

一个月后，泰国政府开始进行一系列孤注一掷的努力，试图挽救迅速衰退的本国经济。泰国政府宣布收购本国金融机构价值 39 亿美元的坏账。几天后，政府又收回了这一承诺，这一举措被一些金融专家视为经济稳定的象征。国际货币基金组织常务董事迈克尔·康德苏（Micheal

Camdessus）说道："在我看来，这一危机没有任何理由会进一步恶化。"后来，康德苏指责国际货币基金组织在亚洲金融危机中发挥了不好的作用。

不过，随后发生的事件证明他说错了。两周后，马来西亚的金融业开始动荡，马来西亚中央银行开始限制贷款。与此同时，在韩国排名26位的龙头企业 Sammi Steel 申请破产保护，这是公司破产的第一步。5月，日本暗示将提高利率来遏制日元下滑的趋势（日本此前从未采取过类似行动），暗示引发了全球抛售东南亚货币的浪潮，动摇了本地的股票市场。一周后，泰国政府试图挽救本国最大金融公司 Finance One 的努力失败，该公司随即破产。这一事件对泰国货币造成了巨大的冲击。虽然泰国政府一再承诺保护本国货币的价值，但这个承诺还是在7月2日失效了。

泰国、印度尼西亚、马来西亚、韩国、菲律宾等国家的公司和金融机构陆续倒闭，这种情况用几百页纸也描述不尽。其间充满相互指责，例如，马来西亚总理马哈蒂尔·穆罕默德在国际货币基金组织/世界银行年会上将不道德的炒汇者称为"流氓投机者"。一天后，国际著名金融商乔治·索罗斯回应道："对他的祖国而言，马哈蒂尔博士才是一个威胁。"

一些经济学家将东南亚金融危机归咎于该地区国家的"结构和政策扭曲"。1999年，克林顿总统及其经济小组在向国会提交的总统经济报告中指出，此次危机"并非源于经济基础"。金融危机发生后不到一年，普林斯顿研究所的经济学和国际事务教授保罗·克鲁格曼（Paul Krugman）总结道："没有人预见到此次亚洲金融危机。"少数几个小型的、地域性的金融问题引发了连锁反应，越过国界，使亚洲和南美洲各国货币大幅贬值，造成股市崩盘。这场危机最终还导致道琼斯工业指数出现最大的一次下挫：1997 年 10 月 27 日，该指数重挫 554.26 点。

一家规模虽大却并未占据主导地位的房地产开发公司的破产，是如何引发世界最大的股票市场震荡的呢？又是如何让"世界上最强大国家"的总统在两年之后还要为其做出解释呢？假如把经济视为公司和金融机构间高度互联的网络，我们就有可能理解这些事件的前因后果。**在这样的网络中，单个节点的故障对系统完整性几乎没有影响。然而，有时候一些特定节点的故障却会带来级联故障，动摇整个系统。**

亚洲金融危机就是一场大规模级联金融故障的实例，这和我们在第 9 链讨论的情形类似，是节点连通性和节点间相互依赖所带来的自然结果。不过，亚洲金融危机却并非首例：两年前，南美和墨西哥也发生过类似的级联故障。虽然银行和政府都采取措施竭力避免这种情况的出现，但是亚洲金融危机绝不会是最后一次。

链接洞察 LINKED

在假设所有公司组织都只和神秘的市场进行交互的经济框架中，上述这些事件是无法解释的。级联故障是网络经济带来的直接结果，是全球经济体系中没有任何一个组织可以独立运作这一事实的必然结果。从网络的角度去理解宏观经济的相互依赖，能帮助我们预见和控制未来的危机。从网络的角度思考问题，能教会我们监督破坏的路径，通过识别出关键节点来为网络添加防火墙，从而防止小故障变成烧毁宏观经济的熊熊烈火。

我们不能将亚洲和拉丁美洲的金融危机视为快速发展中的国家不稳定的金融系统带来的副作用。发达国家的经济，例如美国经济，虽然有资金和专业人士在危机发展成全球危机之前将其根除，对这种级联故障也不能免疫。在稳定的经济体系中，和相互连通性相关的脆弱性同样存在，例如电子商务泡沫的破灭。

忽视网络效应将导致网络崩溃

1999 年年末，康柏的掌上电脑成为该公司最受欢迎的产品。《战略与管理》杂志（*Strategy & Business*）最新一期的研究表明，市场对于掌上电脑的需求超过产能的 25 倍。康柏公司的高管认为，只要有充足的供应和附属设备，掌上设备会带来比传统个人电脑更大的市场。可紧接着问题就出现了。

康柏、思科系统以及其他几家公司引领了一种新的商业战略：外包生产。不久前成为首家资产超过万亿美元公司的思科，是这一趋势的推动者。思科公司每年增加的 30%~40% 的利润，就源于这种崭新的、大胆的制造模式：销售的所有产品都不是自己制造的。思科和大量制造商建立了稳固的关系，由这些制造商生产、装配带有思科品牌的产品。康柏和其他许多企业都争相效仿思科的模式。

外包生产需要建立紧密的供应商体系，确保所有原件都能够按时交货。因此，如果某些供应商无法交付某种基本零件，如电容、闪存等，康柏的生产网络就瘫痪了。当时，康柏公司掌上设备的零件缺口达到了 600 000~700 000 件。定价 499 美元的康柏掌上电脑在易趣和亚马逊网站上拍卖的价格高达700~800美元。思科则遭遇了另外一种具有危害性的问题：订单全部生产完毕后，思科忘了让自己的供应链停下来，结果其零部件的库存激增300%。

最后的数字相当惊人：2000年3月至2001年3月，思科、戴尔、康柏、Gateway、苹果、IBM、朗讯、惠普、摩托罗拉、爱立信、诺基亚和Nortel等十二家采用外包模式的公司遭受了超过1.2万亿美元的市场损失。这些公司和它们的投资者所遭受的惨痛损失，生动地表明了忽视网络效应所带来的后果。这种将公司当下的财务平衡视为唯一要素的唯我态度，限制了人们从网络角度进行思考。**不理解一个节点的行为如何影响其他节点，就容易导致整个网络的瘫痪。**

链接洞察 LINKED

专家们一直认为，这种连锁损失并不是网络经济无法避免的缺陷。这些公司之所以遭受挫折，是因为它们未能完全理解这种变革对其商业模式的要求，就开始进行外包生产。传统的层级思考不再适用于网络经济。在传统的经济组织中，组织内部可以做出快速变化，以其他方面的收益弥补局部的损失。但在网络经济中，每个节点都必须盈利。可是参与网络博弈的公司并没有看到这一点，在不知道如何借助网络优势获得盈利的情况下，就要面对彼此连通所带来的风险。当问题出现时，它们又无法做出正确果断的决定。例如，在思科的案例中，公司遇到麻烦后，管理层关闭了供应链，结果导致了更大的麻烦。

在宏观经济和微观经济两个层面，网络经济都站住了脚。虽然很多公司蒙受了巨大的损失，外包生产模式却变得越来越普遍。越发无视国界和洲界的金融依存被全球化趋势加强了。企业管理正面临着一场变革。我们需要采取一种全新的、面向网络的经济视角，理解相互依存带来的影响，铺平发展的道路。

网络时代全新的营销策略

沙比尔·巴蒂亚(Sabeer Bhatia)不懂如何出售公司。可是,他生于印度,长于印度，对如何卖洋葱很在行，他知道做生意需要谈判。现在他手头有一批很紧俏的“洋葱”要卖。1996 年 7 月 4 日，巴蒂亚和他的合伙人杰克·史密斯（Jack Smith）创办了一项电子邮件服务——这项服务对全世界所有人都免费。他们将该服务称为 Hotmail。当年末，他们就有了 100 万注册用户，每个用户每天都会看到 Hotmail 网页上的广告，这是 Hotmail 的主要收入来源。一年后，当微软的代表登门拜访时，Hotmail 已经拥有接近 1 000 万注册用户。当时，巴蒂亚刚满 28 岁。在参观了华盛顿州雷德蒙德市（Redmond）微软总部的 26 栋大楼并和比尔·盖茨握手之后，巴蒂亚被带到一间屋子里，有 12 个微软的谈判代表正在等着他。他们开出的价码是 1.6 亿美元。“我过些时候再和你们谈。”巴蒂亚撂下这么一句话就离开了。

当时 Hotmail 拥有全球 1/4 的电子邮件账户。它是瑞典和印度最大的电子邮件服务商，但它却从未在这两个国家做过广告。最终，微软花费 4 亿美元收购了 Hotmail。一年后，在电子商务泡沫破灭前夕，Hotmail 的价值已蹿升到 60 亿美元。

这家资金不足的创业公司是如何做到拥有1/4电子邮件账户的？答案很简单：他们借助了网络的力量，采用了一种被称为病毒式营销的新营销手段。病毒式营销和“爱虫”病毒数小时内就肆虐全球的原理类似。“爱虫”病毒通过查看用户存储在Microsoft Outlook软件中的电子邮件通信录进行扩散，向通信录中的每个电子邮件地址发送一份含“爱虫”病毒的邮件。借助和“爱虫”病毒类似的创新模式，Hotmail用户自发宣传Hotmail电子邮件服务。

为Hotmail提供300 000美元初始创业资金的德丰杰风险投资公司（Draper, Fisher and Jurvetson）的蒂姆·德雷柏（Tim Draper）说服了巴蒂亚和史密斯在每封Hotmail电子邮件的末尾加上这么一句：“登录http://www.hotmail.com获得免费的个人电子邮件账户”。因此，只要Hotmail用户向他们的朋友发送邮件，就等于为Hotmail做了宣传。有关Hotmail的消息在无尺度网络上通过类似“爱虫”病毒传播的方式迅速传播开。无尺度网络上的创新传播不存在临界阈值，所以Hotmail有了获得成功的可能。但是，Hotmail传播得如此之快，扩散程度如此之广，却大大出乎人们的意料。

Hotmail的巨大成功究竟源自何处？部分答案包含在第10链探讨的“的里亚斯特”研究中。传播速率高的创新和产品，有更大的概率在网络上传播得更广。Hotmail通过消除个人的接纳阈值提高了它的传播速率。

- 首先，Hotmail是免费的，因此，人们在选择Hotmail时无需考虑自己的选择是否明智。
- 其次，Hotmail的用户界面简洁，注册非常容易。只需两分钟，就能注册完成Hotmail账号，人们几乎不用花费时间成本。

- 最后，一旦注册了，人们每发送一份邮件，就等于为Hotmail做了一个免费广告。

将上述三点结合起来，Hotmail 服务就具备了极高的传染性，这是传播所必需的内在机制。传统的市场营销理论告诉我们，将免费服务、低学习成本、通过消费者进行营销三者结合起来，就能将产品置于临界阈值之上，这是产品能够快速被人熟知的原因。基于对复杂网络中传播的最新理解，我们现在知道，上面的解释只说对了一部分。没错，通过这么做，我们具备了高传播速率。但是，更重要的是，传播阈值消失了。**产品和观点通过被枢纽节点采纳而得以传播，这些枢纽节点是消费者网络中高度连通的节点。**

Hotmail 模式能复制吗？千万别在这上面下赌注。以 EpidemicMarketing.com 公司为例，该公司花费了 210 万美元在第 32 届超级碗上大做广告，梦想能够利用网络力量获得良好的宣传效果。在该公司的广告中，一位男子走进一间公共厕所，里面的清洁工给了他一份小费，这与向清洁工付小费的现实情况完全相反。Epidemic 公司希望人们能理解他们广告中巧妙传达的信息：该公司会回报那些做日常琐事的顾客。他们的商业模式是：如果用户在发出的邮件里附上一些商业链接，他们就向这些用户支付酬金。他们期望，关于公司和促销的信息能通过口口相传的模式广泛传播，再现 Hotmail 的巨大成功。然而，这种模式忽视了病毒式营销的一个重要因素：你的朋友对你发送的链接不感兴趣，就不会继续传递下去。因此，Epidemic 会在 2000 年 6 月赔掉了 760 万美元后，炒掉了 60 位员工关门大吉，就一点也不奇怪了。

Hotmail 向我们展现了消费者网络的能量。某些产品不需要进行昂贵的电话营销或电视报纸广告宣传就能传播开来。它们可以像病毒那样通过口口相传迅速传播。虽然这一模式未必适用于所有的产品，但利用病毒式营销的某些方面却往往有助于各种商品的销售。不过 Epidemic 公司的失败表明，Hotmail 的成功并不能简单地复制。事实上，Hotmail 的经验可以作为新市场营销方式的起点，提示人们将传统营销策略和对网络效应的理解有机结合起来。

商业模式的转变，互联网带来的真正财富

网络效应在商业世界中广为扩散。我们目睹了弗农·乔丹在复杂的企业网络中游刃有余，成为商界精英中颇具影响力的人物。我们看到了 Hotmail 利用消费者网络的无尺度特性，成为世界上最大的电子邮件服务商。例子还不止这些。受到市场变化的激励，众多新兴企业立志将网络思维作为其商业模式的核心。不过，它们的业绩却成败参半。

以 SixDegree.com 为例，这家纽约的创业公司让会员提交其朋友的名字，邀请他们也加入 SixDegree.com。这些朋友加入之后，同样也要提交朋友的名字。SixDegree.com 逐步获得了每位会员身边详细的社会网络，使每个人经过两个链接就能到达所有会员。这种由消费者驱动的病毒式营销模式，使 SixDegree 获得了 300 万注册会员。然而，这家创业公司未能将“六度分隔”转换成可行的商业计划，最终在 2000 年 12 月 30 日倒闭。

电子商务泡沫的破灭通常被归因于众多互联网热衷者的片面思维模式。大多数创业公司只是基于一些简单的想法，认为只要提供在线服务，就足以复制新经济中的成功案例。然而，除了早期的一些公司，如亚马逊、美国在线或易趣，其他大多数公司都失败了。**互联网带来的真正财富，不是成千上万的新网络公司，而是现有商业模式的转变。**从夫妻店到大型跨国企业，我们都能看见互联网的踪迹。

链接洞察 LINKED

互联网并不是万能药，也不能使哪家公司能够在其所处的商业环境中立于不败之地。互联网真正的作用，是帮助现有企业迅速适应快速变化的市场状况。网络观念意味着多维思考模式。

在商业和经济中，网络的多样性让人难以置信。例如：政策网络、所有权网络、合作网络、组织网络、网络营销，只要有你能说出名字的东西就有网络存在。我们不可能把各种各样的相互作用整合进一个单一的包罗万象的网络中。然而，无论我们研究哪一级别的组织，都能找到相同的、支配着自然界网络的、稳定而通用的法则。经济研究和网络研究所面临的挑战，是如何将这些法则应用于实践。

第15链 一张没有蜘蛛的网

遮盖细节可以提高我们的感知和观察能力。我们隐藏了所有的细节，通过只观察节点和链接，更好地观察复杂性的架构；通过拉开与具体细节之间的距离，了解这些复杂系统背后的通用组织原则。遮盖揭示了支配网状世界演化的根本法则，帮助我们理解这个错综复杂的架构如何影响从民主制度到癌症治疗的所有一切。

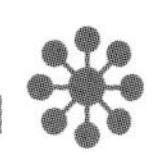

网络研究的冒险之旅

1998 年 3 月，我做了一件不同寻常的事，邀请雷卡·阿尔伯特共进午餐。那时候，雷卡硕士阶段的学习刚开始一年半，不过她发表的论文已经足够获得博士学位了。她的一篇关于颗粒介质和沙堡的论文被《自然》杂志和《科学报道》杂志作为封面文章刊登，而且她当时正在进行的研究项目前景也很好。午餐的目的看起来有些无厘头：我想说服她放弃她擅长且进展良好的研究，开始一个完全不同的研究。我向她讲述了我研究网络的梦想。

1994 年的秋天，我刚刚获得理论物理学博士学位，到 IBM 托马斯·沃森研究中心做博士后。沃森研究中心是 IBM 公司的象牙塔，位于纽约州约克镇。在那里工作四个月后，或许是受那里的氛围影响，我从图书馆里借阅了一本关于计算机科学的大众读物，并在圣诞假期内读完了。随着我渐渐沉浸于书中的算法、图论和布尔逻辑，我开始感觉到，我们关于网络的一般知识是如此之少。我阅读的所有内容告诉我，曼哈顿人行道下面铺设的数百万条电线、电话线和网络电缆，形成了一个随机网络。我对此思考得越多，就越坚信，一定有某种组织原则在支配着我们身边这些复杂网络。怀着找出证明秩序存在依据的梦想，我开始研究网络理论，从埃尔德什和莱利的经典研究成果开始。1995 年秋，在我离开 IBM 到圣母大学物理系任教之前，我投出了第一篇关于复杂网络的研究论文。

在圣母大学，我尝试联系了多家搜索引擎公司，希望能够获得关于万维网拓扑的数据，最终都无功而返。迫于论文发表和经费申请方面的压力，我渐渐放弃了网络研究，转向风险较小的传统研究。然而，1998 年年初，我做好了准备，开始重新思考节点和链接的问题。现在，我正在劝说我最优秀的一位学生，让她放弃正在做的事情，和我一起开启这趟冒险之旅。那时候，我实在没有什么可以鼓励她的。我只能告诉她，我唯一一篇关于网络的论文被四个学术期刊拒绝，一直没有发表。我告诉她，如果加入到网络研究中，就意味着她现在取得的成功宣告结束了。但我同时还告诉她，有时候我们是得做好准备去冒点风险。在我看来，网络值得我们冒这个风险。

在 1994 年，甚至在 1998 年年初，没有人能预料到接下来几年里会有这么多的发现涌现出来，彻底改变我们对这个互联互通世界的看法。和雷卡共进午餐时，我刚开始进行网络研究，还无法告诉她关于小世界的事情。哪怕是在我大胆的梦想中，我也想象不出幂律或者无尺度网络。我同样无法谈论与对故障和攻击的容忍性相关的事，因为这些事情在那时候的网络研究中还不存在。实际上，我当时能告诉她的所有值得研究的问题，后来都被证明是没有根据的或者根本无关紧要。

是郑浩雄的网络机器人让我们跳出了现有的思维框架进行思考。郑浩雄在 1998 年 8 月以博士后研究人员的身份加入到我的研究小组，那时候我和阿尔伯特已经开始网络研究五个月了。他那时刚从韩国著名的汉城国立大学毕业，对计算机非常着迷，拥有丰富的计算机知识。有一天，我们讨论到深夜，我随口问他是否能够设计一个网络机器人绘制出万维网的地图。他当时没有应承。但一个月后，他设计的网络机器人就开始忙碌着获取万维网的节点和链接了。那时候，我们对经典的随机图或随机网络方面的文献已经很熟悉了。因此，网络机器人揭示的幂律让我们立即认识到，这大大偏离了我们当时知道的所有关于网络的知识。不过，在建立了无尺度模型之后，我们才开始完全理解真实万维网和埃尔德什-莱利的随机宇宙有多么大的不同。

今天我们知道了，虽然真实网络并不像埃尔德什和莱利所预言的那么随机，但偶然性和随机性的确在网络构建中发挥着重要作用。真实网络不是静态的，但最近之前的所有图理论模型却都是静态的。相反，生长在网络拓扑形成中起着关键作用。真实的网络不像星形网络那么中心化，而是具有多个等级的枢纽节点，这些枢纽节点将网络连在一起。高度连通的节点之后紧跟着一些连接度稍低的节点，他们身后尾随着数十个再小一些的节点。蜘蛛网的中央没有用来控制和监测每条链接和每个节点的枢纽节点。删除任何一个节点都不会造成网络坍塌。无尺度网络是一张没有蜘蛛的网络。

链接洞察 LINKED

没有蜘蛛存在，网络背后也没有精心的设计。真实网络是自组织的。这些网络为我们提供了生动的实例，让我们看到数百万节点和链接的独立行动如何形成惊人的涌现行为。这种没有蜘蛛的无尺度拓扑是网络演化的必然结果。自然界每次创造新网络时，都无法摆脱自然法则的约束，新创造出的网络和先前的网络具备同样的基本结构特征。支配复杂网络涌现的法则非常健壮，这是无尺度拓扑无处不在的原因。这些法则可以描述各种各样非常不同的系统，如语言网络、细胞内蛋白质间的链接、人和人之间的性关系、计算机芯片的布线图、细胞的新陈代谢、互联网、好莱坞网络、万维网、科学家之间的共同署名关系、经济系统背后精巧的合作网络，举不胜举。

网络理论，描述互联互通世界的新语言

一门新科学的诞生，最迷人的地方是其创造的新语言使我们可以方便地交流思想、探讨问题，而这些是新语言产生之前很难做到的。网络理论的复兴为我们描述互联互通的世界提供了新语言。社会中的连接者、好莱坞的明星、生态系统中的关键物种，忽然之间就联系到了一起：它们都是各自网络中的枢纽节点，在各自的环境中发挥着重要作用。网络思维随时可能渗入到人类活动的所有领域以及大多数的研究领域。**网络不仅仅是一种有用的视角或工具。它天生就是大多数复杂系统的构造形式，节点和链接深深融入到理解互联宇宙的所有方法中。**

证明这一新语言无处不在的惊人例子，在2001年9月11日后显现出来了，当时网络获得了大多数人此前所不熟悉的意义。导致“9·11”惨剧的大多数因素都从网络角度得到了完美印证。“9·11”袭击的肇事者是基地组织的恐怖分子网络，这不是一星期就能建起来的。受宗教信仰以及对现有社会政治秩序不满的驱使，成千上万的人在几年内被吸引加入到这个极端组织中。这个网络每次增加一个节点，具有无蜘蛛网络的所

有特性。实际上，基地组织没有成为由某个中心领导者控制一切的星形网络，也没有成为树形结构——这种结构可以描述军事机构和20世纪公司的指令链。相反，基地组织的网络演变成了自组织的、无蜘蛛的网络，网络中不同等级的枢纽节点将整个组织联系在一起。

"9·11"事件后，管理咨询师瓦尔迪斯·克雷布斯（Valdis Krebs）绘制了一幅关系地图，描绘了此次袭击事件中4架飞机上的19名劫机者以及官方认定的与劫机者有联系的15人之间的关系。克雷布斯以前就经常利用网络理论分析企业之间的关系。他仔细地输入了这34人之间公布于众的关系，并且依据关系的亲疏程度给每条链接赋予了权重。对于任何想理解这个恐怖组织内部工作机理的人而言，克雷布斯绘制的这幅图都具有启示作用。熟悉真实网络形态的人看到这幅图一点也不会觉得奇怪。此次袭击的传说中的策划者，穆罕默德·阿塔（Mohamed Atta）的确是拥有链接最多的节点。不过，他也只与23个节点中的16个节点有直接联系。紧随他的是马尔瓦·沃西（Marwan Al-Shehhi），他拥有14个链接。沿着这个列表往下看，会看到很多链接数很少的节点，他们是该组织的外围人员。

这幅图还显示了，虽然阿塔处于中心位置，但拿掉他并不能让这个组织瘫痪。其他枢纽节点依然能将网络维持在一起，在阿塔不参与的情况下也可以实施袭击。很多人认为，"9·11"事件肇事者之间的结构特征也刻画了整个恐怖分子组织的结构。由于具有分布式的自组织拓扑，基地组织极为分散，每个节点可以自给自足，即使是去除了奥萨马·本·拉丹以及他的亲信，也可能无法根除基地组织的威胁。这个恐怖分子网络是一个没有真正蜘蛛的网络。

如今，世界上最危险的组织，从基地组织到哥伦比亚贩毒集团，都不是等级森严的军事组织，而是自组织恐怖网络。由于它们之中没有我们熟悉的组织和秩序标志，我们将其称为“非正规军”。不过，如果这样称呼它们，就等于又将复杂性和随机性等同看待了。现实中，恐怖分子网络遵循着严格的规则，这些规则决定着其拓扑、结构以及功能。它们利用了自组织网络的所有自然优势，包括灵活性和容忍内部故障的能力。对我们而言，最大的敌人或许不是来自恐怖组织，而是源于我们对这种新秩序的不熟悉，以及缺乏有效的语言来表述我们的经验。

当然，针对基地组织的战斗最终会取得胜利。获胜的途径，或是去除足够多的枢纽节点使网络到达分崩离析的临界点；或是切断其资源供应，促使其内部发生级联故障。然而，基地组织的崩溃并不意味着反恐战争的结束。具有相似观念和意识形态的其他网络无疑会取代基地组织的位置。恐怖分子网络并不是本·拉丹和他的副手发明的。他们只是利用了伊斯兰好战分子的愤怒，并充分利用了自组织法则。如果我们想彻底赢得这场战争，唯一的希望是从促使恐怖分子网络生长的社会、经济、政治根源处出发，使那里的人们有机会融入到更具建设性、更有意义的网络中。**无论我们多么善于打赢网络战争，只要我们无法抑制对链接的渴望——即形成恐怖自组织网络的前提条件，网络战争就永远不会结束。**

开启复杂性科学的世纪

1995 年 6 月 23 日，《纽约时报》的封面上刊登了拥有百年历史的德国国会大厦的巨幅照片。当时，德国已经统一 5 年了，位于波恩的联邦德国国会投票决定重新将柏林定为德国首都也差不多过去 4 年了。然而，

政治因素和全世界重新关注德国国会没有什么关系。之所以会有 500 万游客在接下来的两个星期内融入柏林，是因为没有任何一个游客有机会看过这个建筑的任何一角。德国国会大厦标志性的灰色墙面，一个世纪来德国喧嚣历史的见证者，都是游客们看不到的。这个权力的最高象征，从楼梯到旗杆，完全包裹在银色编织物中，成为一件不朽的艺术作品。1 524 米的蓝色绳子将超过 9.29 万平方米的聚丙烯织物连在一起，覆盖着这个建筑的每一个角落，成了我们这个时代最壮观的艺术景观。

这一作品的作者是生于保加利亚的艺术家克里斯托（Christo）和他的合作者法国艺术家珍妮·克劳德（Jeanne–Claude）。他们的不朽作品还包括《包裹新桥》（*Wrapped Pont Neuf*）——用黄色帷幔覆盖了著名的巴黎桥；宏伟的《被环绕群岛》（*Surrounded Islands*）——用 55.7 万平方米的粉红色布料将佛罗里达州迈阿密市比斯坎湾的 11 座岛屿围了起来。从很多方面看，《包裹着的德国国会大厦》（*Wrapped Reichstag*）都是他们几十年包装艺术的顶点。然而，如果只将这两位艺术家视为建筑、桥梁或其他对象的包装者，就过于简单化了。他们的作品蕴含了丰富的哲学意义："通过遮盖获得启示。"他们的作品通过遮盖细节，使我们将注意力完全集中在外在形式上。这种包装锐化了我们的视野，使我们更善于感知和观察，将平凡的对象变成不朽的雕塑和建筑艺术。

从某种意义上讲，我们正是沿着克里斯托和珍妮·克劳德的思路观察世界的。为了观察细胞或人类社会这种复杂系统背后的网络，我们隐藏了所有的细节。通过只观察节点和链接，我们能够更好地观察复杂性的架构。通过拉开与具体细节之间的距离，我们得以了解这些复杂系统背后的通用组织原则。遮盖揭示了支配网状世界演化的根本法则，帮助我们理解这个错综复杂的架构如何影响从民主制度到癌症治疗的所有一切。

链接洞察 LINKED

我们现在要走向哪里呢？答案很简单。我们必须揭开遮盖物。我们的目标是理解复杂性。为了做到这一点，必须跨越结构和拓扑，开始关注沿着链接进行的动态过程。网络只是复杂性的骨架，是使我们这个世界运转的高速公路。为了描述人类社会，我们必须弄清楚人们沿着社会网络的链接实际进行的动态交互。为了理解生命，我们必须观察沿着新陈代谢网络的链接发生的反应过程。为了理解互联网，我们必须在其错综复杂的链接上加上流量。为了理解生态系统中某些物种的消失，我们不得不承认某些生物比其他生物更容易被捕获。

在 20 世纪，我们竭尽全力去揭示和描述复杂系统的组成部分。我们试图理解自然的努力因碰到了天花板而难以突破，因为我们虽然了解了复杂系统的组成部分，却不知道如何将各个组成部分拼接起来。我们所面临的复杂问题，从通信系统到细胞生物学，都亟须新的框架。手头没有一幅地图就匆忙上路是不行的。幸运的是，正在进行着的网络革命已经提供了许多关键的地图。虽然前方还有很多未知的东西，但一个新世界的外形已然可辨，一个块大陆逐渐出现在我们的视野中。最重要的是，我们已经学到了绘制网络的法则，使我们在面临新复杂系统时总能绘制出新的地图。现在，我们需要按照这些地图去完成我们的旅行，逐个节点、逐条链接地将片段拼接起来，弄清楚各个片段间的相互动态作用。我们还有 98 年的时间来实现这一目标，将 21 世纪变成复杂性科学的世纪。

后记 复杂网络的未来

> “我们无法想象没有网络概念和网络理论的现代生活和科学。”通过讲述我们掌握网络语言的过程，《链接》一书让网络思维变成了快速扩散的病毒，在其所描绘的网络上迅速散布开。最终，网络思维逐个节点地扩散开了。

一场范式变革

早在 20 世纪 60 年代我们就已经认识到六度分隔和小世界，但直到 90 年代末我们才开始揭示诸如细胞或互联网等复杂系统形成的组织原则。无尺度网络的发现引发了一场范式变革：无尺度网络告诉我们，我们周围的许多复杂网络不是随机的，而是可以用同一个稳健而普适的架构来刻画。在我做有关网络的演讲时，总会被问到一些基本问题：为什么发现无尺度网络需要如此之久？为什么我们到 1999 年才发现枢纽节点和幂律对复杂网络行为的影响？答案很简单：我们缺少地图。在 20 世纪 90 年代末之前，能够用于研究的少数几个网络最多只包含几百个节点。巨大的万维网让我们第一次能够研究大型复杂系统的内部结构，并最终让我们发现了幂律。随着其他大型网络陆续进入研究视野，我们渐渐发现，**从语言网络到性关系网络，具有现实意义的大多数网络都是由同样的普适法则塑造的，因此具有同样的由枢纽节点支配的架构。**

这次范式变革意义深远且发展迅速，以至于我们还难以完全理解其内涵，这迫使我们去系统地回顾网络在大多数领域的作用。枢纽节点促使传染病学家寻找新策略以避免艾滋病肆虐或瘟疫蔓延。在充斥着恐怖主义的时代，互联网的健壮性和脆弱性推动人们去研究更安全的通信系统。网络思维还开创了新的研究领域，包括系统生物学和基因网络，这些研究是后基因组革命快速开展的推动力。仅仅在过去两年间，无尺度网络就已经应用到多个领域，包括药物发现和癌症研究；刻画语言的大尺度结构；重新设计互联网；为分布式数据库设计高效的搜索算法以便在万维网上快速找到信息；研究分布式系统 Gnutella（Napster 的继承者）；刻画蜘蛛侠或美国队长等喜剧角色在 Marvel 漫画公司中的作用等。

然而，网络研究的宝藏一直隐藏在只有少数研究人员能够理解的数学语言背后。计算机科学家和物理学家因为熟知网络的数学语言，很快就参与到了这场网络革命中。然而不熟悉数学语言的领域仍然没有被网络革命所影响。

2002 年似乎是一个转折点，网络研究热潮自此开启。对《链接》一书进行回应的数百封电子邮件中，有的邮件来自军事策略学家，他们在思考枢纽节点在安全问题和恐怖主义中的作用；有一封邮件来自一位风投资本家，他读了这本书之后创办了一家基于网络的创业公司；有一封邮件来自一位激进主义者，他认为绘制链接可以帮助我们在月球上建立殖民地；有一封邮件来自一家互联网网络公司的 CEO，他分享了他在利用枢纽节点方面的经验；有一封邮件来自研究古代伊斯兰世界的学者，他研究公元 1000 年左右伊斯兰神学家之间的网络。《链接》受到商界和生物学的特别青睐。对《链接》进行积极回应的领域如此之广，表明了将 21 世纪变成互连世纪的强大趋势。免疫学家海因茨–甘特·蒂勒（Heinz-Günter Thiele）评论道："我们无法想象出没有网络概念和网络理论的现代生活和科学。"通过讲述我们掌握网络语言的过程，《链接》一

书让网络思维变成了快速扩散的病毒，在其描绘的网络上迅速散布开。然而，虽然我们身边存在很多小世界，但思想并不总是沿着最短路径进行传播，不过有一点是确定的：网络思维最终逐个节点地扩散开了。

随着网络慢慢影响到人类认知的不同领域，针对复杂网络根本性质的研究继续全速推进。《链接》一书出版后不到一年的时间内浮现出的一系列发现可能需要一本新书来描述。由于不可能描述所有这些发现，在随后的内容里，我们仅仅完成一个小目标：我将回顾社区和模块对复杂网络结构的影响，这个问题是在《链接》送达出版社之后才解决的。

应对多任务

2002 年 12 月 6 日，CNN 头条声称：多任务会适得其反。这是在质疑目前日益普及的一种商业实践，即让一些员工快速地在多种任务中进行切换，而这种快速切换的频率对成功的演奏家而言也是一种挑战。多任务实践是从人类自己创造出的计算机中借鉴过来的：人类模仿现代操作系统，同时执行多个任务。然而，由于每个任务都需要内存和处理时间，以至于计算机都难以同时处理太多的任务。在《实验心理学期刊》发表的一个报告的基础上，CNN 的这篇报道告诉我们，人类和计算机对于过载具有类似的反应——速度变慢。在转向一个新任务之前，我们的大脑必须激活这个新任务所需要的各种技能和信息。人们进行了一系列实验，让年轻人在难度不同的多个任务中反复切换，譬如求解数学问题和对几何图形进行分类。**实验表明，在大多数情况下，人类进行任务切换只需要几秒钟。面临的任务越复杂，人类大脑切换到该任务所需的时**

间越长。对多任务商业实践而言，这意味着将多任务作为提高经济效益的万能药不太可行。实际上，让员工在多种任务中进行频繁切换，不仅不会提高生产效率，反而会降低20%~40%。

虽然有诸多限制，但我们的大脑和身体在多任务方面的能力还是无可匹敌的。实际上，你在阅读这几行文字时，视网膜上数百万个视觉神经末梢记录着射入光线的强度的变化，将这些信息传递到大脑的视觉皮质进行处理，将其变成字符和词语。同时，另外一个细胞网络在保证你的心脏持续跳动，而复杂的神经网络一直在监测着很多感官输入，如气味和温度。无论是睡着了还是清醒着，我们的大脑和身体都在进行着数千个复杂任务，而且丝毫没有减速的迹象。

我们的多任务能力是从原始祖先那里继承过来的。实际上，即使是大肠杆菌这样的简单生物体都同时运行着数百个“细胞程序”，使其能够游向食物、从环境中吸收细胞并通过复制繁殖后代。多任务是大多数复杂系统的固有性质，无论该复杂系统是有生命的还是无生命的。例如，一家公司需要同时从多个行业购买不同的原材料、运转生产线、包装和销售产品、应对法律纠纷、开发新产品、在数十家媒体上进行广告宣传并在商业和法律环境非常不同的大陆上开拓市场。复杂系统如何能够轻易地应对数千个任务？多任务的需求如何影响细胞或公司的架构？这些问题的答案能够在网络的微观视角下找到，那就是复杂网络经常被我们忽视的一个性质：模块性。

模块化假设和无尺度构架

在预测未来的能力方面，科学家的短视是出了名的。实际上，1899年12月，在怀特兄弟完成首次持续飞行的三年前，巴黎科学院负责人莫里斯·列维（Maurice Levy）在标记20世纪之交时说道："比空气重的飞行是不可能成功的。"原子物理和核物理的伟大人物欧内斯特·卢瑟福（Ernest Rutherford）曾认为核能利用只是空谈。然而，在1937年，也就是卢瑟福去世一年后，奥特·哈恩(Otto Hann)和弗里茨·斯特拉斯曼(Fritz Strassman）展示了核裂变，促使阿尔伯特·爱因斯坦给罗斯福总统写了一封著名的信，开启了原子弹和核能的新篇章。

尽管有很多科学预测的失败案例，《自然》杂志为献礼新千禧年，还是在1999年邀请了一些著名科学家对21世纪进行展望。现在，判定我们这一代人在科学预测方面做得如何还为时尚早。然而，要判定《自然》上一篇论文的影响，我们不需要等待一个世纪。因细胞分裂方面的工作而获得2001年生理学/医学诺贝尔奖的细胞生物学家雷兰德·哈特韦尔（Leland H. Hartwell）和安德鲁·默里（Andrew W. Murray）、物理学家约翰·霍普菲尔德（John J. Hopfield）、物理学家斯坦尼斯拉斯·莱布勒（Stanislas Leibler）合作解决后基因组生物学的一个根本问题：细胞是如何组织的？今天，将近一个世纪以来的目标，刻画生命系统组成部分的工作即将完成。一些复杂数据库中存放着人类和细菌的大多数基因。然而，这些期待许久的数据库却不能回答这个驱动数十年研究的问题：生命背后的组织原则是什么？数百万细胞成分是如何整合成单个生命系统的？哈特韦尔和同事们加入到这场争论中，他们认为，彼此分离的模块化组织形式使细胞同时具备多种功能——即多任务。根据这个观点，细胞背后的网络分割成若干个不同的分子组或者模块，每个模块负责一个细胞功能，模块通过少数几个链接和其他模块联系在一起。细胞背后的网络和格兰诺维特的朋友圈网络类似，同一个圈子里的人彼此认识，不同圈子之间通过少数几个弱链接联系在一起。这种模块化假设在现代细胞生物学中根深蒂固。例如，趋化性——细菌感知食物并游向食物的能力，已经被成功约减为一个相对自治的功能模块，该模块由几个关键的分子成分组成。哈特韦尔和同事们向前又走了一步，他们认为，**趋化性绝不是例外，而是一般情况，大多数已知的细胞功能都由某种特定的模块负责。**

模块性是大多数复杂系统的定义性特征：

- 部门化使得大公司得以建立相对独立的员工组，组内的员工一起工作解决具体任务；
- 万维网分割成内部紧密连接的网页社区，同一个社区的网页的作者拥有共同的兴趣；
- 智力和专业兴趣中的模块性使得亚马逊公司能够根据特定模块的阅读模式进行书籍推荐；
- 模块化的计算机设计使我们不需要重新设计整个计算机，就可以将体积庞大的老式显示器换成扁平的显示板。

然而，模块化架构和我们目前掌握的有关复杂网络的知识相矛盾。从细胞到万维网的大多数网络都是无尺度的，网络中的节点通过少数几个枢纽节点连接在一起。由于枢纽节点拥有很多链接，它们很可能和多个模块的节点有联系。因此，模块之间不会如此地相互独立，这导致了已知的无尺度架构和模块化假设之间的根本冲突。当前的网络模型不能解决该冲突，无尺度模型和埃尔德什-莱利随机网络模型都没有模块性的迹象。然而，真实的网络明显是无尺度的，同时似乎也是模块化的。这个矛盾从根本上质疑了我们对复杂网络如何组织的认识。

模块化，补上无尺度网络缺失的一链

2001 年可能是我一生中最忙碌的一年，这一年由两个同样紧迫的项目主导着。第一，《链接》占据了我每天的写作计划，一般从早上 6 点开始，直到晚上很晚才结束。第二，我的合作者，来自美国西北大学的生物学家佐尔丹·沃特建议我们继续探索小世界的神秘之处——枢纽节点和模块之间的根本矛盾。在写作一本大众书籍的同时进行科学研究相当具有挑战性。2001 年夏天，将枢纽节点和模块进行统一的首次尝试开始了。我和研究组的博士生伊丽莎白·拉瓦茨（Erzsébet Ravasz）、我在布达佩斯厄特沃什·罗兰大学的论文导师塔马斯·维则克（Tamás vicsek）一起构建了一个小模型，指出了无尺度网络和模块化网络的融合可能。

为了构建模块化的网络，我们从单个节点（如图 16—1A）开始，将其复制三份，让这些复制出的新节点和老节点连接起来，并让新节点之间彼此相连，得到了一个小的四节点模块（如图 16—1B）。我们接下来将该模块复制三份，将新模块的外围节点和老模块的枢纽节点相连，从而得到一个包含 16 个节点的网络(如图 16—1C)。继续进行这样的“复制-连接”操作，节点数目变成原来的四倍，得到一个包含 64 个节点的网络(如图 16—1D)。虽然我们可以无限地继续进行该过程，但我们停在了这里，开始检查该网络的结构。

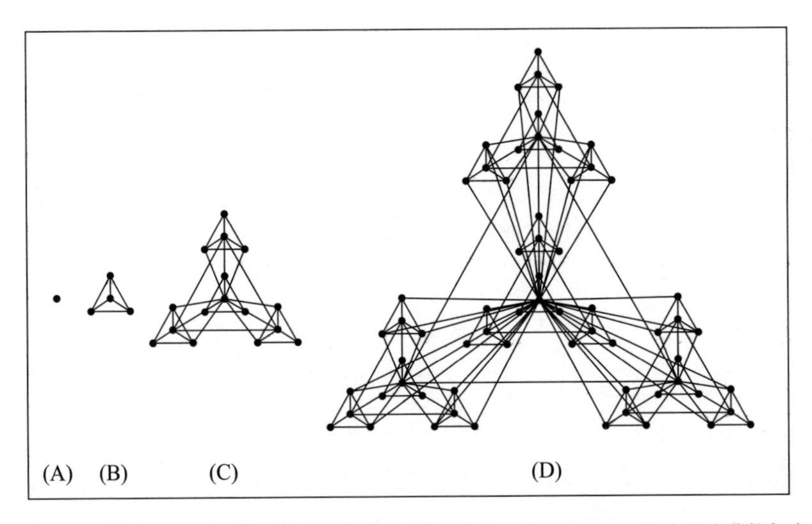

从单个节点（A）开始，通过复制得到三个新节点，然后将新节点和老节点连接起来，新节点之间也彼此连接，从而得到（B）中所示的具有4个节点的结构。下一步，我们将这个包含4个节点的结构（即模块）复制三份，放置在老模块的周围，将新模块的外围节点和老模块的枢纽节点相连，将新模块的枢纽节点彼此相连。我们得到的网络包含16个节点，如（C）所示。我们可以重复同样的过程，将模块C复制三份，放在老模块的周围，将新模块的外围节点和老模块的枢纽节点相连，让新模块的枢纽节点彼此相连，从而得到（D）所示的网络。这个过程可以无限次进行下去，每次产生一个相当于老网络4倍大的新网络。最终得到的网络是无尺度的：我们可以清楚地看到节点间的层级，很多小节点通过少数大的枢纽节点连接在一起。同时，这个网络也是模块化的，这些逐渐变大的模块之间形成了一个层级。实际上，我们很容易将（C）中的网络分解成16个4节点模块，或者4个16节点的模块。该网络具有一个有趣的性质，即它显现出层次化的聚团性：该网络由许多高度连接的4节点模块构成，这些模块形成连接程度稍低的16节点模块，后者是连接更松散的64节点模块的组成构件。最近我们意识到，这种层次化的聚团性是很多真实网络的普遍性质，包括细胞和万维网。

图16—1　我们生成的具有层级的网络

首先，该网络的构造过程使其是模块化的：最底层是很多高度连接的四节点模块，这些模块是更大的16节点模块的构件，后者又是64节点网络的主要组成部分。其次，一个具有39条链接的高度连接的枢纽节点将网络连接在一起。16节点模块的枢纽节点是稍小的局部枢纽节点，具有 14 条链接。大量只有少数链接的节点伴随着这些枢纽节点，形成我们熟悉的层级，很多小节点通过少数大的枢纽节点连接在一起，这是无尺度网络的特征。实际上，恰好拥有 k 条链接的节点数目服从幂律分布，证实了该模型的无尺度性质[①]，而且该模型将格兰诺维特的朋友圈和枢纽节点成功统一在了一起。

无尺度模型对于我们理解复杂网络具有重要作用，它首次解释了刻画真实网络的幂律。这个新模型提供了缺失的一链：模块化的无尺度网络。但是，我们如何测试该模型是否准确地再现了真实系统的模块性呢？这正是我们提出该模型之后一直在思考的问题。由于未能很快找到答案，我们于 2002 年 7 月将一篇简短的论文放到了 Los Alamos preprint 数据库，该论文包含了这个新模型的早期版本。五个月后，我们还在思考我们的问题时，在葡萄牙的波尔图一起工作的谢尔盖 · 多罗格夫特瑟夫（Sergey Dorogovtsev）、A·V· 戈尔特瑟夫（A. V. Goltsev）和何塞 · 孟德斯（José Mendes）张贴出一个在线的简短论文，补上了我们期待很久的缺失环节。

模块性的量化度量是聚团系数（在第 4 链讨论过），聚团系数告诉我们一个节点的邻居之间的连接程度。对于一个给定的节点，如果它的所有邻居都彼此互联，那么它的聚团系数就等于 1。如果所有邻居都互不相连，聚团系数就是 0。[②]枢纽节点和幂律的发现，迫使我们放弃了埃尔德什和莱利的民主乌托邦——大多数节点拥有相同数目的链接，转向了由少数枢纽节点主导的无尺度世界。

---

① 对于前面描述的构造过程，度分布服从 $p(k)\sim k^{-\eta}$，这里 $\eta=1+\ln4/\ln3=2.26$。

② 拥有 k 条链接的节点，其聚团系数定义为 $C(k)=2N(k)/k(k-1)$，其中，$N(k)$ 表示该节点的 k 个邻居之间的直接链接数。

关于模块，我们也将经历类似的范式转换。实际上，对于随机网络和无尺度网络，小节点和枢纽节点具有同样的聚团系数，聚团性均匀地分布。在前面讨论的模型中，波尔图三人组得出了一个完全不同的结论：节点的连接度越高，聚团系数越小。① 更特别的是，他们发现模块的聚团系数服从严格的幂律，② 拥有 k 条链接的节点，其聚团系数按照 k 的倒数的方式衰减。这大大偏离了无尺度网络模型和随机网络模型的预言——对于这两个模型而言，聚团系数独立于 k。由于聚团系数很容易测量，这个新的幂律为我们研究真实网络的模块性提供了强大的工具。

由于我们关于模块性的最初思考源于我们期望能够理解细胞的内部组织方式，佐尔丹·沃特、伊丽莎白·拉瓦茨和我首先研究了 43 个生命体的新陈代谢。对于每个生命体，聚团系数都服从模型所预言的幂律。因此，细胞不仅是模块化的，而且其模块性具有严格的架构：大量较小但是连接度高的模块以层次化的方式结合成少数较大但是连接度较低的模块。在细胞中没有典型的、有代表性的模块。相反，新陈代谢既可以分解成很多小的、高度连接的模块，也可以分解成少数几个较大的、但是连接不太紧密的模块。**层次化的模块性揭示了枢纽节点的新作用：枢纽节点维持模块间的通信。**小的枢纽节点连接着一些较小的模块内的节点。大的枢纽节点就像大公司的 CEO，管辖着大多数的部门和模块，是不同大小、不同文化的社区之间的桥梁。

---

① 四节点模块（如图16—1B）的枢纽节点，其聚团系数等于1，因为它的三个邻居彼此相连。16节点模块（如图16—1C）的枢纽节点具有稍差的聚团性：它的12个邻居之间只有12条链接，因此C=2/14。64节点网络的枢纽节点具有更小的C：它的39个邻居之间仅有39个链接（如图D），因此C=2/38。

② 波尔图小组证明，拥有k个链接的节点，其聚团系数$C(k)$以$C(k)\sim k^{-1}$的方式依赖于k。

层次化的模块性具有显著的设计优势：它允许系统的各个部件各自进行演化。实际上，汽车制造商不需要重新构建引擎就可以提高汽车的变速器，芯片设计者不需要考虑键盘或光驱就能构建出更快的处理器。在自然系统中，模块性允许各个功能分别进行演化。实际上，基因突变一次最多影响少数几个基因，其造成的影响局限于少数几个模块。如果某次突变是一种提高，具有更优模块的生命体会繁荣起来。但是，如果某次基因突变降低了模块的适应度，生命体最终无法生存。

前面讨论的层次化模块性绝不局限于细胞。重新读一下最近关于网络的文献，我们意识到，模块性的量化特性在之前已经被观测到了。来自瑞士日内瓦大学的让-皮埃尔·艾克曼（Jean-Pierre Eckmann）和来自以色列魏兹曼科学研究所的艾丽莎·摩西（Elisha Moses）观察到万维网上的聚团系数服从幂律，并且说道："尽管尺度是让人吃惊的，但我们还不知道尺度的原因。"后来看来，他们的发现为万维网的层级架构提供了直接的证据。例如，有关库尔特·冯内古特（Kurt Vonnegut）或菲利普·罗斯（Philip Roth）的网页形成了小社区，这些小社区以一种层级的方式嵌套在更大的关注美国文化的网页组中。类似地，阿列克谢·巴斯克斯、罗莫尔多·帕斯特-赛托拉斯和亚历山德罗·维斯皮那尼发现，域级的互联网地图具有层级组织形式，体现为服从幂律的聚团系数。我们的测量表明，语言的同义词网络同样具有层级，像"turn"、"take"或"go"这样少数几个高度连接的词，每个都有上百个同义词，将不同词义的模块连接在一起。蛋白质交互网络的层次化模块性提供了另一个生物方面的例子，将枢纽蛋白质的作用重新解释为不同功能模块之间的中介。因此，层次化的模块性是大多数真实网络的普遍性质，伴随着无尺度架构存在。

正是这种层次化模块性使得多任务有了可能：每个模块内部的稠密链接有助于具体任务的高效完成，枢纽节点协调多个并行功能之间的通信。当同一个模块同时面临多个任务时，瓶颈和减速是不可避免的。计算机依赖单个中央处理器，这是它的主要瓶颈。当我们的大脑皮层需要处理多个任务时，我们的处理速度也会变慢。

何时才能驯服复杂性

尽管注意到自然系统和人类设计之间的相似性已经有很长的历史了，但是从这种比喻中走出来对二者之间的类比进行度量总是困难的。最近，网络已经成为研究互联关系的 X 射线，研究细胞和研究万维网变得同样容易。由于网络理论的快速发展，我们似乎距离下一个目标并不遥远了：构建复杂性的一般理论。压力是巨大的。在 21 世纪，复杂性不再是一个模糊的科学词汇，它对包括经济学和细胞生物学在内的所有东西是同等紧迫的挑战。然而，构建复杂性理论的早期尝试大多忽略了复杂性和网络之间的深层联系。在大多数系统中，复杂性始于网络变得不平凡的地方。无论我们对电子或原子的行为感到多么困惑，我们很少称之为复杂，因为量子力学为我们提供了工具，可以以非常高的精度描述电子或原子的行为。发现晶体——原子和分子组成的高度规则的网络，是 20 世纪物理学最成功的故事之一，推动了晶体管的发展和超导体的发现。然而，我们还需要继续和复杂系统进行斗争，对这些系统而言，其组成部分之间的交互地图没那么有序和严格，有可能是自组织的。

生命的神奇起源于错综复杂的交互网络将每个生命体内的数百万个分子整合在一起。社会的神奇始于复杂的社会网络结构。经济过程的不可预测性根源于神秘市场背后未知的交互地图。因此，**网络是描述任何复杂系统的前提，这表明，复杂性理论不可避免地要站在网络理论的肩膀上。**这很容易让人想到我们在追寻一些先驱的足迹，预测我们是否能够以及何时能够驯服复杂性。如果没有别的东西，这样一个预言会被作为参照而推翻。回顾一下在无尺度网络发现之后我们理解网络的速度是多么的迅速，有一件事情是确定无疑的：一旦我们踏上研究复杂性的正确道路，很快就能得出结果。可这种情况什么时候会发生呢？这一未知之谜是推动我们不断前行的动力。

NOTES
注 释

第 1 链　网络让世界变得不同

第 4 页 媒体就 MafiaBoy 的故事进行了广泛讨论。具体内容参见 http://www. Mafiaboy.com/. “是的，我听见了！” 的说法源于 C. Taylor，“Behind the Hack Attack,” *Time Magazine* (February 21, 2000)。

第 6 页 很多书籍和专著对保罗的一生及其在基督教传播过程中发挥的作用进行了探讨。例如，C. J. Den Heyer，*Paul: A Man of Two Worlds* (Harrisburg, Penn.: Trinity Press International, 1998) and Robert Jewlett，*A Chronology of Paul's Life* (Philadelphia: Fortress Press, 1979)。

第 9 页 复杂性科学是一个方兴未艾的科学领域，其目标在于理解具有数百万个不同组成部分的系统是如何运行的，理解有序是如何通过自组织法则从混沌和随机中涌现出来的。复杂性科学的研究涉及几十个学科，范围从数学和物理学到生态和商业。研究这一学科的图书包括 Murray Gell-Mann's *The Quark and the Jaguar: Adventures in the Simple and the Complex* (New York: W. H. Freeman, 1995); *Hidden Order: How Adaptation Builds Complexity* (Cambridge, Mass.: Perseus, 1996); Ricard V. Solé and Brian Goodwin's *Signs of Life: How Complexity Pervades Biology* (New York: Basic Books, 2001); Yaneer Bar-Yam, *Dynamics of Complex Systems* (Cambridge, Mass.: Perseus, 1997)。

第 2 链　随机宇宙

第 17 页 介绍欧拉生平事迹的著作很多，最近的著作包括：Willam Durham, *Euler: The Master of Us All* (Washington, D.C.: Mathematical Association of America, 1999)。

第 18 页 欧拉在圣彼得堡的生活非常动荡。在那里，他失去了陪伴他 30 年的妻子。三年后，他与妻子同父异母的妹妹结了婚。一场大火烧毁了他的房子以及他所有的书籍和笔记。多亏一个勇敢的瑞士同胞冲进大火，将这位杰出的科学家背了出来。

第 18 页 欧拉的著作非常清新明晰。他对其研究主题的热情，在数世纪之后仍能引起人们的共鸣。现在的学术著作对于外行而言越来越艰涩难懂，而欧拉论文的语言则简练易懂，令人称羡。受普鲁士国王弗雷德里克的邀请，欧拉在柏林生活了大约 25 年。在此期间，他应邀为国王的侄女安哈特·笛所（Anhalt Dessau）公主讲授自然科学。欧拉为完成该工作，写就了 400 页的巨著“*Letters of Euler on Different Subjects in Natural Philosophy, Addressed to a German Princess*”。该书涉及科学的几乎所有领域，从月球引力到精神本质都有探讨。这本书很快成为了国际畅销书，这是工作在科学领域前沿的学者编写科普作品的最佳范例。参见 Leonhard Euler, *Letters of Euler on Different Subjects in Natural Philosophy Addressed to a German Princess* (New York: Arno Press, 1975)。

第 18 页 欧拉的著作集名为 *Opera Omnia* (Basel, Switzerland: Birkhiiuser Verlag AG, 1913)。尽管这部作品在 1911 年就开始编纂，并已经出版 72 卷，但该作品仍未最终完成。

第 19 页 关于早期的图论，以及它出现的历史背景的重要文章都收录在 *Graph Theory: 1736—1936, by* Norman L. Biggs, E. Keith Lloyd and Robin J. Wilson (Oxford, England: Clanderon Press, 1976)。这本书还收录了欧拉对于哥尼斯堡七桥问题的讨论。

第 20 页 我们来仔细地看看欧拉的证明。以节点 D 为例，D 表示的陆地连接着三座桥，即 e, f 和 g。一个人如果想要通过这 3 座桥各一次，至少需要经过节点 D 两次。例如，他可以经过桥 f 到达 D，通过桥 e 离开，然后再通过 g 回来。问题是他无法再离开了，因为已经没有未曾走过的桥了。因此，D 要么是旅途的起点，要么是旅途的终点。但是，这不是节点 D 所独有的性质：很容易就能验证，拥有奇数条链接的所有节点都具有该性质。也就是说，想要访问所有节点的人，必须从这样的节点出发并且以这样的节点结束。节点 A、B、C 和 D 都具有这种性质，因为它们拥有的链接数都是 3。这意味着，A、B、C 和 D 都必须是旅程的起点或终点。

第 21 页 例如，可以追溯到 1852 年的四色问题，该问题在 1976 年之前一直未被证明。该问题表面上看非常简单：证明任何地图都可以使用四种颜色来着色，且保证没有两个邻国具有同样的颜色。任何人只要尝试一下对地图着色，就会很容易相信，四种颜色的确足够了。然而，这个问题的证明困扰了数学家一个多世纪，它是第一个借助计算机被证明的定理。

第 22 页 埃尔德什的生平有很多故事。本章引言部分的故事来自安德拉斯·瓦伊森（András Vátzsonyi），他就是鞋店里那位 14 岁的男孩，后来成为匈牙利当时第二年轻的数学博士（仅次于埃尔德什），是埃尔德什一生的朋友。参见 Fan Clung and Ron Graham, " *Erdős on Graphs: His Legacy and Unsolved Problems* (Wellesley, Mass.: A. K. Peters, 1998)。如果想更多地了解埃尔德什，可参考他的传记 Paul Hoffman, *The Man Who Loved Only Numbers* (New York: Hyperion, 1998) and Bruce Schechter *My Brain Is Open* (New York: Touchstone, 1998). 还可以参见 András Hajnal and Vera T. Sós, *Paul Erdős Is Seventy*, *Journal of Graph Theory* 7 (1983): 391–393。

第 23 页 埃尔德什和莱利的 8 篇论文建立了随机图论。这 8 篇论文收录在 Michal Karonski and Adrzej Rucinski, "The Origins of the Theory of Random Graphs" , *in The Mathematics of Paul Erdős*, ed. R. L. Graham and J. Nesetril (Berlin: Springer, 1997)。这些论文包括："*On Random Graphs I*" , Math. Debrecen vol. 6, 290–297 (1959); "On the Evolution of Random Graphs," *Publ. Math. Inst. Hung. Acad. Sci* 5 (1960): 17–61; "On the Evolution of Random Graphs," *Bull. Inst. Internat. Statist* 38 (1961): 343–347; "On the Strength of Connectedness of a Random Graph," *Acta Math. Acad. Sci. Hungar* 12 (1961): 261–267; "Asymmetric Graphs," *Acta Math. Acad. Sci. Hungary* 14 (I963): 295–315; "On Random Matrices," *Publ. Math. Inst. Hung. Acad. Sci* 8 (1964): 455–461; "On the Existence of a Factor of Degree One of a Connected Random Graph," *Acta Math. Acad. Sci. Hungary* 17 (1966): 359-368; "On Random Matrices II," *Studia Sci. Math. Hung* 13 (1968): 459–464。

第 26 页 注意，埃尔德什和莱利，以及大多数数学家可能都不知道，在埃尔德什–莱利的经典模型提出的 10 年前，随机网络的概念已由雷·索洛莫洛夫（Ray Solomonoff）和阿纳托·普拉波特（Anatol Rapoport）提出。见 "Connectivity of Random Nets," *Bulletin of Mathematical Biophysics*, 13 (1951): 107–227。该论文还推导出了经典的结论：当平均度达到 1 的时候，网络中会出现一个巨大的节点簇。有趣的是，该成果也往往被归功于埃尔德什和莱利。很难解释为什么该论文一直未被人们当作埃尔德什和莱利研究工作的先驱。或许，埃尔德什的证明非常之美，能够吸引数学家的注意，而索洛

莫洛夫和普拉波特的启发式推导缺乏这种数学之美。

第 30 页 国际出版物中对于莱利生平的介绍并不多。想要了解他在数学领域的成就，可以参见在他去世后在匈牙利发表的一系列文章：*Matematikai Lapok* 3-4 (1970): Turáin Pál, "Rényi Alfred Munkássága," 199-210; Révész pál, "Rényi Alfréd Valószinüség-számitási munkássága," 211-231; Csiszár Imre, "Rényi Alfréd informáióelméleti munkássá-ga," 233-241; Katona Gyula and Tusnfidy Gabor, "Rényi Alfréd pedagógiai munkássága, 243-244; B. Mészáros Vilma, "Guibus Vivere est Cogitate," 245-248。人们为了纪念他，将匈牙利布达佩斯科学院数学研究所命名为阿尔弗雷德·莱利数学研究所。

第 31 页 阿诺德·罗斯虽然未能说服埃尔德什加入圣母大学的教职队伍，但他本人依然是成绩卓著的科学教育家。他创立了罗斯计划，这是为有天分的高中生和教师集中开设的暑期数学培训课程。罗斯于 1947 年在圣母大学启动了这一计划，后来于 1964 年移到了俄亥俄州立大学，该计划每年夏天进行一次。参见文献 Allyn Jack-son, "Interview with Arnold Ross," *Notices of the American Mathematics Society* 48, no. 7 (August 2001): 691-697。

第 34 页 随机图的度分布已经由贝拉·伯罗巴斯推导出来，参见"Degree Sequences of Random Graphs," *Discrete Mathematics* volume 33, pg. 1 (1981)。

第 35 页 回顾起来，很难说埃尔德什和莱利的研究工作在多大程度上是受研究互连世界的渴望鼓舞，又在多大程度上是受该问题所表现出的数学之美吸引。在 1959 年发表的开创性论文中，他们的确提到了该研究的潜在应用："通过思考更复杂结构的随机生长……人们能够获得更复杂的真实生长过程的合理模型（例如，复杂通信系统的生长，该系统包括多种不同类型的连接，甚至包括有机物的组织结构）。"但是，除了对未来的超常洞察力之外，可以很公正地说，他们在该领域的工作源于他们对该问题的数学深度有着很深的好奇，而不是受该问题的应用驱动的。

第 35 页 随着我们继续深入研究互连世界，埃尔德什和莱利的随机网络理论会经常作为我们的参照点。沿着这样的线路，我们不可避免地会时不时地将其与真实世界进行对比。然而，该模型的缺点丝毫不会降低我们对于埃尔德什和莱利里程碑式工作的景仰。我们时不时的批评主要是针对我们自己，作为他们的追随者，我们几十年来竟然不加辨识地将他们描绘的随机世界观应用到真实世界中。

第3链 六度分隔

第 39 页 在匈牙利有大量的书籍是关于卡林西的作品和生平的。参见 The *in memoriam* volume Karinthy Frigyes, *A humor a teljes igazság*, ed. Mátyás Domokos, (Budapest: Nap Kiadó, 1998)，这是卡林西的朋友和同事（他们大多是作家）所写的关于卡林西的故事集。关于卡林西的书籍还可以参见 Dolinszky Miklós, *Szószerint* (*A Karinthy Passió*), (Budapest: Magvetö, 2001), and Levendel Júlia, *Így élt Karinthy Frigyes* (Budapest: Móra Könyvkiadó, 1979)。

第 40 页 Frigyes Karinthy, "Láincszemek," in *Minden másképpen van* (Budapest: Atheneum Irodai es Nyomdai R.-T. Kiadása, 1929), 85–90. 我要感谢 Tibor Braun，他不仅让我注意到了这篇小说，还在 1999 年将文章寄给了我。当时，我们刚刚完成了万维网十九度分隔的研究，匈牙利媒体对我们的研究进行了报道。据我所知，这篇小说并没有英文译本。卡林西的短篇小说集的英文译本参见文献 Frigyes Karinthy，*Grave and Gay* (Budapest: Korvina Kiadó, 1973)。

第 42 页 六度分隔的另一个早期表述，参见 Jane Jacobs's *The Death and Life of American Cities* (New York: Random House, 1961)。这部书是迄今为止关于城市规划最重要的著作之一，掀起了老式居住社区的复兴。在这本书中，她回忆道："当我和姐姐从一个小城市第一次来到纽约时，我们俩常常玩一种叫做'传话'的游戏。游戏的玩法是，随便选两个非常不一样的人——比如一个是所罗门群岛上的土著猎人头领，另外一个是伊利诺伊州洛克群岛上的皮匠，假设其中一个人要传话给另一个人，然后，我们各自心里默默想出一连串可行的人，至少也得是可能的人，通过他们将话传出去。谁想出的路径上人数最少，谁就获得了胜利。"

第 42 页 米尔格拉姆的六度分隔研究发表在好几个地方，例如：Stanley Milgram, "The Small World Problem," *Physiology Today* 2 (1967): 60–67. 他关于肥胖的研究工作，也是他本人最喜欢的。参见 Stanley Milgram, *From Obedience to Authority* (New York: Harper

and Row, 1969)。

第 42 页 想更多地了解米尔格拉姆的生平事迹，请参见 Thomas Blass, "The Social Psychology of Stanley Milgram," in *Advances in Experimental Social Psychology*, ed. M. P. Zanna (San Diego: Academic Press, 1992), 25:277–328, and Thomas Blass, ed., *Obedience to Authority: Current Perspectives on the Milgram Paradigm* (Mahwah, N.J.: Lawrence Erlbaum, 2000)。更多信息和文章链接参见 http://www.stanley milgram.com。

第 43 页 值得注意的是，米尔格拉姆得出“六度分隔”结论时所使用的方法，最近受到了朱迪斯·克兰菲尔德（Judith S. Kleinfeld）的质疑。她检查了米尔格拉姆的论文和笔记，并检查了耶鲁档案馆保留的那些邮件到达目的地的路径。特别是，最近的研究表明，我们所处的世界被阶级和种族深深隔开，使我们很难跨越这些社会壁垒。参见 Judith S. Kleinfeld, "The Small World Problem," *Society* 39 (January-February, 2002): 61–66 and "Six Degrees of Separation: An Urban Myth," *Psychology Today* (forthcoming in 2002)。

第 44 页 在技术方面，我们已经知道，米尔格拉姆关于我们社会连通性的研究工作受到了安娜托尔·兰普鲍特（Anator Rapaport）研究工作的启发。后者是俄罗斯出生的数学家和音乐会钢琴家，他发表过一些关于社会网络的开创性论文。他独立提出了随机图的概念，对社会学有着巨大的影响。他最出名的论文包括：R. Solomonoff and A. Rapaport, "Connectivity of Random Nets," *Bulletin of Mathematical Biophysics* 13 (1951): 107–117; and A. Rapaport, "Contribution to the Theory of Random and Biased Nets," *Bulletin of Mathematical Biophysics* 19 (1957): 257–277。

第 44 页 参见 John Guare, *Six Degrees of Separation* (New York: Random House, 1990)。

第 45 页 想要了解万维网的创建者讲述的万维网早期的故事，参见 Tim Bemers-Lee with Mark Fischetti, *Weaving the Web: The Original Design and Ultimate Destin5 of the World Wide Web by Its Inventor* (San Francisco: Harper, 1999)。

第 46 页 关于万维网大小的文章，参见 Steve Lawrence and C. Lee Giles, "Searching the World Wide Web," *Science* 280 (1998): 98–100; and "Accessibility of Information on the Web," *Nature* 400 (1999): 107–109。还可以参见第 12 链中的详细内容。

第 50 页 万维网十九度分隔的研究参见 R. Albert, H. Jeong, and A.-L. Barabátsi, "Diameter of the World Wide Web," *Nature* 401 (1999): 130–131。我们用来测量万维网直径的方法，在科学文献中被称为"有限尺寸标度"。

第 50 页 想了解食物链的分隔度数，参见 Richard J. Williams, Neo D. Martinez, Eric L. Berlow, Jennifer A. Dunne and Albert-László Barabási, *Two Degrees of Separation in Complex Food Webs*, http://www, santafe.edu/sfi/publicatons/Abstracts/ 01–07–036 abs.html; José M. Montoya and Ricard V. Solé, *Small World Patterns in Food Webs*, http: // www, santafe.edu/sfi/publications/Abstracts/00–10–059abs.html。

想了解细胞内部的分隔度数，参见第 13 链的内容以及 Hawoong Jeong, Báilint Tombor, Réka Albert, Zoltán N. Oltvai 和 Albert-László Barabási, "The Large-Scale Organization of Metabolic Networks," *Nature* 407 (2000): 651; Hawoong Jeong, Sean Mason, Albert-László Barabási , and Zoltán N. Oltvai, "Centrality and Lethality of Protein Networks," *Nature* 411 (2001): 41–42; Andreas Wagner and David Fell, *The Small World Inside Large Metabolic Networks*, Proceedings of the Royal Society of London, Series B—Biological Sciences, vol. 268 (Sept. 7, 2001): 1803–1810. 想要了解科学家网络及科学家网络内部的小世界，参见 A.-L. Barabási, H. Jeong, E. Ravasz, Z. Ntda, T. Vicsek and A. Schubert, *Evolution of the Social Network of Scientific Collab-orations*, http://xxx.lanl.gov/abs/cond-mat/0104162 (forthcoming in 2002); M. E. J. Newman, *Who is the Best Connected Scientist? A Study of Scientific Coauthorship Net-works*, http://www.santafe.edu/sfi/publications/Abstracts/00–12–064abs.html; M. E. J. Newman, *The Structure of Scientific Collaboration Networks*, Proceedings of the National Academy of Sciences of the United States of America, vol. 98, (Jan. 16, 2001): 404–409. 想了解神经细胞网络的小世界，参见 D. J. Watts and S. H. Strogatz, "Collective Dynamics of 'small-World' Networks," *Nature* 393 (1998): 440–442。

第 51 页 可以在两个熟悉的网络上检验我们所做的简单预言，这两个网络是社会网络和万维网。对于社会网络，我们需要知道一个人平均会认识多少人。这看上去很容易计算，然而社会学家却不这么认为，他们估计的值从 200 到 5 000 不等。由数学家变成社会学家的哥伦比亚大学的邓肯·瓦茨最近告诉我，找到正确的答案之所以复杂，是因为定义“熟人”很困难：我可能知道几千个人的名字，但是当我去他们所在的城市时会打电话给他们吗？我会找他们帮忙吗？我信赖他们吗？为了解决这个问题，我们假设一个普通人大约有 1 000 个熟人，这里的熟人是指彼此可以直呼其名，这介于最保守估计和最乐观估计之间。地球上有 60 亿人，我们的公式告诉我们，人类社会的分隔度接近 3。对于拥有 10 亿个文档且平均度为 7 的万维网，应用同样的公式得出的分隔度为 10。这两个预测都偏低了，但是距离正确答案（分别为 6 和 19）并不远。这个数学公式只依赖于节点数的量级，和其他东西都无关，所以我们通常会得到比较小的分隔度。

和“正确”答案的偏离正好体现了本书的基本假设：真实网络不是随机的。如果万维网是随机的，由于其连通度和规模都是清楚的，其分隔度会非常接近随机网络公式所预言的 10。自然界中的许多其他真实网络的规模和连通度都非常明确，因此在万维网上的结论对于这些网络也成立。公式所预言的分隔度与真实的分隔度很少能对得上，这意味着我们互联的世界背后隐藏着某种秩序。关于小世界网络的详细介绍，特别是基于随机网络预言的分隔度和真实的分隔度之间的差异，参见 R. Albert and A.-L. Barabási, “Statistical Mechanics of Complex Networks,” *Reviews of Modern Physics* 74 (January 2002): 47–97。

第 52 页 要了解科赫（Kochen）关于小世界历史的笔记，参见 Manfred Kochen, preface to *The Small World*, ed. Manfred Kochen (Norwood, N.J.: Ablex, 1989)。

第 55 页 要了解小世界适航性的讨论，参见 J. M. Kleinberg, “Navigation in a Small World—It Is Easier to Find Short Chains Between Points in Some Networks Than Others,” *Nature* 406 (August 2000): 845。

第 56 页 注意，也有人认为米尔格拉姆的工作低估了人们之间的分隔程度，因为他没有考虑那些不完整的链条。实际上，如果一封邮件最终未能送到目标人物手中，该邮件会被忽略。在内布拉斯加的实验里，160 封邮件中只有 42 封到达了目标，样本中很明显缺少占多数的较长链条。而较长的链条更有可能无法到达目标，因此，米尔格拉姆所研究的样本偏向于较短的路径。

第 4 链　小世界

第 62 页 有关社会聚集的最初发现，发表在 Mark S. Granovetter, "The Strength of Weak Ties," *American Journal of Sociology* 78, (1973) 1360–1380。在这篇论文被提名为"引用经典"时，格兰诺维特对这篇论文的传奇故事进行了回忆，发表在 *Current Contents* (Sociology and Behavioral Sciences Edition, vol. 18, no. 49 [Dec. 1986]: 24)。还可参见"The Strength of Weak Ties: A Network Theory Revisited," *Sociological Theory* 1 (1983): 201–233； Mark S. Granovetter, *Getting a Job* (Cambridge, Mass.: Harvard University Press, 1994)。

第 65 页 有节奏的鼓掌作为同步的一种表现形式，在物理文献中受到了广泛研究。最早的详细研究参见 Z. Néda, E. Ravasz, Y. Brechet, T. Vicsek, and A.-L. Barabási, "Self-Organizing Processes: The Sound of Many Hands Clapping," *Nature* 403 (2000): 849–850。更多详细的介绍参见 Z. Néda, E. Ravasz, T. Vicsek, Y. Brechet, and A.-L. Barabási, "Physics of the Rhythmic Applause," *Physical Review* E 61, no. 6 (2000): 6987–6992。关于该研究工作的通俗介绍参见 Henry Fountain, "Making Order Out of Chaos When a Crowd Goes Wild," *New York Times*, March 7, 2000 和 Josie Glausiusz, "Joining Hands," Discover 21 (July 2000)。

第 66 页 John Buck and Elisabeth Buck, "Synchronous Fireflies," *Scientific American*, May 1976, 74–85。关于同步的最近书籍，参见 Arkady Pikovsky, Michael Rosenblum, and J. Kurths, Synchronization: *A Universal Concept in Nonlinear Sciences* (Cambridge, England: Cambridge University Press, 2001)。也可参见 Ian Stewart and Steven H. Strogatz, "Coupled Oscillators and Biological Synchronization," *Scientific American*, Dec. 1993, 68。

第 67 页 有关瓦茨和斯托加茨的发现，其背后的故事参见 Duncan J. Watts, *Small Worlds* (Princeton, N.J.: Princeton University Press, 1999)。

第 67 页 是网络问题使邓肯·瓦茨的注意力偏离了同步问题，很多研究人员开始

重新探讨网络和同步之间的关系。参见 J. Jast and N. P. Jog, "Spectral Properties and Synchronisation in Coupled Map Lattices," *Physical Review*, E 65(2002): 016201; X.F. Wang and G.R. Chen, "Synchronisation in a Scale-Free Dynamical Network: Robustness and Fragility, " IEEE Transaction on Circuits and Systems I 49 (2002):54–62; M. Barahona and L. M. Pecora, "Synchronisation in Small-World Systems," http://xxx.lanl.goviabsinlin. CD/0112023; J. Ito and K. Kaneko, "Spontaneous Structure Formation in a Network of Chaotic Units with Variable Connection Strengths," *Physical Review Letters*, 88 (2002): 02801。

第 67 页 "聚团系数"一词是由瓦茨和斯托加茨最早使用的，参见 D. J. Watts and S. H. Strogatz, "Collective Dynamics of 'Small-World' Networks," *Nature* 393 (1998): 440–442。同样的量在社会学文献中被称为"传递三元组的比例"，参见 The now classic S. Wasserman and K. Faust, *Social Network Analysis: Methods and Applications* (Cambridge, England: Cambridge University Press, 1994), 598–602。

第 68 页 有关埃尔德什数的广泛讨论，参见由 Jerrold W. Grossman 维护的埃尔德什网站：http://www.oakland.edu/-grossman.erdoshp.html。一些著名科学家的埃尔德什数，参见 Rodrigo De Castron and Jerrold W. Grossman, "Famous trails to Paul Erdős," *Mathematical InteUigencer*, 21 (Summer 1999): 51–63。

第 69 页 注意，在非常活跃的物理子领域——粒子物理中，数百名物理学家分散在多块大陆，彼此之间通常互不交流，却共同为某些基本粒子的发现做出贡献。因此，对他们而言，合作撰写论文并不能作为他们彼此认识或者有社会交往的证明。不过，在大多数研究领域中，如此大规模的合作只是例外。

第 70 页 我们关于数学家和神经学家合作网络的研究工作的概述参见 A.-L. Barabási, H. Jeong, R. Ravasz, Z. Néda, T. Vicsek, and A. Schubert, *On the Topology of Scientific Collaboration Networks*, http://xxx. lanl.gov/abs/cond-mat/0104162 (forthcoming in *Physica* A, 2002)。类似的结果由马克·纽曼在物理学家、计算机科学家以及其他领域学者的合作网络中独立得到。参见 M. E. J. Newman, "The Structure of Scientific Collaboration Networks," *Proceedings of the National Academy of Sciences* 98 (2001): 404409; "Scientific Collaboration Networks: I. Network Construction and Fundamental Results," *Physical Re-*

view, E 64 (2001): 016131; "Scientific Collaboration Networks: II. Shortest Paths, Weighted Networks, and Centrality," Physical Review, E 64 (2001):016132。

第 70 页 关于聚团系数，随机网络模型能告诉我们些什么呢？聚团系数表示我的两个朋友之间有联系的概率，因此，对于埃尔德什-莱利模型而言，这只不过是两个节点之间有链接的概率。实际上，对于具有 N 个节点的随机图而言，将网络中出现的所有链接数 L，除以可能出现的链接数 $N(N-1)/2$，便可以得到其聚团系数，即 $2L/N(N-1)$。而这正好是埃尔德什-莱利模型的控制参数，经常表示为 p，即任意两个节点之间彼此相连的概率。换句话说，聚团系数 $C=\langle k\rangle/N$，这里的 $\langle k\rangle$ 是网络中每个节点平均拥有的链接数。

第 70 页 熟悉了科学家之间如何合作之后，我们便可以开始理解高聚团性的起源了，纽曼的研究和我们的研究都发现了高聚团性。实际上，很多科学论文都是由三个或者更多的作者合作完成的。每一个这样的论文都会形成一个完全图，因为每个作者都和该论文的其他作者相互连接，这类似于我们的朋友圈。因此，科学家合作网络包含很多微型完全图，每个完全图都具有很高的聚团系数，从而提高了整个网络的平均聚团系数。不过，也有社会因素。虽然我的两个研究生没有合作写过论文，但他们之间也只有两步的间隔，因为他们都和我合作发表过论文。如果他们继续在同一个领域工作，他们在将来很可能会合作写论文，也就提高了我的聚团系数。

第 71 页 关于线虫（Caenorhabditis elegans）的更多信息，参见 http://elegans.swmed.edu/ 或 http://www.nematodes.org/。

第 71 页 虽然线虫的神经网络图已经完全绘制出来了，但目前还不可能绘制出人类大脑的神经网络图。这不是因为人类大脑有数十亿个神经元需要绘制，且其中一些神经元有数千个链接连向其他神经元，而是因为人类大脑的神经元之间的链接是不断变化的，随着我们不断学习以及年龄的增长，人类大脑的神经元之间会形成新链接。不过，线虫为研究静态大脑提供了可靠的研究对象，其神经元之间的联系是由遗传决定的。

第 71 页 有关线虫网络拓扑的研究，参见 D. J. Watts and S. H. Strogatz, "Collective

Dynamics of 'Small-World' Networks," *Nature* 393 (1998): 440–442，该文献中还包括电网和好莱坞演员网络的研究。还可以参见 S. Horita, K. Oshio, Y. Osama, Y. Funabashi, K. Oka, K. Kawamara, "Geometrical Structure of the Neuronal Network of Caenorhabditis Elegans," *Physica A*, 298 (2001): 553–561。

第 71 页 关于万维网的聚团性，参见 L. A. Adamic, "The Small World Web," *Proceedings of the European Conference on Digital Libraries 1999 Conference* (Berlin: Springer Verlag, 1999): 443。关于互联网拓扑的聚团性，参见 Soon-Hyung Yook, Hawoong Jeong, Albert-László Barabási, *Modeling the Internet's Large-Scale Topology*, http://xxx.lanl.gov/abs/cond-mat/0107417; and Romualdo Pastor-Satorras, Alexei Vazquez, Alessandro Vespignani, *Dynamical and Correlation Properties of the Internet*, *Physical Review Letters*, *2001*: Article no. 258701。有关经济聚团性的讨论，参见 Bruce Kogut and Gordon Walker, "The Small World of Germany and the Durability of National Networks," *American Sociological Review* 66 (2001): 317-335。关于生态网络的聚团性，参见 Richard J. Williams, Neo D. Martinez, Eric L. Berlow, Jennifer A. Dunne, and Albert-László Barabási, *Two Degrees of Separation in Complex Food Webs*, http://www, santafe.edu/sfi/publications/Abstracts/01–07–036abs.html。

第 72 页 复杂网络聚团性的其他例子，参见 R. Albert and A-L. Barabási, "Statistical Mechanics of Complex Networks," *Reviews of Modem Physics* 74, No. 1 (January 2002), 47–97。

第 73 页 瓦茨和斯托加茨提出的最初模型发表在 *Nature* 393 (1998):440–442。该模型没有额外添加链接，而是对一些已有的链接进行重连，使之连向距离远的节点，其效果相同。这里描述的版本是由纽曼和瓦茨提出的，参见 "Renormalization Group Analysis of the Small-World Network Model," *Physics Letters*, A, 263 (1999): 341; "Scaling and Percolation in the Small-World Network Model," *Physical Review*, E, 60 (1999): 7332。由于该模型的算法简单，和瓦茨-斯托加茨的模型相比，想要计算这类模型性质的人更喜欢使用该模型。

第5链 枢纽节点和连接者

第81页 Malcolm Gladwell, *The Tipping Point* (New York: Little, Brown, 2000)。

第81页 格拉德威尔使用的电话黄页是社会学家发明的，用来估计人们的社会联系数。最近有一个综述介绍了度量个人社会联系大小的方法。参见 Linton C. Freeman and Claire R. Thompson, "Estimating Acquaintanceship Volume," in *The Small World*, ed. Manfred Kochen (Norwood, N.J.: Ablex, 1989), 147–158。

第83页 在技术层面上，我们可以很容易找出某个网页有多少个导出链接，只要访问该网页，数一下上面的URL个数即可。然而，数出导入链接的个数就相对困难了。一个文档的导入链接是指从其他网页指向该文档的链接。例如，我的研究生有各自的个人主页，这些网页都有链接指向我的主页。如果你访问他们的主页，只需要一次点击，就能到达我的主页。然而，你在访问我的主页时，却无法知道有哪些网页指向该网页。为了弄清楚我的网页有多少导入链接，你不得不逐个访问万维网上所有的10亿个网页，看看上面是否有链接指向我的主页。一个网页的导入链接反映了该网页的知名度：网页的导入链接越多，就会有越多的人访问它。更重要的是，网页的导入链接越多，人们在万维网上冲浪时越容易碰到它。如果没有人指向你的主页，那你的网页实际上等于不存在。

第83页 一些搜索引擎，像Google或AltaVista，允许任何人查看指向某个网页的所有网页。要使用这个功能，只需要在搜索框中输入"Link："，后面紧跟你要查看的URL。例如，如果要查看指向 www.nd.edu/~networks 的链接，你可以输入 link:http://www.nd.edu/~networks。

第83页 关于圣母大学网站的研究，参见 Réka Albert, Hawoong Jeong, and Albert-László Barabási, "Diameter of the World Wide Web," *Nature* 401 (1999): 130–131。原始数据中包括网页之间相互连接的信息，你可以重新构造出这个万维网抽样背后的网络，然后判断其中有多少个枢纽节点。如果想获取该原始数据，参见 http://www, nd.edu/-networks/database/index.html。

第84页 关于两亿个网页的研究的概述，参见 A. Broder, R. Kumar, E Maghoul, P.

Raghavan, S. Rajagopalan, R. Stata, A. Tomkins, J. Wiener, "Graph Structure in the Web," paper presented at the Ninth International World Wide Web Conference, http://www9.org/w9cdrom/160/160.html。

第 84 页 使用由这两亿个网页得出的度分布，我们能够判断本书正文中提到的连接度最高的节点的连接度，这是由 A. Tomkins 提供的。

第 84 页 导出链接的个数 k_{out} 完全取决于网页的创立者，因为只有他才能在该网页上添加链接。对于一个典型的网页而言，上面会有多少个链接呢？万维网的强大之处在于它是超文本，网页设计者可以将信息结构化为页面和子页面，这些页面都指向主页面。因此，网页设计的书都会告诫我们，不要把网页设计得太拥挤。首页应该像一个路线图，既能提供信息又便于阅读。所有的细节都应该往后放，添加额外的页面，组织成层次结构，越具体的页面也往后放。那么，一个页面上放多少个链接才不算拥挤呢？一般说来，页面上可以容纳几百个词，大概包括 5 到 15 个链接。如果所有人都按照网页设计书籍的建议，大多数网页的链接都有最优的链接数目，在信息内容最大化和可读性之间取得比较好的平衡。当然，有些页面拥有的链接数会多一些，也有一些会比最优值小一些，这取决于网站管理员的审美观。不过，我们会有一个黄金平均值，很好有人会偏离这个平均值太多。在这个理想的世界中，链接的分布会遵循钟形曲线，用数学语言称之为高斯曲线，峰值出现在最优值附近，非常类似于随机网络模型的预言。

第 84 页 万维网上高度连接的节点通常被称为枢纽节点和权威节点。枢纽节点是指有很多导出链接的节点，权威节点是指拥有很多导入链接的节点。参见 J. Kleinberg, "Authoritative Sources in a Hyperlinked Environment," *Proceedings of the 9th Association for Computing Machinery—Society for Industrial and Applied Mathematics. Symposium on Discrete Algorithms* (1998); extended version in Journal of the ACM, 46 (1999): 604–632。

第 84 页 Craig Fass, Mike Ginelli, and Brian Turtle, *Six Degrees of Kevin Bacon* (New York: Plume, 1996)。

第 86 页 位于弗吉尼亚的 The Oracle of Bacon 网站参见 http://www.cs.virginia.edu/oracle/。

第 88 页 好莱坞演员网络中枢纽节点的重要作用可以通过下面这个例子看出来。玛丽莲·梦露、迈克·迈耶或查理·卓别林到达贝肯的最短路径都经过了同一个演员，那就是罗伯特·瓦格纳。瓦格纳是贝肯的邻居中最重要的枢纽节点，是其和好莱坞之间的关键链接。实际上，瓦格纳至少出演过 101 部电影，拥有 2 017 条链接。虽然他不是连接度最高的演员，但也高居第 24 位，这个排名足以让贝肯羡慕了。

第 90 页 好莱坞演员的排序依据是郑浩雄 2000 年测量出的结果，他下载 IMDb.com 数据库后重新构建了好莱坞背后的网络，据此给出了测量结果。类似的测量结果经常见诸报端。由于数据是在不同时期采集的，连接度最高的演员出现的精确顺序以及他们所拥有的链接数，可能会有一些细微差别。不过，在连接度最高的演员以及他们和好莱坞其他演员之间的间隔方面，这些测量大体上是一致的。

第 91 页 关于细胞的分子网络中存在枢纽节点的证据，参见第 13 链以及下述文献：Hawoong Jeong, Bálint Tombor, Réka Albert, Zoltán N. Oltvai, and Albert-László Barabási, "The Large-Scale Organization of Metabolic Networks," *Nature* 407 (2000): 651; Hawoong Jeong, Sean Mason, Albert-László Barabási, and Zoltán N. Ohvai, "Centrality and Lethality of Protein Networks," *Nature* 411 (2001): 41–42; Andreas Wagner and David Fell, "The Small World Inside Large Metabolic Networks," *Proceedings of the Royal Society of London B*, Vol. 268 (Sept. 7, 2001): 1803–1810。

第 91 页 关于互联网拓扑中的枢纽节点，参见 M. Faloutsos, P. Faloutsos, and C. Faloutsos, "On Power-Law Relationships of the Internet Topology," *Proceedings of ACM Special Interest Group on Data Communication (SIGCOMM)*, 1999 (Cambridge, Mass., Aug. 1999)。

第 91 页 关于电话呼叫网络，参见 J. Abello, P. M. Pardalos, and M. G. C. Resende, *Disc. Math. and Theor. Comp. Sci.*, DIMACS ser., 50 (1999): 119; William Aiello, Fan Chung, Linyuan Lu, *A Random Graph Model for Massive Graphs*, *Proceedings of the 32nd ACM Symposium on Theor. Comp.* (2000)。

第 91 页 Emanuel Rosen, *The Anatomy of Buzz* (New York: Doubleday, 2000)。

第 91 页 有关 FDR 熟人网络的讨论，参见 H. Rosenthal, *Acquaintances and Contacts of Franklin Roosevelt* (master's thesis, Massachusetts Institute of Technology, 1960)。也可以参见 Linton C. Freeman, and Claire R. Thompson, "Estimating Acquaintanceship Volume," 147–158, in *The Small Word*, Edited by Manfred Kochen (Norwood: Ablex, NJ, 1989)。

第 91 页 有关细胞内 p53 网络中枢纽节点的讨论，参见 Bert Vogelstein, David Lane, and Arnold J. Levine, "Surfing the p53 Network," *Nature* 408 (2000): 307–310。

第 92 页 有关关键物种的讨论，参见 Simon Levin, *Fragile Dominion* (Cambridge, Mass.: Perseus, 1999)。关于枢纽节点和关键物种的讨论，参见 Ricard V. Solé and José M. Montoya, *Complexity and Fragility in Ecological Networks*, http://www.santafe.edu/sfi/publications/Abstracts/00-11-060 abs.html。

第 6 链　幂律

第 97 页 关于帕累托的奇闻轶事很多地方都提到过，譬如：Arthur Livingston 的英译本 Trattato di Sociologia Generale, *The Mind and Society* (New York: Harcourt Brace, 1942) 中的传记注释。

第 98 页 商业领域发表了大量关于 80/20 定律文章，最终形成了一本关于它的书。参见 Richard Koch, *The 80/20 Principle*—The Secret to Success by Achieving More with Less (New York: Currency, 1998)。

第 99 页 "幂律可以刻画万维网的拓扑" 这一发现，最早见于 Réka Albert, Hawoong Jeong, and Albert-László Barabási, "Diameter of the World Wide Web," *Nature* 401 (1999): 130–131。一个独立的研究也得出了同样的结论，参见 R. Kumar, P. Raghavan, S. Rajalopagan, and A. Tomkins, "Extracting Large-Scale Knowledge Bases from the Web," *Proceedings of the 9th ACM Symposium on Principles of Database Systems* 1 (1999)。

第 100 页 在科学论文中，度分布的幂律性质通常写成概率的形式。一个随机选择的节点恰好拥有 k 条链接的概率服从分布 $P(k)\sim k^{-\gamma}$，这里 γ 被称为度指数。

第 100 页 关于幂律的介绍以及幂律在多种系统中的出现，参见 Mark Buchanan, *Ubiquity: The Science of History...Or Why the World Is Simpler Than We Think* (New York: Crown Publishers, 2001)。关于幂律出现在另一个已经被深入研究的领域——自组织临界点方面的文献，参见 Per Bak, *How Nature Works* (Oxford, England: Oxford University Press, 1996)。

第 101 页 要了解好莱坞演员网络的幂律性质，参见 Albert-László Barabási and Réka Albert, "Emergence of Scaling in Random Networks," *Science* 286 (1999), 509–512; Albert-László Barabási, Réka Albert, and Hawoong Jeong, "Mean-Field Theory for Scale-Free Random Networks," *Physica A*, 272 (1999), 173–187。

第 101 页 有关科学合作网络中的幂律，参见 A.-L. Barabási, H. Jeong, E. Ravasz, Z. Néda, T. Vicsek, A. Schubert, *On the Topology of the Scientific Collaboration Networks*, http://xxx.lanl.gov/abs/cond-mat/0104162。类似的结果由马克·纽曼在物理学家、计算机科学家以及其他领域学者的合作网络中独立得到，参见 M. E. J. Newman, "The Structure of Scientific Collaboration Networks," *Proceedings of the National Academy of Sciences* 98 (2001): 404–409; "Scientific Collaboration Networks: I. Network Construction and Fundamental Results," *Physics Review*, E 64 (2001), 016131; "Scientific Collaboration Networks: II. Shortest Paths, Weighted Networks, and Centrality," *Physics Review*, E 64 (2001): 016132。

第 101 页 关于细胞中的幂律，参见 H. Jeong, B. Tombor, R. Albert, Z. N. Oltvai, and A.-L. Barabási, "The Large-Scale Organization of Metabolic Networks," *Nature* 407 (2000): 651–654; Hawoong Jeong, Sean Mason, Albert-László Barabási, and Zoltán N. Oltvai, "Lethality and Centrality in Protein Networks," *Nature* 411 (2001): 41–42; Adreas Wagner and David A. Fell, "The Small World Inside Large Metabolic Networks," *Proceeding of the Royal Society, London*, 268 (2001): 1803–1810。

第 101 页 关于科学引用的次数，参见 "How Popular Is Your Paper? An Empirical Study of the Citation Distribution," *Euro. Phys. Journal*, B, 4 (1998), 131; 也可以参见 S. Bilke and C. Peterson, "Topological Properties of Citation and Metabolic Networks," *Physical Review*, E 64 (2001): 036106。

第 102 页 没错，美国航空路线图是由航空公司精心设计的，目的是让利润最大化。其结果，正如路易斯·阿马拉尔及其在波士顿大学的同事所证明的那样，机场乘客数的分布有一个指数尾巴。然而，由于该网络的拓扑是由枢纽节点主导的，它具有幂律网络的所有可见属性。因此，这是一个很好的例子，能够让人想起无尺度网络的主要特征。关于航空系统的研究，参见 L. A. N. Amaral, A. Scala, M. Barthélémy, and H. E. Stanley, "Classes of Small-World Net-works," *Proceedings of the National Academy of Sciences* 97(2000): 11149–11152。

第 105 页 为大众读者而写的，有关水的丰富而令人着迷的介绍，参见 Philip Ball, *Life's Matrix* (New York: Farrar, Straus and Giroux, 1999)。

第 105 页 关于临界现象中预重整组（prerenormalization-group）的精辟论述，参见 H. Eugene Stanley, *Introduction to Phase Transitions and Critical Phenomena* (Oxford, England: Oxford University Press, 1971)。

第 106 页 注意，尽管水和磁体都经历相变，但方式却极为不同。从水到冰的相变，被物理学家称为一阶相变，意思是说，相关的热力学量在相变点上是不连续变化的（即跳跃）。相反，磁体表现出的是二阶相变（即热力学量在相变点连续变化）。这说明，用来描述这些不同相变的理论工具，虽然起源相同，但在事情本质上却非常不同。在接近临界点时，只有二阶相变总能形成幂律。

第 106 页 卡达诺夫的圣诞节发现由利奥·卡达诺夫在临界现象历史背景中进行了回顾，参见 Leo P. Kadanoff's, *From Order to Chaos, Essays: Critical, Chaotic and Otherwise* (Singapore: World Scientific, 1993): 157-163。卡达诺夫和其他人共享这份贡献，因为他提出的尺度原理由其他一些研究人员独立发现了，包括 Michael Fisher、Ben Widom、A. Z. Patashinskii 和 V. L. Pokrovskii。威尔逊之所以因为临界现象的研究而独自获得了诺贝尔奖，是因为临界现象的关键前提——尺度概念被太多人独立发现了。很可惜，这一奖项让一些真正关键的科学贡献未能得到应有的荣誉。我们很多人认为，其他人的关键贡献也同样值得我们认可和尊重。

第 108 页 关于威尔逊的两篇开创性论文，参见 Kenneth G. Wilson, "Renormalization Group and Critical Phenomena: I. Renormalization Group and the Kadanoff Scaling Picture," *Physics Review*, B, 4 (1971): 3174–3183; "Renormalization Group and Critical Phenomena. II. Phase-Space Cell Analysis of Critical Behavior," *Physical Review* B, 4 (1971): 3184–3205. 关于这个领域的教学评论，参见J. J. Binney, N. J. Dowrick, A. J. Fisher, and M. E. J. Newman, *The Theory of Critical Phenomena: An Introduction to the Renormaiization Group* (Oxford, England: Oxford University Press, 1992)。

第 109 页 二阶相变通常是可逆的，这意味着，我们观察到幂律和我们跨过临界点的方向没有关系，无论是从有序到无序，还是沿着相反的方向从无序到有序，都能观察到幂律。

第 110 页 普适性成为理解很多不相干现象的指导原则。普适性告诉我们，支配着复杂系统的物理定律以及从无序到有序的相变都是简单的、可重现的，且无处不在的。我现在知道了，导致雪花是六个瓣的普适机制，也控制着视网膜神经细胞的形状。幂律和普适性出现在经济系统中，描述公司如何生长以及棉花价格如何波动。它们能够解释鸟类和鱼类是如何成群的、地震在强度上是如何区分的。它们是 20 世纪后半期两个重要发现背后的指导原则：混沌和分形。因此，发生在 80 年代和 90 年代的统计力学的第二次革命，其焦点集中于一个重要问题：幂律如何能够出现在许多不同的系统中，而有些系统似乎并没有经历相变。作为统计力学的子领域，自组织临界点将很多研究人员联合起来，以期能够给出该问题的通用性答案。

第 110 页 说出是谁提出了尺度和重整组概念，相对比较容易。找出普适性概念的起源，就要难得多了。卡达诺夫在完成其关于尺度的开创性论文一年后，在一篇综述文章中提到了普适性。他记得自己是在莫斯科酒吧里和两位著名的俄罗斯物理学家聊天时听到的。这两位物理学家的研究领域处于相变和场论的边界上，这是物理学的一个分支，经常被粒子物理和凝聚物质物理涉及。然而，普适性在统计力学中已经被其他一些人

在不同背景下使用过。不过，很少有人注意到，普适性已经有了新的含义：在经历从无序到有序的相变时，差异很大的系统会具有同样的性质。

第 7 链　富者愈富

第 117 页 这篇在飞机上写就的论文在五个月后发表了，参见 Albert-László Barabási and Réka Albert, "Emergence of Scaling in Random Networks," *Science* 286 (1999): 509–512。

第 118 页 关于未来十年万维网上存放的信息量，参见 Phil Bernstein, Michael Brodie, Stefano Ceri, David DeWitt, Mike Franklin, Hector Garcia-Molina, Jim Gray, Jerry Held, Joe Hellerstein, H. V. Jagadish, Michael Lesk, Dave Maier, Jeff Naughton, Hamid Pirahesh, Mike Stonebraker, and Jeff Ullman, "The Asilomar Report on Database Research," *ACM Sigmod Record* 27, no. 4 (1998): 74–80。

第 118 页 有关好莱坞演员网络生长的信息，是基于郑浩雄从 IMDb.com 数据库采集的数据得到的。

第 120 页 关于模型 A 的详细分析，参见 Albert-László Barabási, Réka Albert, and Hawoong Jeong, "Mean-Field Theory for Scale-Free Random Networks," *Physica* A, 272 (1999): 173–187。

第 121 页 关于在线广告预算方面的信息，参见 Michell Jeffers and Evanthei Schibsted, "The Sizzle: What's New and Now in Marketing and Advertising for E-Business and E-Commerce," *Business* 2.0 (May 2000): 161–162。

第 121 页 当然，涉及消息来源时，我们都有相似的偏好，希望浏览能给我们提供有趣及时消息的少数几个网站。不过，对于不那么主流的话题，我们的选择也就不那么好预测了，因此也更随机一些。实际上，可能只有同学才会将链接指向高中朋友的网页。然而，在绝大多数情况下，我们遵循着一种下意识的偏好，将链接指向连通性更好的节点。

第 121 页 网络中存在偏好连接的直接定量证据，可以在很多网络中找到了，包括互联网、好莱坞演员网络、合作网络和引文网络。参见 H. Jeong, Z. Néda, A.-L. Barabási, "Measuring Preferential Attachment for Evolving Networks," http://xxx.lanl.gov/abs/cond-mat/ 0104131; M. E. J, Newman, "Clustering and Preferential Attachment in Growing Networks," *Physical Review*, E 64, (2001): 025102; Ramualdo Pastor-Satorras, Alexei Vazquez, Alessandro Vespignani, "Dynamical and Correlation Properties of the Internet," *Physical Review Letters*, 87(2001): 258701; K. A. Eriksen, and M. Hornquist, "Scale-Free Growing Networks Imply Preferential Attachment," *Physical Review*, E 65, (2001): 017102。

第 123 页 无尺度模型以及两个基本概念——生长机制和偏好连接，都是在以下文献中提出的，包括：Albert-László Barabási and Réka Albert, "Emergence of Scaling in Random Networks," *Science* 286 (1999): 509–512; Albert-László Barabási, Réka Albert, and Hawoong Jeong, "Mean-Field Theory for Scale-Free Random Networks," *Physica* A, 272 (1999): 173–187。注意，为了简单起见，在本书讨论的例子中，我们让每个新节点和两个其他节点相连。一般来说，这些节点可以和任意数目的节点相连，且不会改变模型的基本特征。

第 125 页 无尺度模型能够产生度指数为 3 的幂律，这已经被埃尔德什以前的一些合作者精确证明了。参见 B. Bollobás, O. Riordan, J. Spencer, G. Tusnády, "The Degree Sequence of a Scale-Free Random Graph Process," *Random Structures and Algorithms* 18 (May 2001): 279–290。

第 126 页 无尺度模型后来进行了扩展，将内部链接包括了进去，该工作参见 Réka Albert and Albert-László Barabási, "Topology of Evolving Networks: Local Events and Universality," *Physical Review Letters* 85(2000): 5234。

第 126 页 波士顿大学研究组在节点老化方面的研究工作，参见 L. A. N. Amaral, A. Scala, M. Barthélémy, and H. E. Stanley, "Classes of Small-World Networks," *Proceedings of the National Academy of Sciences* 97 (2000): 11149–11152。

第 126 页 波尔图的研究组发表了两篇非常相近的论文，参见 S. N. Dorogovtsev, J. F. F. Mendes, "Evolution of Reference Networks with Aging," *Physical Review*, E 62(2000): 1842; S. N. Dorogovtsev, F. F. Mendes, and A. N. Samukhim, "Structure of Growing Net-

works with Preferential Linking" *Physical Review Letters* 85 (2000): 4633。

第 127 页 无尺度网络拓扑上的非线性效应，说明连接速率可能是正比于 $k^{-\gamma}$，该工作参见 P. L. Krapivsky, S. Redner, and F. Leyvraz, "Connectivity of Growing Random Networks," *Physical Review Letters* 85 (2000): 4629–4632。

第 127 页 关于无尺度模型各种扩展的详细总结以及关于复杂网络领域的一般性总结，参见最近两篇综述论文：S. N. Dorogovtsev and J. F. F. Mendes, "Evolution of Networks," *Advances in Physics* (in press, 2002); Réka Albert and Albert-László Barabási, "Statistical Mechanics of Complex Networks," *Reviews of Modern Physics* 74, (Jan. 2002): 47–97。

第 129 页 一些研究组研究了语言的无尺度性质。我和宋勋毓、郑浩雄一起把所有的同义词用链接联系起来，发现所得到的网络具有无尺度拓扑。我们从未发表这一结果。不过，许多研究组已经发表过分析语言网络的优秀论文，他们用于定义链接的标准虽然不同，却都发现了无尺度拓扑。参见 Ramon Ferrer i Cancho and Ricard V. Solé, "The Small-World of Human Language," *Proceedings of the Royal Society of London* B, 268 (2001): 2261–2265; Mariano Sigman and Guillermo Cecchi, Global Organization of the Wordnet Lexicon, Proceedings of the National Academy of Sciences, 99 (2002): 1742–1747. S.N. Dorogovtsev, J. E F. Mendes, "Language as an Evolving Word Web," *Proceedings of the Royal Society of London* B 268 (Dec. 2001): 2603–2606。

第 8 链　爱因斯坦的馈赠

第 133 页 雅虎公司在 2000 年 6 月 26 日起不再将 Inktomi 作为其默认搜索引擎，转而使用 Google 提供的搜索引擎。各大媒体都报道了这一事件。按照预期，雅虎取消和 Inktomi 的合作并不会立即对 Inktomi 的财务状况造成影响。因为那时候 Inktomi 有 80 多个客户，而和雅虎的合作只占 Inktomi 收入的不到 2%。然而，Inktomi 在纳斯达克的股票暴跌 $25^{5}/_{16}$ 点，跌到了 $115^{1}/_{16}$ 点。

第 133 页 互联网档案馆专题研讨会于 2000 年 3 月 8 日在档案馆所在地，圣弗朗西斯科的普雷西迪奥召开。关于互联网档案馆创办目标的更多信息，参见第 12 链。

第 134 页 关于牛顿掌上电脑诞生的详细图片介绍，参见 Doug Menuez, Markos Kounalakis, and Paus Saffo, *Defying Gravity: The Making of Newton* (Hillsboro, Ore.: Beyond Words, 1993)。可惜的是，随着牛顿掌上电脑进入市场，这本书在精彩部分戛然而止了。

第 134 页 有关商业中后来居上案例的详细介绍，参见 Joan Indiana Rigdon, "The Second-Mover Advantage," *Red Herring*, September 1,2000。

第 137 页 适应度模型发表于 G. Bianconi, A.-L. Barabási, "Competition and Multiscaling in Evolving Networks, *Europhysics Letters* 54 (May 2001): 436–442。关于该模型的扩展，譬如将真实网络中发生的附加效应通过相加或相乘的方式引入到适应度模型，参见 G. Ergun and G. J. Rodgers, *Growing Random Networks with Fitness*, *Physica* A 303 (Jan. 2002): 261–272。

第 139 页 关于玻色–爱因斯坦关系的详细历史记录以及玻色 - 爱因斯坦凝聚想法的诞生，参见 William Blanpied, "Einstein as Guru? The Case of Bose," in *Einstein*: *The First Hundred Years*, ed. Maurice Goldsmith, Alan Mackay, and James Woudhuysen (Oxford, England: Pergamon Press, 1980), 93–99。也可以参见 Albrech Fölsing, *Albert Einstein*: *A Biography* (New York: Viking, 1997)。

第 141 页 1938 年，彼得·卡皮查（Pyotr Kapitza）和约翰·阿伦（John F. Allen）发现了玻色–爱因斯坦凝聚的一种奇怪表现。常用于充气球的氦气在开尔文温度 2.2 度以下会经历玻色–爱因斯坦凝聚，变成超流体。氦气的这一新状态具有一种令人惊讶的特性——丧失了粘性，使这种流体可以沿着容器壁向上滑出容器。想象一下，早上起来发现咖啡顺着杯子的壁爬上去，洒到了外面。不可思议吧，不过氦气的确能做到这一点，这是玻色–爱因斯坦凝聚的可见表现。

第 141 页 关于玻色–爱因斯坦凝聚的新发现及潜在应用的入门级介绍，可以参见 Graham P. Collins, "The Coolest Gas in the Universe," *Scientific American* (Dec. 2000): 92-99; Wolfgang Ketterle, "Experimental Studies of Bose-Einstein Condensation," *Physics Today* 52 (Dec. 1999): 30–35; Eric A. Cornell and Carl E. Wieman, "The Bose-Einstein Condensate," *Scientific American* (Mar. 1998): 40–45。

第 142 页 网络和玻色–爱因斯坦凝聚之间的联系发表在 G. Bianconi and A.-L. Barabási, "Bose-Einstein Condensation in Complex Networks," *Physical Review Letters*, 86 (June 2001): 5632–5635。一些研究人员对此项工作进行了扩展，他们指出，"胜者通吃"现象不需要和量子力学联系起来就能描述。参见 S. N. Dorogovtsev and J. F. F. Mendes, "Evolution of random networks," *Advances in Physics* (in press, 2002)。

第 143 页 玻色–爱因斯坦凝聚并不是证明量子力学在复杂网络研究中有用途的唯一领域。随机矩阵的谱特性是 20 世纪 60 年代由尤金·维格纳（Eugene Wigner）开创的领域，是关于复杂网络谱特性研究的起点。例如，I. J. Farkas, I. Derenyi, A. L. Barabási, I. Vicsek, "Spectra of 'Real-World' Graphs: Beyond the Semi-Circle Law," *Physical Review* E 64 (2001): 026704; K. I. Goh, B. Kahng, D. Kim, "Spectra and Eigenvectors of Scale-Free Networks," *Physical Review* E 64 (2001): 051903。场论是量子力学的数学分支，也被应用到复杂网络研究中。参见 A. Krzgwicki, "Defining Statistical Ensembles of Random Graphs," http://www.laml.gov/abs/cond-mat/ 0110574; Z. Burda, J. D. Correia, A. Krzgwicki, "Statistical Ensemble of Scale-Free Random Graphs," *Physical Review* E 64(2001): 046118。

第 144 页 注意，在具有非线性偏好连接机制的网络中存在一种和玻色–爱因斯坦凝聚非常类似的现象。参见 . L. Krapivsky, S. Redner, and E Leyvraz, "Connectivity of Growing Random Networks," *Physical Review Letters*, 85 (2000): 4629–4632。

第 145 页 描述操作系统市场的网络被称为二部图。二部图由两类不同的节点集合组成，每个节点只允许连向另一个集合的节点，同一个集合的节点之间不允许有直接链接。在微软的例子中，一类节点是操作系统，另一类节点是选择（即建立链接）操作系统的众多用户。类似的二部图也可以描述好莱坞网络。其中一类节点是演员，另一类是他们所出演的电影。在这个二部图中，演员之间彼此不相连。演员只和他们出演的电影相连接。从这个二部图出发，在连向同一部电影的演员之间建立链接，便可以很容易地构建出第 5 链讨论的演员网络。关于二部图的讨论，可以参见 M. E. J. Newman, S. H. Strogatz, and D. J. Watts, "Random Graphs with Arbitrary Degree Distributions and Their Applications," *Physical Review* E, 64, (2001): 026118; Steven H. Strogatz, "Exploring Complex Networks," *Nature* 410 (2001): 268-276。

第 145 页 关于操作系统的历史，参见 Neal Stephenson, *In the Beginning Was the Command Line*, http://www, cryptonomicon.com。

第 147 页 计算机制造商市场份额的数据由 IDC 提供，可以在 http://www.idc.com/ 获得。

第 147 页 操作系统市场份额的信息来自 Stephanie Miles and Joe Wilcox, "Windows 95 Remains the Most Popular Operating System," *Cnet.com*, July 20, 1999。

第 148 页 有些系统不得不使用适应度来解释其网络拓扑，互联网就是一个例子。参见 Romualdo Pastor-Satorras, Alexei Vazquez, and Alessandro Vespignani, "Dynamical and Correlation Properties of the Internet," *Physical Review Letters*, 87 (2001): 258701。

第 9 链　阿喀琉斯之踵

第 153 页 关于 1996 年 7 月 2 日丹佛大面积停电的详细描述，可以参见 L. M. Collins, "Power Grid Fails, Blackout Affects 1.5 Million in West," *Denver News-Times*, July 3, 1996; "Power Grid Fails, Blackout Affects Millions in West," Nando.net, July 2, 1996. For the August repeat of the same event, see *Sagging power lines, hot weather blamed for blackout*, CNN, August 11, 1996。

第 154 页 美国遭遇的各种电力故障以及电路网络的脆弱性，受到大众媒体和一些专业组织的广泛讨论。参见 Massoud Amin, "Toward Self-Healing Infrastructure Systems," *IEEE Computer* (Aug. 2000): 2–11; D. N. Kosterev, C. W. Taylor, and W. A. Mittlestadt, "Model Validation of the August 10, 1996 WSCC System Outage," *IEEE Transactions on Power Systems* 14 (Aug. 1999): 967-977。关于违规操作及其对基础设施造成的影响，相关的讨论参见 Alan Weisman, "Power Trip: The Coming Darkness of Electricity Deregulation," *Harper's*, Oct. 2000, 76–85。

第 155 页 关于地球上的物种数量、物种多样性和物种灭绝的讨论，参见 Robert M. May, "How Many Species Inhabit the Earth?" *Scientific American*, Oct. 1992, 42–48; Joel L. Swerdlow, "Biodiversity: Taking Stock of Life," *National Geographic* 192 (Feb. 1999): 2–41; Virginia Morell, "The Sixth Extinction," *National Geographic* 192 (Feb. 1999): 43–59。

第 155 页 自然界的健壮性通常被认为源于自然界的冗余性，而冗余性是很多网络的

固有性质，人类设计的系统却大多缺乏这一性质。在大多数网络中，大多数节点之间存在大量的可替代路径。例如，通过当地参议员联系到总统可能是条捷径，但他们也绝不是不可或缺的。如果参议员拒绝帮忙引荐，还有很多其他途径，而且通过这些途径联系到总统和通过参议员引荐需要的跳数同样少。互联网具有类似的冗余性。如果一个路由器不工作了，消息可以通过其他路径进行路由。冗余性同样出现在生态系统中。很少有哪个捕食者只依赖单一物种生存。实际上，随着老鼠的地位上升到家庭宠物，猫只好不情愿地改吃罐头食品了。可替代路由是冗余性和容错性的重要源头。也就是说，在大多数自然系统中，一些节点出现故障并不是致命的，因它们故障而消失的路径可以被其他众多替代路径来代替。很多人可能都经历过这种现象，当从广播里听到到达目的地的最短道路堵塞之后，我们会选择一条替代路径达到目的地。或者，遇到恶劣天气或者航班取消的情形，我们也会寻找替代路径。但是，是否有冗余性之外的某种东西能够产生健壮性呢？

第 156 页 通过随机节点删除使随机网络瘫痪是一个逆向渗漏问题。渗流理论告诉我们，网络从破碎状态变化到完全连通状态，是一种二阶相变。关于渗流的综述，参见 D. Stauffer and A. Aharony, *Introduction to Percolation Theory* (London: Taylor and Francis, 1994); A. Bunde and S. Havlin, eds., Fractals and Disordered Systems (Berlin: Springer, 1996); idem, eds., *Fractals in Science*, (Berlin: Springer, 1995)。

第 157 页 我们的容错研究表明，无尺度网络对于随机攻击并不脆弱。相关论文参见 Réka Albert, Hawoong Jeong, and Albert-László Barabási, “Attack and Error Tolerance of Complex Networks,” *Nature* 406 (2000): 378。相关的综述和报道，参见 News & Views article, Yuhai Tu, “How Robust Is the Internet?” *Nature* 406 (2000): 353–354。

第 157 页 关于互联网稳定性的讨论，参见 Craig Labovitz, Abha Almja, and Farnam Jahanian, “Experimental Study of Internet Stability and Wide-Area Backbone Failures,” *Proceedings of Institute of Electrical and Electronics Engineer (IEEE) Symposium on Fault-Tolerant Computing FTCS* (Madison, Wis.: June 1999)。

第 158 页 说到健壮性，我们不能忽视复杂系统的动态性质。已知的具有健壮性的大多数系统具有大量的控制和反馈回路，以保证这些系统能够应对错误和故障。实际上，互联网协议在设计时，就考虑到了要绕过故障路由器。细胞有大量的反馈机制来纠正错误，分解出错的蛋白质，关闭有故障的基因。然而，通过计算机模拟，我们发现了容错性的新组成部分。我们知道了，自然界精心选择了大多数复杂系统的结构，使其具有高度的容错性。仅靠拓扑结构优势，这些系统就具备了高度的弹性——我们称之为拓扑健壮性。

第 159 页 计算无尺度网络的渗流阈值，参见 Reuven Cohen, Keren Erez, Daniel ben-Avraham, and Shlomo Havlin, "Resilience of the Internet to Random Breakdowns," *Physical Review Letters* 85 (2000): 4626。还有一些独立的研究发现了类似的结果，参见 D. S. Callaway, M. E. J. Newman, S. H. Strogatz, and D. J. Watts, "Network robustness and fragility: Percolation on random graphs," *Physical Review Letters* 85 (2000): 5468–5471。

第 159 页 MafiaBoy 的相关链接，参见 http://www.mafiaboy, com。

第 159 页 注意，并不是所有人都相信"操作合格接收机"真的存在。一些评论家认为，这只不过是五角大楼的传闻，被记者传来传去罢了。参见 http://www. soci. niu. edu/~crypt/other/eligib.htm。

第 160 页 据计算机互联网字典 (http: //www. computeruser.com/resources/dictionary/dictionary.html) 的解释，骇客是指"在未经授权的情况下，侵入计算机系统的人，他们有的是出于恶意，有的只是为了炫耀技术"。相比而言，黑客则"计算机知识丰富且具有创造性的编程技巧，通常具有使用汇编语言或底层语言编程的能力。"黑客可以指能够探测出系统的弱点、发现系统漏洞的编程专家。因此，为了和出于好意的黑客区分开来，我们用"骇客"一词来表示对互联网发起恶意攻击的人。更详细的讨论，参见 Pekka Hirnanen, *The Hacker Ethic and the Spirit of the Information Age* (New York: Random House, 2001); Richard Power, *Tangled Web*: *Tales of Digital Crime from the Shadows of Cyberspace* (Indianapolis, Ind.: Que, 2000); Steven Levy, *Hackers*: *Heroes of the Computer Revolution* (New York: Penguin Books, 1994)。

第 160 页 首次探讨网络面对攻击时的脆弱性和探讨容错性的论文是同一篇。参见 Réka Albert, Hawoong Jeong, and Albert-László Barabási, "Attack and Error Tolerance of

Complex Networks," *Nature* 406 (2000): 378。

第 162 页 关于攻击问题的分析方法，参见 Reuven Cohen, Keren Erez, Daniel ben-Avraham, and Shlomo Havlin, "Breakdown of the Internet un-der Intentional Attack," *Physical Review Letters* 86 (2001): 3682; and D, S. Callaway, M. E. J. Newman, S. H. Strogatz, and D. J. Watts, "Network robustness and fragility: Percolation on random graphs," *Physical Review Letters* 85 (2000): 5468–5471。

第 162 页 蛋白质网络抵抗基因突变和药物攻击的弹性，参见 Hawoong Jeong, Sean Mason, Albert-lászló Barabási, and Zoltán N. Oltvai, "Lethality and Centrality in Protein Networks," *Nature* 411 (2001): 41–42。

第 162 页 生态系统在去除某个关键物种后会瘫痪，相关讨论参见 Ricard V. Solé and José M. Montoya, *Complexity and Fragility in Ecological Networks*, http://xxx.lanl.gov/abs/cond-mat/0011196 和 Ferenc Jordán and István Scheuring, "Can Keystones Help in Background Extinction?" (preprint, 2000)。人类活动对生态系统稳定性和生态系统瘫痪的影响，参见 Stuart L. Pimm and Peter Raven, "Biodiversity: Extinction by Numbers," Nature 403 (2000): 843–845. 生物多样性的保护，参见 Norman Myers, Russell A. Mittermeier, Cristina G. Mittermeier, Gustavo A. B. da Fonseca, and Jennifer Kent, "Biodiversity Hotspots for Conservation Priorities," *Nature* 403 (2000): 853–858。一些热点地区的著名摄影报道，参见 Russell A. Mittermeier, Norman Myers, Patricio Robles Gil, and Cristina G. Mittermeier, *Hotspots*: *Earth's Biologically Richest and Most Endangered Terrestrial Ecoregions* (Mexico City: Cemex Conservation International, 2000)。

第 163 页 使用"阿喀琉斯之踵"一词描述网络和互联网的脆弱性，是 Janet Kelley 在我为其解释我们发现的结果时向我建议的。最初，这个说法出现在了我们发表于《自然》杂志的论文标题中，不过只是出现在了封面上。

第 163 页 "关键物种"这一概念是由罗伯特·佩恩引入的，参见 R. T. Paine, "A Note on Trophic Complexity and Community Stability," *American Naturalist*, 103 (Jan.-Feb. 1969): 91–93. 关于海獭的一般性讨论，参见 Chapter 1 in Simon Levin, *Fragile Domin-*

ion: *Complexity and the Commons* (Cambridge, Mass.: Perseus, 1999)。

第 164 页 关于 1996 年夏季的电力瘫痪，详细的讨论参见 D. N. Kosterev, C. W. Taylor, and W. A. Mittlestadt, "Model Validation of the August 10, 1996, WSCC System Outage," *IEEE Transactions on Power Systems* 14 (Aug. 1999): 967–977。

第 166 页 关于级联失效的讨论，参见 Duncan J. Watts, *A Simple Model of Fads and Cascading Failures*, http://www.santafe.edu/sfi/publications/Abstracts/00-12-062abs.html。

第 10 链　病毒和时尚

第 173 页 将盖坦·杜加斯作为首例艾滋病人，参见 Randy Shilts, *And the Band Played On* (New York: St. Martin's Press, 2000)，这是一个逐日增加的关于艾滋病传播的记录。关于艾滋病传播的最新记录，参见 "Nature Insight—AIDS," *Nature* 410, no. 9 (2001): 961–1007。

第 174 页 迈克·科林斯和佛罗里达选票漫画的故事，是科林斯告诉罗布·曼德尔鲍姆（Robb Mandelbaum）的，参见 "Only in America," *New York Times Magazine*, Nov. 26, 2000。

第 176 页 有关传染病和疾病的信息，参见 Rob DeSalle, ed., *Epidemic! The World of Infectious Disease* (New York: New Press, 1999)。

第 176 页 注意，不同的扩散过程之间有着重要的差别，像思想传播或病毒传播。例如，很多疾病可以治愈，便不会再继续传播; 或者，康复者体内会产生抗体，不能再被感染。关于思想，虽然你能够拒绝接受，但一旦你接受了，你就会继续传播。另外，有些病毒，比如埃博拉病毒，会快速杀死宿主，宿主能够传播该病毒的时间很短，这种现象在潮流和思想传播中也不存在。虽然有这么多差别，潮流传播、生物病毒传播以及计算机病毒传播，在很多根本特征上是非常相似的，因此我们经常将它们混为一谈。

第 177 页 关于艾奥瓦州农场主的研究，发表在 Bryce Ryan and Neal C. Gross, "The Diffusion of Hybrid Seed Com In Two Iowa Communities," *Rural Sociology* 8, no. 1 (1943): 15–24。

第 178 页 钟形曲线的简单描述及其对口碑和营销的影响，参见 Emanuel Rosen, *The Anatomy of Buzz* (New York: Doubleday, 2000), 94–95。

第 178 页 针对物理学家的研究，参见 James Coleman, Elihu Katz, and Herbert Menzel, "The Diffusion of an Innovation Among Physicians," *Sociometry* 20, no. 4 (1957): 253–270)。关于意见领袖的早期研究，参见 Elihu Katz and Paul F. Lazarsfeld, *Personal Influence: The Part Played by People in the Flow of Mass Communications* (Glencoe, III., Free Press, 1955)。

第 182 页 有关阈值模型，参见 Mark Granovetter, "Threshold Models of Collective Behavior," *American Journal of Sociology* 83, no. 6 (1978): 1420–1443。有关该主题的综述，也可以参见 Thomas W. Valente, *Network Models of the Diffusion of Innovations* (Cresskill, N.Y.: Hampton Press, 1995); Eric Abrahamson and Lori Rosenkopf, "Social Network Effects on the Extent of Innovation Diffusion: A Computer Simulation," *Organization Science* 8, no. 3 (1997): 289–309。

第 183 页 关于"爱虫"病毒的大众读物，参见 Lev Grossman, "Attack of the Love Bug," *Time*, May 15, 2000。

第 184 页 通过邮件传播的计算机病毒，譬如爱虫病毒，是在由电子邮件用户形成的社会网络上传播的，该网络的节点是电子邮件用户，他们通过发送邮件彼此联系起来。最近，德国科学家证明，该网络是无尺度的。参见 Holger Ebel, Latz-Ingo Mielsch, Stefan Bornholdt, Scale-Free Topology of Email Net-works, http://xxx.lanl.gov/abs/cond-mat/0201476。

第 185 页 关于计算机病毒传播的介绍性文章，参见 Jeffrey O. Kephart, Gregory B. Sorkin, David M. Chess, and Steve R. White, "Fighting Computer Viruses," *Scientific American* (Nov. 1997): 88–93。更详细的方法，参见 Jeffrey O. Kephart, Gregory B. Sorkin, William C. Arnold, David M. Chess, Gerald J. Tesauro, and Steve R. White, "Biologically Inspired Defenses Against Computer Viruses," in *Machine Learning and Data Mining: Methods and Applications*, ed. R. S. Michalski (New York: John Wiley, 1998); Steve R.

White, “Open Problems in Virus Research,” *International Virus Bulletin* (Munich, Germany, Oct. 22–23, 1998)。

第 186 页 无尺度网络上不存在传播阈值，相关介绍参见 Romualdo Pastor-Satorras and Alessandro Vespignani, “Epidemic Spreading in Scale-Free Networks,” *Physical Review Letters* 86 (2001): 3200–3203; Epidemic Dynamics and Endemic States in Complex Networks, *Physical Review*, E 63 (2001): 066117。针对这些结果的评论，参见 Alun L. Lloyd and Robert M. May, “How Viruses Spread Among Computers and People,” *Science* 292 (2001): 1316。

第 189 页 Fredrik Liljeros, Christofer R. Edling, Luis A. Nunes Amaral, H. Eugene Stanley, and Yvonne Aberg, “The Web of Human Sexual Contacts,” *Nature*, 411 (2001): 907–908。这个斯德哥尔摩–波士顿发现背后的故事，是该论文的前两个作者弗雷德里克·里耶罗斯和克里斯托弗·爱德林（Christopher R. Edling）告诉我的。

第 189 页 的里亚斯特的研究预言，当度指数 γ 小于 3 时，无尺度网络的扩散阈值就会消失。当度指数大于临界值 3 时，阈值会出现，其行为和随机网络中观察到的行为类似：传染性差的病毒会消亡。斯德哥尔摩–波士顿合作研究得出的度指数，在这方面并没能提供多少指导。在一年的数据上，他们得到的度指数是 $\gamma=3.54\pm0.2$（女性）和 $\gamma=3.31\pm0.2$（男性）。在更多（也可能更有偏见）的数据上，得到的度指数是 $\gamma=3.1\pm0.3$（女性）和 $\gamma=2.6\pm0.3$（男性）。然而，前两个指数明显比 3 大，后两个指数则小于或接近 3。很明显，需要更广泛的研究，才能得出确切的答案。

第 190 页 这个著名的 20 000，出自 Wilt Chamberlain, *A View from Above* (New York: Villard Books, 1991)。

第 190 页 有关艾滋病二十年的传播及其对社会的影响，其调研报告参见 Sharon Begley, “AIDS at 20,” *Newsweek*, June 11, 2001。

第 190 页 关于支配病毒传播的定律，详细的描述参见 Martin A. Nowak and Robert M. May, *Virus Dynamics: Mathematical Principles of Immunology and Virology* (Oxford, England: Oxford University Press, 2000)。

第 193 页 严格来说，我们的模拟实验假设，枢纽节点在治愈后如果接触到其他被感染的节点，还会再次被感染。但目前的情况是，现在的药物会让治愈者携带的病毒数量大大降低，因此治愈者不大可能继续传染疾病了。对于艾滋病而言，可能还需要关注很多其他细节。我们只是为了说明，枢纽节点会让疾病传播阈值重新出现。因此，在不考虑疾病传播细节的情况下，如果能够治疗的人数有限，治疗枢纽节点要比随机发放药品有效得多。当然，最终的目标是治愈所有需要治疗的人。关于我们的研究，参见 Zoltán Dezsö, Albert-László Barabási, *Can We Stop the AIDS Epidemic*? http://xxx.lane.gov/abs/cond-mat/0107420。也可以参见 Romualdo Pastor-Satorras, Allesandro Vespignani, "Immunization of Complex Networks," *Physical Review*, E 65(2002): 036104。

第 11 链　觉醒中的互联网

第 197 页 书中对巴兰的介绍，来自 John Naughton, *A Brief History of the Future* (Woodstock, NY: Overlook Press, 2000), 93。有关巴兰生平的更多介绍，可以参照那本书的第 6 章。

第 198 页 最近，有很多书籍和论文关注互联网的历史。除了前面引用的诺顿（Naughton）的书，还可以参见 ames GiHies and Robert Cadhau, *How the Web Was Born: The Story of the World Wide Web* (Oxford, England: Oxford University Press, 2000)。后者主要关注万维网，但是也涉及了互联网。

第 198 页 保罗·巴兰历史性的兰德备忘录，可以通过万维网看到，其网址参见 http://www.rand.org/publications/RM/baran.list.html。对于我们感兴趣的网络拓扑，参见 Paul Baran, *Introduction to Distributed Communications Networks*, RM-3420-PR，位于同一个网页上，图 11—1 就是来自这篇论文。

第 200 页 注意，分组路由的提出是后来才发布的。有些人认为莱约德·克莱恩洛克（Leonard Kleinrock）在巴兰和戴维斯之外独立提出了分组路由的想法。关于该历史争论，参见 Katie Hafner, "A Paternity Dispute Divides Net Pioneers," *New York Times*, Nov. 8, 2001。

第 201 页 詹姆斯·吉利斯（James Gillies）和罗伯特·卡里奥（Robert Cailliau）在前

面引用的网络是如何诞生的（*How the Web Was Born*）中谈到，无论互联网的外观如何，其工作原理更接近邮政系统，而不是电话网络系统。在传统的模拟电话系统中，我们打电话时，电话是通过一连串的线路和交换机直接到达你想通话的人。一旦连接建立起来，这条物理线路就会完全分配给通话双方，无论这两个人在通话还是没有通话，其他电话都无法再使用这条线路。邮政系统的工作原理就不同了。邮局是通过道路网络连接在一起的。每个邮局收到信后，会根据信件的目的地进行分拣，然后将信件放到卡车或飞机上，将同一目的地的信件运过去。和电话系统相比，不会有单独的卡车直接去你家取邮件，然后专门送到目的地。与此类似，在互联网上，计算机通过将消息分成很小的数据包进行传递。和信件一样，每个数据包中都含有目的地信息。路由器每收到一个数据包，就会根据目的地地址，将其送到距离目的地最近的路由器。同一个消息的数据包通常会经历不同的路线，因为在消息源和目的地之间有多条路径可选。当所有数据包到达后，接收方的计算机会将数据包组装起来，得到我们看到电子邮件消息或者网页。

第 202 页 关于 CAIDA 合作研究工作的更好介绍，参见 K. C. Claffy, T. Monk, and D. McRobb, "Internet tomography," *Nature* (Jan. 1999) available at http://www.nature.com/nature/webmatters/。

第 202 页 人们为了绘制万维网和互联网地图而进行的努力，其详细介绍参见 Martin Dodge and Rob Kitchin, *Atlas of Cyberspace* (New York: Addison-Wesley, 2002)。也可参见 Martin Dodge and Rob Kitchin, *Mapping Cyberspace* (London: Routledge, 2000)。

第 202 页 关于自组织对互联网拓扑的影响，一般性的讨论参见 Albert-László Barabási, "The Physics of the Web," *Physics World* (July 2001): 33–38。

第 204 页 关于 Email 的诞生，参见 John Naughton, *A Brief History of the Future* (Woodstock, NY: Overlook, 2000)。

第 205 页 Veto Paxson and Sally Floyd, "Why We Don't Know How To Simulate the Intemet," *Proceedings of the 1997 Winter Simulation Conference*, ed. S. Andradottir, K. J. Healy, D. H. Withers, and B. L. Nelson. "成功灾难" 的说法出自这篇论文第 149 页。

第 205 页 互联网具有幂律的度分布，这一发现参见 M. Faloutsos, P. Faloutsos, and C. Faloutsos, " On Power-Law Relationships of the Internet Topology," [ACM SIGCOMM 99, comp.] *Computer Communications Review* 29 (1999): 251。最近的测量在更大的抽样上验证了该发现，参见 R. Succ and H. Tangmunarunkit, "Heuristics for Inter-net Map Discovery," *Proceedings of Infocom* (March 2000)。

第 206 页 关于互联网节点的时间表，参见 John Naughton, *A Brief History of the Future*。

第 207 页 第一个互联网模型的提出，参见 Bernard M. Waxman, "Routing of Multipoint Connections," *IEEE Journal on Selected Areas in Communications* 6 (Dec. 1988): 1617–1622。韦克斯曼（Waxman）将大量节点放到一个平面上，将这些节点随机连接起来。截至这里，该模型和埃尔德什–莱利的随机模型没有什么区别。不过，他意识到互联网的链路成本很高，所以想尽量减少长距离的链路。因此，他假设互联网上两个节点间形成连边的概率随着节点间的距离指数衰减。韦克斯曼的简单模型主宰了互联网模型数十年。直到 1999 年，人们发现了互联网的无尺度性质时，才对其提出质疑。但是，对距离的指数级依赖，加上生长机制和偏好连接，形成了更现代的互联网模型。首先，模拟结果表明，如果按照韦克斯曼模型所说的距离依赖，无尺度网络就不会出现。其次，也是更重要的一点，宋勋毓和郑浩雄的测量结果表明，距离为 d 的两个节点彼此相连的概率关于 d 线性衰减，这比韦克斯曼所假设的指数衰减要慢得多。

第 207 页 关于互联网中偏好连接的出现，一些论著对其进行了讨论。参见 Soon-Hyung Yook, Hawoong Jeong, and Albert-László Barabási, *Modeling the Internet's Large-Scale Topology*, http://xxx.lanl.gov/abs/cond- mat/0107417; Hawoong Jeong, Zoltán Néda, Albert-László Barabási, Measuring Preferential Attachment for Evolving Networks, http://xxx.lanl.gov/abs/cond-mat/0104131; Romualdo Pastor-Satorras, Alexei Vazquez, Alessandro Vespignani, "Dynamical and Correlation Properties of the Internet," *Physical Review Letters*, 87(2001): 258701。

第 207 页 假设节点数量正比于人口密度，如果一个节点拥有 k 条链接且与新节点的距离为 r，那么新节点和该节点之间形成链接的概率正比于 k/r^{σ}。这里 σ 是自由参数，我们可以通过 σ 来调节距离的影响：如果 σ 较大，距离就会非常重要，如果 σ 为 0，就只有偏好连接会对互联网演化起作用。模拟实验给出了清晰的答案：只要 σ 小于 2，无尺度网络就会出现。但是，如果 σ 大于 2，距离的限制效应就会占上风，网络呈现出指数度分布。我们的测量还清晰地说明，对于互联网而言，σ 等于 1，这解释了铺设长距离电缆获得更大带宽虽然成本很高而无尺度拓扑却还能够存在。除了解释为什么互联网是无尺度网络之外，这些测量结果还表明，以量化的形式揭示支配网络演化的不同原理，是多么得重要。参见 Soon-Hyung Yook, Hawoong Jeong, and Albert-László Barabási, *Modeling the Internet's Large-Scale Topology*, http://xxx.lanl.gov/abs/cond-mat/0107417。

第 207 页 最近建模互联网无尺度拓扑的其他互联网模型，参见 Alberto Medina, Ibrahim Matta, and John Byers, "On the Origin of Power Laws in Internet Topologies," [ACM SIGCOMM] *Computer Communications Review* 30, no. 2 (2000): 18–28); G. Caldarelli, R. Marchetti, and L. Pietronero, "The Fractal Properties of the Internet," *Europhysics Letters* 52 (2000): 386; K.I. Goh, B. Kahng, D. Kim, Universal Behavior of Load Distribution in Scale-Free Networks, *Physical Review of Letters*, 87 (2001): 278701; A. Capocci, G. Caldarelli, R. Marchetti, L. Pietronero, "Growing Dynamics of Internet Providers," *Physical Review*, E 64 (2001): 035101。

第 207 页 分形——具有不平凡几何性质的自相似物体，是由伯努瓦·曼德尔布罗提出的。随后，人们发现分形可以用来描述很多自然界的物理，包括雪花和细胞群体。参见 B. Mandelbrot, *The Fractal Geometry of Nature* (New York: W. H. Freeman, 1977)。最近的一篇综述，参见 T. Vicsek, *Fractal Growth Phenomena* (Singapore: World Scientific, 1992)。

第 208 页 MAI 的路由失效在一些新闻报道中进行了描述。参见 "Router Glitch Cuts Net Access," *CNET*, April 25, 1997。

第 211 页 有关"红色代码"蠕虫的讨论，参见 Carolyn Meinel, "Code Red for the Web," *Scientific American*, October 2001, 42–51。

第 211 页 关于寄生计算，参见 Albert-László Barabási, Vincent W. Freeh, Hawoong Jeong, and Jay B. Brockman, “Parasitic Computing,” *Nature* 412 (2001): 894497。进一步的信息，参见 http://www.nd.edu/~parasite/。

第 213 页 关于分布式计算的详细讨论，参见 Ian Foster, “Internet Computing and the Emerging Grid,” *Nature* (Dec. 2000), 可以在 http:// www. nature, com/nature/webmatters 下载。

第 214 页 有关在全球开发电子皮肤的有趣讨论，参见 Nell Gross, “The Earth Will Don and Electronic Skin,” *Business Week* (August 30, 1999): 68–70。

第 12 链　分裂的万维网

第 220 页 关于搜索引擎公司对 NEC 研究结果的反应，参见 Thomas E. Weber’s, “Fast Forward: Media in Motion,” *Wall Street Journal*, April 3, 1998。

第 221 页 对于 Inquirus，参见 Steve Lawrence and C. Lee Giles, “Inquirius: The NECI Meta Search Engine,” Seventh International World Wide Web Conference, Brisbane, Australia (Amsterdam: Elsevier Science, 1998), 95–105。

第 221 页 NEC 研究小组的发现发表在两篇论文中：Steve Lawrence and C. Lee Giles, “Searching the World Wide Web,” *Science* 280 (1998): 98-100; and Steve Lawrence and C. Lee Giles, “Accessibility of Information on the Web,” *Nature* 400 (1999): 107–109。

第 223 页 关于万维网大小的详细讨论，参见 http://searchengine.com。关于搜索引擎大小的最新统计，参见 Danny Sullivan’s “Search Engine Sizes” *Search Engine Report*, August 15, 2001, 可以在 http://searchengine.com/re- ports/sizes.html 看到，也可以参见 “Numbers, Numbers - But What Do They mean?” *Search Engine Report*, March 3, 2000, http://searchengine.com/sereport/00/03-numbers.html。

第 225 页 万维网的破碎结构被称为蝴蝶结理论，其最早发现参见 A. Broder, R. Kumar, E Maghoul, P. Raghavan, S. Rajagopalan, R. Stata, A. Tomkins, and J. Wiener, “Graph structure in the Web,” Ninth International World Wide Web Conference, Amsterdam, http://www9.org/w9cdrom/160/160.html。

第 226 页 网页随着年龄增加以及知名度提高，自然而言地就跨越了万维网上的各块大陆。这些网页的地位是由其创建者和万维网社区对该网页内容的兴趣共同决定的。随着链接和网页持续增加、删除、修改，这些大陆上的人口也在持续地变化。与此相比，20 世纪末和本世纪初从欧洲移民到美国的人口小的可以忽略不计了。一条放置得好的链接可以决定数千个网页的命运和地位，整个万维网的地形图会随着这些大大小小的变化而重新组织。

第 228 页 最近关于有向网络性质的研究，参见 S. N. Dorogovtsev, J. F. F. Mendes, and A. N. Samukhin, *Giant Strongly Connected Component of Directed Networks*, http://xxx.lanl.gov/abs/cond-mat/0103629; M. E. J. Newman, S. H. Strogatz, and D. J. Watts, "Random Graphs with Arbitrary Degree Distributions and Their Applications," Physical Review, E 64 (2001): 026118; B. Tadic, "Dynamics of Directed Graphs: the World Wide Web," Physica, A 293 (2001): 273–284。

第 229 页 Cass R. Sunstein, *Republic*.com (Princeton, Princeton University Press, 2001)。

第 230 页 法官斯图尔特对于色情文学引证，被多处引用。参见 "The Task of Defining What's Too Explicit to Be Seen," *USA Today*, Jan. 26, 1999, 你也可以在 http://www.usatoday.com/life/cyber/tech/ctb114.htm 访问到。

第 230 页 NEC 对万维网上社区的研究，参见 Gary William Flake, Steve Lawrence, and C. Lee Giles, "Efficient Identification of Web Communities," *Proceedings of the Sixth International Conference on Knowledge Discovery and Data Mining* (Boston, Mass.: ACM Special Interest Group on Knowledge Discovery in Data and Data Mining, August 2000), 156–160。其他一些研究组也研究了类似的问题，参见 David Gibson, Jon Kleinberg, and Pranhakar Raghavan, "Inferring Web Communities from Link Topology," *Proceedings of the 9th ACM Conference on Hypertext and Hypermedia* (1998) 和 Ray R. Larson, *Bibliometrics of the World Wide Web: An Exploratory Analysis of the Intellectual Structure of Cyberspace*, http://sherlock.berkeley.edu/asis96/asis96.html。

第 230 页 关于 NP 完全问题的讨论，参见 M. Garey and D. S. Johnson, Computers and

Intractability: *A Guide to the Theory of NP-Completeness* (San Francisco: H. W. Freeman, 1979)。

第 232 页 Lada A. Adamic, "The Small World Web," *Proceedings of ECDL'99*, LNCS 1696 (Springer, 1999), 443–452. 也可以参见 Lada A. Adamic and Eytan Adar, *Friends and Neighbors on the Web*, http://www, hpl.hp.com/shl/papers/web 10/。

第 233 页 Lawrence Lessig, *Code and Other Laws of Cyberspace* (New York: Basic Books, 1999)。

第 236 页 要想更多地了解互联网档案馆，可以访问其网站 http://www.archive.org/。

第 237 页 我们的创造性生活，大部分已经转向了万维网。现代摄影师使用数码相机进行摄影，并通过对数码照片进行修改来更好地表达他们的想象力。一些图片会打印出来，展示在画廊里。但是，大多数图片只是以电子版的形式放在万维网上。大量的诗歌也不再以选集的形式出版，而是保存到万维网档案馆里。万维网日益成为很多视觉艺术家的主要媒介，没有浏览器便无法欣赏到他们的作品。然而，设计糟糕的网站、瘫痪的计算机和消失的资源，会造成不可挽回的损失。以后，我们不会再有梵高了，因为艺术家们的作品如果不被同时代的人欣赏，就会消失在万维网中而不会被后来人看到。随着计算机升级换代或技术革新，用不了几个世纪，可能只要短短几年，在线世界里富有创造力的天才作品就会湮没无闻。

只有一个办法能够阻止历史消失的悲剧，让当今万维网上存放的创造性能够延续。我们必须对万维网上的一切进行归档，留给我们的后代。我相信，我们应该严肃地对待这个事情，甚至由政府出面来提供支持。我们要保留每一个网页，使网络上过去的和现在的内容都可以让任何人在任何地方访问到。

第 238 页 在这一链，我们关注的主要是万维网的拓扑。然而，最近的一系列研究结果已经开始研究人们在万维网上的浏览模式和动态行为，为涌现性和幂律找到了更多的证据。参见 Bernardo A. Huberman, Peter L. T. Pirolli, James E. Pitkow, and Rajan M. Lukose, "Strong Regularities in World Wide Web Surfing," *Science* 280 (1998): 95-97; Anders Johansen and Didier Sornette, *Download Relaxation Dynamics on the WWW Following*

Newspaper Publication of URL, http://xxxlanl.gov/abs/cond-mat/9907371; and Bernardo A. Huberman, The Laws of the Web (Cambridge, Mass.: MIT Press, 2001)。

第 13 链　生命的地图

第 243 页 关于美国人口死亡（包括抑郁）的主要原因，参见疾病控制和防范中心（CDC）的网站：http://we-bapp.cdc.gov/。

第 243 页 关于躁郁症的专门研究，参见 Nick Craddock and Ian Jones, "Molecular Genetics of Bipolar Disorder," *British Journal of Psychiatry* 174, suppl. 41 (2001): 128–133。有些关于抑郁症的研究也探讨了躁郁症，参见 Charles B. Nemeroff, "The Neurobiology of Depression," *Scientific American*, June 1998, 42。

第 244 页 人类基因组的破译受到了媒体的广泛报道，这些报道集中在两个时间段。一个是 2000 年 6 月 25 日白宫的官方声明；另一个是 2001 年 2 月 15 至 2 月 16 日发表的关于基因组的论文，参见 *Science* 291 (Feb. 2001), and *Nature* 409 (Feb. 2001)。

第 245 页 后基因组生物学的近期讨论以及人们对基因作用的认识变化，参见 Evelyn Fox Keller, *The Century of the Gene* (Cambridge, Mass.: Harvard University Press, 2000)。

第 245 页 网络在理解细胞方面日益重要的作用，更多的见解参见 J. Craig Venter et al, "The Sequence of the Human Genome," *Science* 291 (2001): 1304–1351, especially 1347–1348。

第 246 页 细胞生物学很好的入门读物，参见 Bruce Alberts, Dennis Bray, Julian Lewis, Martin Raft, Keith Roberts, and James D. Watson, *Molecular Biology of the Cell* (New York: Garland, 1994)。

第 246 页 新陈代谢的研究可以追溯到 19 世纪，研究动因主要源于：法国葡萄酒酿造商需要控制酵母细胞将葡萄糖转化成酒精和二氧化碳气泡的步骤。这一起源从"酶"（enzyme）这个单词中还能看出来，enzyme 的词根的意思是"酵母"（in yeast）。因此，生物化学可以看作一个巨大的绘图项目，其目的是绘制出细胞内所有可能的化学物质及化学反应的地图。关于绘制新陈代谢地图的详细历史，参见 Horace Freeland Judson,

The Eighth Day of Creation: Makers of the Revolution in Biology (Plainview, NY: Cold Spring Harbor Laboratory Press, 1996)。

第 246 页 注意，不同的子网络，如新陈代谢网络或蛋白质相互作用网络，都不是相互独立的。实际上，调控网络的蛋白质对化学反应有催化作用，因此控制着新陈代谢网络的链接。类似地，常见的蛋白质–基因相互作用，将蛋白质相互作用网络和基因以及 DNA 关联起来。

第 248 页 关于沃森的引用，出自 James D. Watson, *Molecular Biology of the Gene*, 2nd ed. (New York: W. A. Benjamin, 1970): 99。

第 250 页 WIT（那里有什么）是一个整合系统，能够对序列化的基因组进行对比分析。对我们而言重要的是，该系统能够支持从序列数据中重构出新陈代谢网络。可以通过网页 http://www-unix.mcs.anl.gov/compbio/ 访问到该系统。

第 250 页 新陈代谢网络的无尺度性质，相关研究结果发表在 H. Jeong, B. Tombor, R. Albert, Z. N. Oltvai, and A.-L. Barabási, "The large-scale organization of metabolic networks," *Nature* 407 (2000): 651–654。

第 251 页 Andreas Wagner 和 David A. Fell 在新陈代谢网络方面的工作发表在 "The Small World Inside Large Metabolic Networks," *Proceedings of the Royal Society*, London, B, 268 (2001): 1803–1810。

第 252 页 对不同生命体的新陈代谢网络进行对比，可以揭示不同物种之间的进化关系。参见 J. Podáni, Z. N. Oltvai, H. Jeong, B. Tombor, A.-L. Barabási, and E. Szathmary, "Comparable System-Level Organization of Archaea and Eukaryotes," *Nature Genetics* 29 (2001): 54–56；C. V. Forst and K. Schulten, "Phylogenetic Analysis of Metabolic Pathways," *Journal of Molecular Evolution* 52 (2001): 471–489。

第 253 页 酵母双杂交技术的提出，参见 S. Fields and O. Song, "A Novel Genetic System to Detect Protein-Protein Interactions," *Nature* 340 (1989): 245–246。关于该技术最近的进展，参见 Li Zhu and Gregory J. Hannon, eds., *Yeast Hybrid Methods* (Natick, MA:

Eaton, 2000)。

第 253 页 酵母完整的蛋白质相互作用网络，参见 P. Uetz, et al. "A Comprehensive Analysis of Protein-Protein Interactions in Saccharomyces cerevisiae" *Nature* 403 (2000): 623-627；T. Ito et al's "Toward a Protein-Protein Inter-action Map of the Budding Yeast: A Comprehensive System to Examine Two-Hybrid Interactions in All Possible Combinations 'Between the Yeast Proteins," *Proceedings of the National Academy of Sciences* 97 (2000): 1143–1147 和 "A Comprehensive Two-Hybrid Analysis to Explore the Yeast Protein Interactome," *Proceedings of the National Academy of Sciences* 98 (2001): 4569–4574。

第 253 页 关于酵母的蛋白质相互作用网络，探讨其无尺度特性的论文参见 Hawoong Jeong, Sean Mason, Albert-László Barabási, and Zoltán N. Oltvai, "Centrality and Lethality of Protein Networks," *Nature* 411 (2001): 41–42。该论文还探讨了致命性和拓扑之间的关系，关于该结果的讨论，参见论文 J. Hasty and J. J. Collins, "Protein Interactions—Unspinning the Web," *Nature* 411(2001): 30–31 的相关新闻报道和评论文章。

第 254 页 关于酵母蛋白质网络中存在幂律的独立研究，以及基因复制的势链接，参见 Andreas Wagner, "The Yeast Protein Interaction Network Evolves Rapidly and Contains Few Redundant and Duplicate Genes," *Molecular Biology and Evolution* 18 (2001): 1283–1292。

第 254 页 关于蛋白质域网络的研究结果，参见 Stefan Wuchty, "Scale-Free Behavior in Protein Domain Networks," *Molecular Biology and Evolution* 18 (2001): 1694–1702。研究酵母蛋白质网络的另外一种方法揭示了该网络的无尺度结构，参见 Jong Park, Michael Lappe, and Sarah A. Teichmann, "Mapping Protein Family Interactions: Intramolecular and Intermolecular Protein Family Interaction Repertoires in the PBD and Yeast," *Journal of Molecular Biology* 307 (2001): 929–938。关于 H. Pylori 蛋白质网络的研究结果，参见 Hawoong Jeong, Sean Mason, Albert-László Barabási, and Zoltán N. Oltvai, "Centrality and Lethality of Protein Net-works," *Nature* 411(2001) 41–42。

第 255 页 关于基因复制及其在进化中的作用，参见 John Maynard Smith and Eörs

Szathmáry, *The Origins of Life* (Oxford, England: Oxford University Press, 1999)。

第 255 页 一些论文独立地发现：基因复制是基因调控网络无尺度拓扑的根源。参见 A. Bhan, D. J. Galas, and T. G. Dewey, "A Gene Duplication Growth Model of Scaling in Gene Expression Networks (to be published)；A. Vasquez, A. Flammini, A. Maritan, and A. Vespignani, Modeling of Protein Interaction Networks (http://xxx.lanl.gov/abs/cond-mat/0108043); and R. V. Sole, R. Pastor-Satorras, E. D. Smith, and T. Kepler, "A Mode of Large-Scale Proteome Evolution (Santa Fe Preprint, available at www.santafe.edu 2001)。See also J. Giam, N.M Luscombe, and M. Gerstein,, "Protein Family and Fold Occurrences in Genomes: Power-law Behavior and Evolutionary Model," *Journal of Molecular Biology*, 313 (2001): 673–681。注意，从网络论的角度来看，基因复制模型具有很多有趣的性质。更详细的讨论，参见 J. Kim, P.L. Krapivsky, B. Kahng, and S. Redner, "Evolving Protein in Interactive Networks," http://xxx.lanl.gov/abs/condmat/0203167。

第 257 页 莱恩、莱文和沃格尔斯坦获得了医学界几乎所有的奖项和荣誉。因此，很多人认为，他们获得诺贝尔奖只是个时间问题。实际上，作为英国目前引用最多的科学家之一，截维·莱恩在 2000 年被女王伊丽莎白授予了爵位，被称为戴维·莱恩爵士。阿诺德·莱文目前是负有盛名的纽约洛克菲勒大学的校长，是奥尔巴尼医学中心奖（Albany Medical Center Prize）的第一个获得者。该奖项的奖金总额为 50 万美元，在医学界仅次于诺贝尔奖。沃格尔斯坦目前是霍普金斯医学院的霍华德-休斯研究员，他不断做出惊人的发现，医学界引用前十名的论文中有三篇是他的。

第 257 页 网络对于理解癌症具有重要作用，参见 Bert Vogelstein, David Lane, and Arnold J. Levine, "Surfing the p53 Network," *Nature* 408 (2000): 307–310。注意，该论文没有对癌症网络进行定量分析，而是为该网络的无尺度特性提供了相当有说服力的实证论断。我们随后分析了该网络的拓扑，的确发现，癌症网络很大程度上近似是无尺度的。参见 Hawoong Jeong, D. A. Mongru, Z. N. Oltvai, and A.-L. Barabási, unpublished。

第 259 页 基因芯片技术是 1991 年由 Stephen Fodor 和合作者提出的（参见 S. P. A. Fodor, J. L. Read, M. C. Pirrung, L. Stryer, A. T. Lu, and D. Solas, "Light-Directed, Spatially Addressable Parallel Chemical Synthesis," *Science* 251 [1991]: 767–773），该技术使得研究人员可以破译细胞内基因相互作用的动态过程。这一技术突破从根本上改变了大多数实验室进行生物学实验的方式。从医生诊断到新药研制的所有一切，早晚会发生根本性的变革。一个 DNA 芯片，或称基因芯片，是一个硅片或玻璃薄片，上面采用计算机芯片制造商使用的技术布上了“电路”。光刻录机在上面蚀刻出细小的圆孔，这些孔小到只能使用机器手才能将 DNA 片段放入到小孔中，每个小孔中有一个不同的基因。因此，使用 30 000 个孔便可以将人类基因组的所有基因放到一个芯片上。当细胞中的 DNA 产生蛋白质时，基因首先要复制到信使 RNA（mRNA）分子上，然后转录成蛋白质。因此，细胞内 mRNA 的数量和类型精确记录着 DNA 形成的序。每个 mRNA 分子只能与一个基因芯片的小孔相连，该小孔中含有生成该 mRNA 分子的 DNA 分子。如果生物学家将某种罕见疾病的细胞放置到 DNA 芯片中，对应活跃基因的小孔会充满 mRNA 片段，而其他小孔则是空的。激光扫描仪可以扫描每个小孔，查出正在产生蛋白质的基因。因此，这样的测量能够告诉我们，哪些基因的功能是正常的，哪些基因被基因紊乱给关闭了。

第 260 页 关于新型生物学工具（譬如基因芯片）对未来医学和药物研制的影响，一般性的讨论参见《时代》杂志 2001 年 1 月 15 日的专刊，标题为《未来的药物》（*Drugs of the Future*）。

第 260 页 最近的一些论文指出，基因芯片能够很好地跟踪基因的关闭和打开情况，可以识别出在细胞周期的不同阶段同时活跃的基因。参见 Neal S. Halter, Madhusmita Mitra, Amos Maritan, Marek Cieplak, Jayanth R. Banavar, and Nina V. Fedoroff, "Fundamental Patterns Underlying Gene Expression Profiles: Sim-plicity from Complexity," *Proceedings of the National Academy of Sciences* 97(2000): 8409–8414; 和 Orly Alter, Patrick 0. Brown, and David Botstein, "Singular Value Decomposition for Genome-Wide Expression Data Processing and Modeling," *Proceedings of the National Academy of Sciences* 97(2000): 10101–10106。

第 261 页 注意，虽然人类基因组只有大约 30 000 个基因，但是蛋白质的数量却高得多。这源于被称为“选择性剪接”（alternate splicing）的过程。在该过程中，mRNA 被切

割，然后以很多不同的方式进行重新拼接，从而形成不同的蛋白质。因此，在真核细胞中，蛋白质数量要比基因数量大得多，打破了分子生物学中“一个基因对应一个蛋白质”的约束，该约束在细菌中是成立的。

第 263 页 关于基因组复杂性以及基因网络作用的讨论，参见 Jean-Michel Claverie, “What If There Are Only 30,000 Human Genes?” *Science* 291 (2001): 1255–1257。

第 14 链　网络新经济

第 267 页 关于网络在商业和经济中的作用的讨论，参见 E. Bonabeau, *The Alchemy' of Networks: Network Science Applied to Business* (in preparation)。

第 267 页 时代华纳和美国在线的合并，其详情参见 Daniel Okrent, “Happily Ever After?” *Time*, January 24, 2000。也可以参见美国在线的史蒂夫·凯斯和时代华纳的杰瑞·列文的联合访谈，该访谈也刊登在该杂志的同一期上。

第 268 页 关于戴姆勒 - 奔驰和克莱斯勒合并的故事，参见 Bill Vlasic and Bradley A Stertz, *Taken for a Ride: How Daimler-Benz Drove Off with Chrysler* (New York: William Morrow, 2000)。

第 268 页 并不是所有的合并都是市场和经济扩张的结果，第一波合并实际上是在 1883 年全球经济萧条后开始的。关于合并的简短历史回顾，参见 David Besanko, David Dranove, and Mark Shanley, *Economics of Strategy* (New York: John Wiley, 2000): 198–199。

第 269 页 层级结构已经有超过一个世纪的历史了。“在我们的组织中，我们不需要员工的创造力……我们只需要他们听从我们给出的命令，按我们说的做，并且快速地做。”这是科学管理之父——弗雷德里克·温斯洛·泰勒在 20 世纪之初说的话，他说这话是在总结财富和物质文明的哲学。布林克·林塞（Brink Lindsey）在《有计划的人》（*The Man with the Plan*）（Reason Online, 1998, www.reason.com）中写道，在泰勒之前，制造业还是作坊式管理。作坊的工艺被作为秘密保护起来，从师父到学徒，代代传递下去。作坊的匠人们小心翼翼地保护着自己的工艺，因为当时的工资是计件的，

而不是计时的。泰勒使用一块秒表就独自改变了这一切。他把所有制造过程分解成简单的任务，将工作任务和工资体系标准化。他对制造业的开创性方法，将伯利恒钢铁公司变成了世界上最现代化的工厂，将工人的人数从 500 降到了 140，而生产力却翻了一番。泰勒也成为了自己成功的牺牲品，失业工人的愤怒最终导致泰勒被解雇了。然而，此后再也没有哪家工厂能够不使用他的管理方式而保持竞争力。泰勒引入了清晰的等级差别，将工人变成纯粹的命令执行者。他发明了白领工人，这些人的责任是规划每一个生产步骤，并保证工人能够不折不扣地执行。他留给我们的最大遗产就是被我们称为垂直组织的管理模式。该模式在过去一个世纪一直是公司内部架构的基础。弗雷德里克·温斯洛·泰勒的生平和贡献，是很多传记和科学专著的主题。参见 Robert Kanigel, *The One Best Way: Frederick Winslow Taylor and the Enigma of Efficiency* (New York: Viking Penguin, 1997)。正式的传记参见 Frank Barkley Copley, Frederick W. Taylor, *Father of Scientific Management*, 2 vols. (New York: Taylor Society, 1923)。泰勒自己最有影响力的著作是 *The Principles of Scientific Management* (New York: Harper & Brothers, 1915: reprint, Mineola, N.Y.: Dover, 1998)。

第 269 页 注意，福特工厂对现代制造业的诞生也起到了关键作用。流水线就是在那里产生的，这是大规模生产工厂的关键组成部分。关于福特发展的简史以及生产线背后的故事，参见 Joseph B. White, *The Line Starts Here* (www.wsj.comipublickurrent/articles/SB915733342173968000.htm, Wall Street Journal Interactive, 2000)。

第 269 页 经典经济学理论将组织、公司和企业视为优化的网络，其优化目的是为了使用最少的资源获得最大的财政产出。这是泰勒留给我们的遗产，他认为经营公司是一个优化过程，目的是增加利润。这种利润驱动的优化喜欢树形结构。实际上，如果生产是公司的主要目标，那么通过把所有重复性、专业化的任务分配给低工资的工人去做，可以大大降低成本。最近的研究表明，层级组织内部的信息管理也是最高效的，因为树形避免了不必要的信息重复和通信。由于每个公司的活动都是制造和信息管理的结合，这种金字塔式的结构看起来会一直保持下去。关于公司内部层级树形结构的详细讨论，参见 Patrick Bolton and Mathias Dewatripont, "The Firm as a Communication Network," *Quarterly Journal of Economics* 109 (Nov. 1994): 809–839。

第 270 页 公司内部组织结构日益网络化，相关讨论参见 *Business Week's* special double issue "The 21st Century Corporation," August 21–28, 2001。

第 270 页 关于组织结构的网络理论，一个简要的综述参见 Peter R. Monge and Noshir S. Contractor, "Emergence of Communication Networks," in *The New Handbook of Organizational Communication*, ed. Fredric M. Jablin and Linda L. Putnam (Thousand Oaks, Calif.: Sage Publications, 2001): 440–502。

第 271 页 关于乔丹在克林顿-莱温斯基丑闻中发挥的作用，参见 Eric Pooley, "The Master Fixer Is a Fix," *Time*, Feb. 2, 1998。

第 271 页 在芝加哥地区，一个关于管理者之间紧密关联的更为地域性的例子，参见 Melissa Allison, "Directors Weave a Complex Web,"*Chicago Tribune*, June 17, 2001, sec, 5, p. 1–2。

第 272 页 有关企业网络的消息讨论，参见 Gerald E Davis, Mina Yoo, and Wayne E. Baker's "The Small World of the Corporate Elite" (Preprint, February 2001)。

第 272 页 对于董事网络的数学分析，参见 M. E. J. Newman, S. H. Strogatz, and D. J. Watts, "Random Graphs with Arbitrary Degree Distributions and Their Applications" *Physical Review*, E 64 (2001): 026118。

第 274 页 关于乔丹在企业界的发展轨迹，参见 Vernon E. Jordan, Jr.'s autobiography, with Annette Gordon-Reed, *Vernon Can Read* (*A Memoir*) (New York: Public Affairs, 2001) 一书的第 12 章和前面引用的戴维斯，柳和贝克的工作。

第 275 页 关于网络在硅谷的强大力量，参见 Emilio J. Castilla, Hokyo Hwang, Ellen Granovetter, and Mark Granovetter, "Social Networks in Silicon Val- ley," in *The Silicon Valley Edge: A Habitat for Innovation and Entrepreneurship*, ed. Chong-Moon Lee, William E Miller, Marguerite Gong Hancock, and Henry S. Rowen (Cambridge, England: Cambridge University Press, 2001), 218–247。

第 276 页 Walter W. Powell, Douglas White, and Kenneth W. Koput, "Dynamics and Movies of Social Networks in the Field of Biotechnology: Emergent Social Structure and Process Analyses," (preprint, April 12, 2001)。

第 276 页 有关制药业网络的详细数学分析，参见 M. Riccaboni, E Pammolli, and G. Caldarelli, "Complexity of Con- nections in Social and Economical Structures" (preprint, 2001)。

第 277 页 关于经济领域小世界的另外一个例子，参见 Bruce Kogut and Gordon Walker, "The Small World of Germany and the Durability of National Networks," *American Sociological Review* 66 (2001): 317–335。

第 277 页 除了无尺度之外，网络经济还呈现出聚团性。首先是地缘聚团，表现为公司和当地消费者之间有更多的联系。全球化，这个过去十年的流行词，实际上意味着公司需要建立长距离的、跨越地理界限的联系——即公司需要在全世界寻找消费者和供应商。其次是行业聚团——同一个市场或商业领域的公司共享很多链接。这种链接虽然也受地缘的影响，但却能够轻易地跨越遥远的距离。最近，经济的聚团性质受到了很多关注，参见 Bruce Kogut and Gordon Walker, "The Small World of Germany and the Durability of National Networks," *American Sociological Review* 66 (2001): 317–335。他们调查了德国公司的权属关系，绘制出了 500 家非金融公司、25 家银行和 25 家保险公司之间的链接关系。在该网络中，两家公司如果被同一个人拥有，它们之间就有一条链接。最终得到的网络和演员网络很相似，演员对应着公司，电影对应着公司的所有者。一个典型的所有者通常拥有多家公司，就如同一部电影里有很多演员一样。对该公司网络的分析清晰地表明，德国公司之间形成了小世界网络。该网络的直径是 4.81，也就是说，大多数公司通过由四个所有者形成的链条就能彼此相连。科洛特和沃克也发现了很高的聚团系数。如果这些公司之间形成了随机网络，某个公司的两个邻居之间存在链接的可能性是 0.5%。相比之下，在真实网络中，任何公司的两个邻居拥有共同所有者的可能性为 67%。这是一个显著的差别，说明了经济系统具有高度的聚团性。

第 278 页 Walter W. Powell, "Inter-Organizational Collaboration in the Biotechnology Industry," *Journal of Institutional and Theoretical Economics* 512 (1996): 197–215。

第 278 页 艾克斯-马赛大学的阿兰·科曼（Alan Kirman）是最早提出将经济系统看作演化网络的人之一。他的论文对当前经济思维的缺点和网络在经济理论中的作用进行了精辟的论述。参见“The Economy as an Evolving Network,” *Journal of Evolutionary Economics* 7 (1997): 339–353; “Aggregate Activity and Economic Organization,” *Revue europeenne des sciences sociales* 37, no. 113 (1999): 189–230; and “The Economy as an Interactive System,” in *The Economy as an Evolving Complex System II* (Proceedings of the Santa Fe Institute Studies in the Sciences of Complexity, vol. 27), ed. W. Brian Arthur, Steven N. Durlauf, and David A. Lane (Reading, MA, Addison-Wesley, 1997), 491–532。

第 278 页 亚洲经济危机受到了媒体的广泛报道和很多学术论文的关注。关于该事件的逐日恶化，参见努里埃尔·鲁比尼（Nouriel Roubini）维护的网站。努里埃尔·鲁比尼是纽约大学斯特恩商学院经济和国际贸易专业的副教授，他网站的标题是“Chronology of the Asian Currency Crisis and Its Global Contagion”，网址是 http://www.stern.nyu.edu/~nroubini/asia/AsiaChronology1.html。关于危机起源的讨论，参见 Giancarlo Corsetti, Paolo Pesenti, and Nouriel Roubini, “What Caused the Asian Currency and Financial Crisis?” *Japan and the World Economy*, Sept. 1999, 305–373。

第 280 页 *Economic Report of the President* (Washington, D.C.: U.S. Government Printing Office, 1999)。

第 280 页 Paul Krugman, *What Happened to Asia*? (January 1998) http://web.mit.edu/ krugrnan/www/DISINTER.html。

第 282 页 关于外包的影响以及思科、康柏和网络经济其他倡导者的故事，详细的讨论参见 Bill Lakenan, Darren Boyd, and Ed Frey, “Why Cisco Fell: Outsourcing and Its Perils,” *Strategy+Business* (3rd quarter 2001): 54–65。

第 283 页 Hotmail 的故事是由史蒂夫·尤尔韦特松（Steve Jurvetson）讲述的，他是为 Hotmail 提供启动资金的风险投资公司的合伙人，该故事参见 "Turning Customers into Sales Force," *Business 2.0*, Nov. 1, 1998。See also the portrait of Sabeer Bhatia in “Driving Ambition” Asiaweek.com, http://www.asiaweek.comiasiaweek/technology/990625/bhatia.

html。

第 287 页 注意，学术界对经济网络的研究兴趣日益浓厚。关于该领域研究工作的一些代表性例子，参见 Matthew O. Jackson and Alison Watts, "The Evolution of Social and Economic Networks," *Journal of Economic Literature* (in press, 2001); Alison Watts, "A Dynamic Model of Network Formation," *Games and Economic Behavior* 34 (2001): 331–341; Matthew O. Jackson and Alison Watts, "On the Formation of Interaction Networks in Social Coordination Games," *Journal of Economic Literature* (in press, 2001); Venkatesh Bala and Sanjeev Goyal, "A Noncooperative Model of Network Formation," *Econometrica* 68 (2000): 1181–1229; "Learning, Network Formation and Coordination" (preprint); and "A Strategic Analysis of Network Reliability," *Review of Economic Design* 5 (2000): 205–228; Nigel Gilbert, Andreas Pyka, and Petra Ahrweiler, "Innovation Networks: A Simulation Approach," *Journal of Artificial Societies and Social Simulation* 4, no. 3 (2001); Lawrence E. Blume and Steven N. Durlauf, *The Interactions-Based Approach to Socioeconomic Behavior*, http://www.ssc.wisc.edidecon/archiveiwp2001.htm; Nicholas Economides, "Desirability of Compatibility in the Absence of Network Externalities," *American Economic Review* 78 (1989): 108–421; "Compatibility and the Creation of Shared Networks," in *Electronic Services Networks: A Business and Public Policy Challenge*, ed. Margaret Guerin-Calvert and Steven Wildman (New York: Praeger, 1991); "Network Economics with Application to Finance," *Financial Markets, Institutions & Instruments* 2 (1993): 89–97; Nicholas Economides and Steven C. Salop, "Competition and Integration Among Complements and Network Market Structure," *Journal of Industrial Economics* 40, no. 1 (1992): 105–123. See also D. McFadzean, D. Stew-art, and L. Tesfatsion, "A Computational Laboratory for Evolutionary Trade Net-works," *IEEE Transactions on Evolutionary Computation* 5 (2001): 546–560; L. Tesfatsion, "A Trade Network Game with Endogenous Partner Selection," in *Computational Approaches to Economic Problems*, ed. H. M. Amman, B. Rustem, and A. B. Whinston (Kluwer Academic, 1997), 249–269. See also the Websites of Leigh Tesfatsion, http://www.econiastate.eduitesfatsi/netgroup.htm, and Nicholas Economides, http://www.stern.nyu.edu/networks/site.html，那里有很多链接指向关注网络经济的研究人员和论文。

第 287 页 注意，物理学中有一个快速发展的领域，其目标是用定量的方式解释经济学现象，使用的是统计力学的工具。关于该领域的简短介绍，参见 Rosario N. Mantegna and H. Eugene Stanley, *An Introduction to Econophysics: Correlations and Complexity in Finance* (Cambridge, England: Cambridge University Press, 2000); Jean-Phillipe Bouchaud, Marc Potters, *Theory of Financial Risk: From Statistical Physics to Risk Management* (Cambridge, England: Cambridge University Press, 2000)。See also J. Doyne Farmer, "Physicists Attempt to Scale the Ivory Towers of Finance," *IEEE Computing in Science and Engineering* (Nov.—Dec. 1999): 26–39。这类网络研究大多关注股价的波动。关于网络和股票市场的关系，参见 Hyun-Joo Kim, Youngki bee, Im-mook Kim, and Byungnam Kahng, "Scale-Free Networks in Financial Correlations,- http://xxx.lanl.gov/abs/cond-mat/0107449。

第 287 页 很多公司都在尝试将网络理念融入到不同的商业模型中。例如，Ecrush.com 让用户告诉他们自己暗恋谁。他们会替你向你暗恋的人发送一条内容为“有人喜欢你”的信息，邀请对方也加入进来。如果你暗恋的人进行了登录注册，并把你列为其暗恋的人，程序会自动将你们进行匹配。如果你暗恋的人没有把你列为暗恋对象，就不会知道是谁在暗恋她。ICQ.com 是另一个利用网络发展起来的创业公司，号称有 1.16 亿用户。不过，ICQ.com 没有那么野心勃勃，而是要更务实一些。ICQ.com 为用户提供一种环境，可以有效地激活用户的链接。利用 ICQ 这个免费软件，你可以知道你的朋友是否在线，并能够和他们进行即时通信。

第 287 页 关于经济组织和政策制定之间的相互作用，参见 P. Cooke and K. Morgan, "The Networks Paradigm: New Departures in Corporate and Regional Development," *Environment and Planning*, D: Society and Space 11(1993): 543–564。

第 288 页 关于政策网络的讨论，参见 David Marsh, ed., *Comparing Policy Networks* (Buckingham: Open University Press, 1998); Dirk Messner, The Network Society (London: Frank Cass, 1997), and Manuel Castell, *The Rise of the Network Soci ety* (London: Blackwell, 1996)。

第 15 链　一张没有蜘蛛的网

第 294 页 对 911 袭击事件负有责任的恐怖组织，有关其背后网络的讨论，参见 www. orgnet.com, Valdis Kreb’s Website。See also Thomas A. Steward, “Six Degrees of Mohamed Atta,” Business 2.0, Dec. 2001, 63。

第 295 页 有关在网络战争中与网络组织进行斗争的讨论，参见 John Ar- quilla and David E Ronfeldt, eds., *Networks and Netwars* (Santa Monica, CA: RAND Corp., 2001); and Thomas A. Steward, “Americas’ Secret Weapon,” *Business* 2.0, Dec. 2001, 58–68。

第 297 页 克里斯托和珍妮·克劳德的研究工作，在很多书籍和专著中都有介绍。参见 Jacob Baal-Teshuva, *Christo and Jeanne-Claude* (Cologne, Germany: Taschen, 2001). The “revelation through concealment” phrase comes from David Bourdon, Christo (New York: Abrahams, 1970)。

第 298 页 注意，复杂性是一个庞大的学科，包括物理学家、数学家和生物学家在内的很多研究人员都在从不同的方式研究复杂性。许多书籍都有涉及这些方法，参见第一链的注释部分。

后记　复杂网络的未来

第 302 页 关于网络在生物学中的应用，一篇最近的综述参见 *Nature Insight on Computational Biology*, a collection of articles published in *Nature* 420 (2002): 205–251。关于万维网等复杂信息网络的搜索，参见 Lada A. Adamic, Rajan M. Lukose, and Bernardo A. Huberman, “Local Search in Unstructured Networks,” in *Handbook of Graphs and Networks: From the Genome to the Internet*, edited by S. Bornholdt and H. G. Schuster (Berlin: Wiley-VCH, 2002); L. A. Adamic, R. M. Lukose, A. R. Puniyani, and B. A. Huberman, “Search in Power-Law Networks,” *Physical Review*, E 64 (2001): 046135。关于 Gnutella 网络上的搜索，参见 Matei Ripeanu, Ian Foster, Adriana Iamnitchi, “Mapping the Gnutella Network: Properties of Large-Scale Peer-to-Peer Systems and Implications for System Design,” *IEEE Internet Computing Journal* 6 (2002): 50–57。关于漫画角色形成的网络结构，参见 R. Alberich, J. Miro-Julia, and F. Rossello, “marvel Universe Looks Almost Like a Real Social Network,” http://xxx.lanl.gov/abs/cond-mat/0202174。

第 302 页 书中正文部分引用的免疫学家是海因茨–甘特·蒂勒，他是德国汉堡大学免疫学系的前主任。相关内容参见 H.-G. Thiele, “contemplations on the Paradigm of Self and Nonself Discrimination and on Other Concepts Ruling Contemporary Immunology,” *Cellular and Molecular Biology* 48 (2002): 221–236。

第 303 页 关于网络研究的最新进展，参见 Handbook of Graphs and Networks: From the Genome to the Internet, edited by S. Bornholdt and H. G. Schuster (Berlin: Wiley-VCH, 2002); S. N. Dorogovtsev and J. F. E Mendes, *Evolution of Networks: From Biological Nets to the Internet and WWW* (Oxford: Oxford University Press, 2003)。

第 303 页 有关 CNN 对多任务的报道，参见 Porter Anderson, “Study: Mul-titasking Is Counterproductive (Your Boss May Not Like This One),” http://www, cnn.com/2001/CAREER/trends/08/05/multitasking.study/。关于多任务的最初研究，参见 Joshua S. Rubinstein, David E. Meyer, and Jeffrey E. Evans, “Executive Control of Cognitive Processes in Task Switching,” *Journal of Experimental Psy-chology: Human Perception and Performance* 27 (2001): 763–797。

第 305 页《自然》杂志对科学预言错误的报道，参见 Philip Cam- bell,” Tales of the Expected,” Nature 402 (1999): C7–C9; J. L. Heilbron and W. E. Bynum, “Plus g.a change,” *Nature* 402 (1999): C86–C88。

第 305 页 关于模块化假设，参见 Leland H. Hartwell, Andrew W. Murray, John J. Hopfield, and Stanislas Leibler, “From Molecular to Modular Cell Biology,” *Nature* 402 (1999): C47–C52。也可以参见 D. A. Lauffenburger, “Cell Signaling Pathways as Control Modules: Complexity for Simplicity?” *Proceedings of the National Academy of Sciences* USA 97 (2000): 5031–5033 和 C. V. Rao and A. P. Arkin, “Control Motifs for Intracellular Regulatory Networks,” *Annual Review of Biomedical Engineering* 3 (2001): 391–419。

第 307 页 我们提出的这个模型有着一段传奇的历史。我以前的论文指导老师塔马斯·维则克（Tamás Vicsek）来自布达佩斯厄特沃什大学，2000 年，他在圣母大学报告了他正在进行的研究工作。那时候，我的研究小组都在关注网络，塔马斯问了我们一个很直接的问题：我们是否能够建立一个确定性的网络模型来生成具有固定的、非随机架构的无尺度网络？分形学就是从这种视觉和计算上都很简单和吸引人的模型中获得了明显的好处，塔马斯是分形学的世界级专家之一。然而，我们那时候在几天内能够想出的大多数模型都不行，这些模型生成的网络中都没有枢纽节点。不过，塔马斯在回匈牙利的飞机上提出了一种网络构造方式。我们那时候忙于一些其他的项目，完全忘记了这件事。2001 年夏天，为了理解模块性，伊丽莎白·拉瓦茨（Erzsébet Ravasz）和我一起再次开始研究塔马斯提出的问题，却都忘记了塔马斯当时已经给出了该问题的一种解答。我们设计了一个确定性的无尺度网络。几天后，我来到布达佩斯，在和塔马斯会面时，我们意识到，伊丽莎白和我一起设计的模型，与塔马斯一年前提出的模型非常接近。这篇首次探讨确定性的模块化无尺度网络的论文，在几个月后最终发表了。参见 Albert-László Barabási, Erzsébet Ravasz, and Tamás Vicsek, "Deterministic Scale-Free Networks," *Physica A* 299 (2001): 559–564。本章描述的模型是稍晚些时候给出的一个版本，参见 E. Ravasz, A. L. Somera, D. A. Mongru, Z. N. Oltvai, and A.-L. Barabási, "Hierarchical Organization of Modularity in metabolic Networks," *Science* 297 (2002): 1551–1555。关于该模型和真实网络中的层级结构，更详细的研究参见 Erzsébet Ravasz, Albert-László Barabási, "Hierarchical Organization in Complex Networks," *Physical Review*, E (in press), http://xxx.lanl.gov/abs/cond-mat/0206130。

第 309 页 波尔图研究组的论文探讨了层级网络中聚团系数的尺度问题，该论文发表在 S. N. Dorogovtsev, A. V. Goltsev, and J. F. F. Mendes, "Pseudofractal Scale-Free Web," *Physical Review*, E 65 (2002): 066122。

第 310 页 关于生物网络的层级组织结构，参见 E. Ravasz, A. L. Somera, D. A. Mongru, Z. N. Oltvai, and A.-L. Barabási, "Hierarchical Organization of Modularity in Metabolic Networks," *Science* 297 (2002): 1551–1555. 其他系统中的层级组织结构，参见 Erzsébet Ravasz and Albert-László Barabási, "Hierarchical Organization in Complex Networks," *Physical Review*, E (in press) http://xxx.lanl.gov/abs/cond-mat/0206130. 关于万维网中聚团系数尺度的证据，参见 Jean-Pierre Eckmann and Elisha Moses, "Curvature of Co-Links Uncovers Hidden Thematic Layers in the World Wide Web," *Proceedings of the National Academy of Science USA* 99 (2002): 5825–5829。关于互联网的层级结构，参见

LINKED 译者后记

20世纪是科学技术快速发展的一个世纪。物理学方面，量子力学和相对论的提出，革新了人类对微观世界、时间和空间的认识，并称为现代物理学的两大支柱。生命科学方面，DNA双螺旋结构的发现、基因组计划的实施等，使得人类在认识生命的道路上大踏步前进。技术应用方面，计算机、互联网、万维网等信息技术的普及，使人类经历了第三次技术革命，人类社会的信息化水平大大提高。随着科学进步和技术发展，复杂系统和复杂性开始成为人类关注的重要问题，涉及科学的多个学科，并影响到人类生活的方方面面。针对复杂性的研究，导致了系统论、控制论和信息论的诞生。

新世纪之交，网络作为人类认识复杂性和理解复杂系统的重要工具，引起了越来越多的关注。人们逐渐认识到，不同领域形形色色的网络，呈现出一些普适现象，包括无尺度、小世界等。围绕网络结构规律发现、网络建模、网络动力学等展开的针对网络的研究，取得了迅速发展，网络科学作为一门新学科的雏形逐渐显现。

在网络科学伊始，作为网络科学的奠基人之一，巴拉巴西教授在2002年倾力撰写了《链接》一书，向读者展现了无处不在的链接和网络，介绍了科学家在探索复杂性道路上付出的努力及取得的成果，阐述了网络思维对现实世界的影响。该书从随机宇宙讲起，以科学家们不断挑战随机宇宙假说为主线，介绍了六度分隔、小世界、网络枢纽、80/20定律、富者愈富、适者生存、网络健壮性、病毒传播、生命地图、觉醒中的互联网、分裂的万维网以及网络经济等多个主题，涵盖了复杂网络和网络科学的方方面面。

本书的一大特色是其科学大图像——科学和艺术的有机融合，将科学思考和人们日常生活结合在一起，使读者能够在轻松的心境下领悟科学之道。我初读此书时，还是一名入学不久的研究生，当时可谓爱不释手、甘之如饴，一口气读完，大有好读书不求甚解之嫌。这本书转变了我的思维方式，并影响了我的职业选择。有序是如何从无序中涌现的、正态分布到幂律分布的变迁、科学规律的普适性等等，让我在不知不觉间进入了一个奇妙的科学世界，并让我最终走上了科研之路。

如今，距离《链接》一书问世已有十年之久了，网络科学取得了诸多发展，也面临着一些质疑和困难。同时，大数据时代的到来，给网络科学带来了一次重要的发展机遇。人们认识复杂性的道路上，又多了一个重要的砝码——数据。一方面，人们通过理性思考一次次尝试去解开自然的奥秘；另一方面，自然界和人类社会积累下的数据，也为人类认识自然和社会一点点铺平了道路。当网络科学遇到大数据，会发生什么？大数据时代的网络科学该何去何从？带着这些问题，让我们一起重温网络科学诞生伊始迸发出的那些思想火花和思维模式，慢慢体会科学家们探索复杂性和网络科学的历程，并从中辨析网络科学的本原和脉络，启发我们大数据下的网络思维。

十年前，中国科学院计算技术研究所程学旗研究员向我推荐了这本书，并带我开启了网络科学的科研生涯。如今，湛庐文化为我提供了这样一个机遇，让我再次和《链接》结缘。我也衷心希望能够和诸位一起通过重温《链接》一书，回顾网络科学的十年历程，感受人类社会无处不在的链接和幂律分布，展望大数据和网络科学爆发出的力量。

本书翻译过程中，得到了黄俊铭、孙晓茜、鲍鹏、程苏琦、满彤、王永庆提供的帮助，在此表示衷心的感谢。

本人翻译水平和文笔功力有限，本书翻译之时难免有不当之处，还望各位同仁理解和斧正！

沈华伟

于 2013 年 7 月

未来，属于终身学习者

我这辈子遇到的聪明人（来自各行各业的聪明人）没有不每天阅读的——没有，一个都没有。巴菲特读书之多，我读书之多，可能会让你感到吃惊。孩子们都笑话我。他们觉得我是一本长了两条腿的书。

——查理·芒格

互联网改变了信息连接的方式；指数型技术在迅速颠覆着现有的商业世界；人工智能已经开始抢占人类的工作岗位……

未来，到底需要什么样的人才？

改变命运唯一的策略是你要变成终身学习者。未来世界将不再需要单一的技能型人才，而是需要具备完善的知识结构、极强逻辑思考力和高感知力的复合型人才。优秀的人往往通过阅读建立足够强大的抽象思维能力，获得异于众人的思考和整合能力。未来，将属于终身学习者！而阅读必定和终身学习形影不离。

很多人读书，追求的是干货，寻求的是立刻行之有效的解决方案。其实这是一种留在舒适区的阅读方法。在这个充满不确定性的年代，答案不会简单地出现在书里，因为生活根本就没有标准确切的答案，你也不能期望过去的经验能解决未来的问题。

而真正的阅读，应该在书中与智者同行思考，借他们的视角看到世界的多元性，提出比答案更重要的好问题，在不确定的时代中领先起跑。

湛庐阅读 App：与最聪明的人共同进化

有人常常把成本支出的焦点放在书价上，把读完一本书当作阅读的终结。其实不然。

时间是读者付出的最大阅读成本

怎么读是读者面临的最大阅读障碍

“读书破万卷”不仅仅在“万”，更重要的是在“破”！

现在，我们构建了全新的“湛庐阅读”App。它将成为你“破万卷”的新居所。在这里：

- 不用考虑读什么，你可以便捷找到纸书、电子书、有声书和各种声音产品；
- 你可以学会怎么读，你将发现集泛读、通读、精读于一体的阅读解决方案；
- 你会与作者、译者、专家、推荐人和阅读教练相遇，他们是优质思想的发源地；
- 你会与优秀的读者和终身学习者为伍，他们对阅读和学习有着持久的热情和源源不绝的内驱力。

下载湛庐阅读 App，
坚持亲自阅读，
有声书、电子书、阅读服务，
一站获得。

CHEERS

本书阅读资料包

给你便捷、高效、全面的阅读体验

本书参考资料

湛庐独家策划

- ✔ 参考文献
  为了环保、节约纸张，部分图书的参考文献以电子版方式提供
- ✔ 主题书单
  编辑精心推荐的延伸阅读书单，助你开启主题式阅读
- ✔ 图片资料
  提供部分图片的高清彩色原版大图，方便保存和分享

相关阅读服务

终身学习者必备

- ✔ 电子书
  便捷、高效，方便检索，易于携带，随时更新
- ✔ 有声书
  保护视力，随时随地，有温度、有情感地听本书
- ✔ 精读班
  2~4周，最懂这本书的人带你读完、读懂、读透这本好书
- ✔ 课　程
  课程权威专家给你开书单，带你快速浏览一个领域的知识概貌
- ✔ 讲　书
  30分钟，大咖给你讲本书，让你挑书不费劲

湛庐编辑为你独家呈现
助你更好获得书里和书外的思想和智慧，请扫码查收！

（阅读资料包的内容因书而异，最终以湛庐阅读App页面为准）

倡导亲自阅读

不逐高效，提倡大家亲自阅读，通过独立思考领悟一本书的妙趣，把思想变为己有。

阅读体验一站满足

不只是提供纸质书、电子书、有声书，更为读者打造了满足泛读、通读、精读需求的全方位阅读服务产品——讲书、课程、精读班等。

以阅读之名汇聪明人之力

第一类是作者，他们是思想的发源地；第二类是译者、专家、推荐人和教练，他们是思想的代言人和诠释者；第三类是读者和学习者，他们对阅读和学习有着持久的热情和源源不绝的内驱力。

CHEERS

以一本书为核心

遇见书里书外，更大的世界

Linked: How Everything Is Connected to Everything Else and What It Means for Business, Science, and Everyday Life by Albert-Laszlo Barabasi.
ISBN 978-0-452-28439-5

图书在版编目（CIP）数据

链接：商业、科学与生活的新思维（十周年纪念版）/（美）巴拉巴西著；沈华伟译. —杭州：浙江人民出版社，2013.7（2024. 7重印）
ISBN 978-7-213-05655-0

Ⅰ.①链…　Ⅱ.①巴…②沈…　Ⅲ.①互联网络-普及读物
Ⅳ.①TP393-49

中国版本图书馆 CIP 数据核字（2013）第 156732 号

上架指导：网络科学

链接：商业、科学与生活的新思维（十周年纪念版）

作　　者：［美］艾伯特-拉斯洛·巴拉巴西　著
译　　者：沈华伟　译
出版发行：浙江人民出版社（杭州市环城北路177号　邮编　310006）
市场部电话：（0571）85061682　85176516
集团网址：浙江出版联合集团　http://www.zjcb.com
责任编辑：朱丽芳
责任校对：张彦能　陈　春
印　　刷：石家庄继文印刷有限公司
开　　本：710 mm × 965 mm　1/16　　**印　　张**：24.5
字　　数：28.3 万　　**插　　页**：3
版　　次：2013 年 7 月第 1 版　　**印　　次**：2024 年 7 月第 9 次印刷
书　　号：ISBN 978-7-213-05655-0
定　　价：59.90 元

如发现印装质量问题，影响阅读，请与市场部联系调换。